冶金工业出版社

普通高等教育"十四五"规划教材

装备机电一体化技术

主　编　周春华　　杨小强　　申金星
副主编　方虎生　　薛金红　　公聪聪

U0314547

北　京
冶金工业出版社
2025

内 容 提 要

本书共 7 章,主要介绍装备机电一体化领域的机械技术、微电子技术、计算机控制技术、总线通信技术等方面的基础知识;内容涵盖机电一体化系统建模与仿真技术,机械技术,传感检测技术,伺服驱动技术,计算机控制技术、机电一体化接口技术、机电一体化技术在武器装备中的应用。除介绍通用、经典的机电一体化技术外,还引入了一些适用于武器装备领域机电一体化的新技术、新思想。

本书可作为大学相关专业本科教材,也可作为工程技术人员包括基层部队维修技术人员的参考用书。

图书在版编目(CIP)数据

装备机电一体化技术 / 周春华,杨小强,申金星主编. -- 北京:冶金工业出版社,2025.3. -- (普通高等教育"十四五"规划教材). -- ISBN 978-7-5240 -0091-4

Ⅰ. TH-39

中国国家版本馆 CIP 数据核字第 2025Z4Z896 号

装备机电一体化技术

出版发行	冶金工业出版社	**电 话**	(010)64027926
地 址	北京市东城区嵩祝院北巷 39 号	**邮 编**	100009
网 址	www.mip1953.com	**电子信箱**	service@mip1953.com

责任编辑 王 双 美术编辑 吕欣童 版式设计 郑小利
责任校对 梅雨晴 责任印制 范天娇
唐山玺诚印务有限公司印刷
2025 年 3 月第 1 版,2025 年 3 月第 1 次印刷
787mm×1092mm 1/16;13.75 印张;330 千字;210 页
定价 49.00 元

投稿电话 (010)64027932 投稿信箱 tougao@cnmip.com.cn
营销中心电话 (010)64044283
冶金工业出版社天猫旗舰店 yjgycbs.tmall.com
(本书如有印装质量问题,本社营销中心负责退换)

前　　言

　　机电一体化是一个交叉学科，所涉及的内容十分广泛，包括机械技术、电子技术、计算机技术、液压传动技术及其有机结合。机电一体化技术的应用不仅提高和拓展了机电产品尤其是武器装备及其机电一体化系统的性能，而且使机械工业与装备制造业的技术结构、生产方式及管理体系发生了深刻的变化，极大地提高了机械设备及武器装备的生产制造与工作质量。

　　本书叙述力求全面、简洁和实用，使读者对装备机电一体化技术有一个比较全面的了解。全书共7章，第1章为机电一体化概述，主要介绍机电一体化的定义、基本组成、相关技术等。第2章至第6章介绍了装备机电一体化的共性关键技术，其中包括机电一体化系统建模与仿真，介绍机电一体化系统建模与仿真的理论基础和仿真应用实例；机电一体化机械技术，介绍机电一体化系统中的机械传动机构、机械导向机构和机械执行机构等核心技术；机电一体化传感检测技术，介绍机电一体化中常用的传感器选型与应用、传感器的数据采集等技术；机电一体化伺服驱动技术，介绍伺服驱动及其接口技术；机电一体化控制与接口技术，介绍计算机控制技术、可编程控制技术、接口技术和总线技术等。第7章为典型装备机电一体化系统的分析讨论，介绍了某机电一体化装备的机械系统、传感器与检测系统和控制系统的构成特点、工作原理与应用概况，对于读者学习、使用和设计装备机电一体化系统具有很好的借鉴和参考作用。

　　本书内容全面、重点突出、针对实用性强，普及性与专业性兼具。本书编写团队由资深装备维修保障专家和一线装备测试工程师组成，主要编写人员包括陆军工程大学周春华、杨小强、申金星、方虎生、薛金红和中国人民解放军某部队公聪聪等。

　　由于编者水平有限，书中不足之处，敬请广大读者批评指正。

编　者

2024 年 4 月

目　　录

1 机电一体化概述

科学技术的发展极大地推动了不同学科间的相互交叉、渗透与融合，导致了工程领域的技术革命与改造。现代战争的发展需求及微电子技术、信息技术和计算机技术的飞速发展及其向机械工程的渗透促进了武器装备机电一体化的形成。武器装备机电一体化技术与普通机电一体化技术相类似，其核心是机械技术、微电子技术和信息技术，而力学、机械学、制造工艺学和控制学构成了机械技术的四个支柱学科。由于这些学科相关技术的迅猛发展和互相融合，机械工业的技术结构、产品结构、功能与构成、生产方式及管理体系均发生了巨大变化，继而使工业生产由"机械电气化"迈入以"机电一体化为特征"的发展阶段。一方面，机电一体化既是机械工程发展的继续，也是电子技术应用的必然；另一方面，机电一体化的研究方法应该从系统的角度出发，采用现代设计分析方法，充分发挥边缘学科的优势。

1.1 机电一体化的定义

机电一体化（mechatronic）名称最早出现于 1971 年，由机械学（mechanics）与电子学（electronics）组合而成，在我国通常称为机械电子学或机电一体化。但是，机电一体化并非机械技术与电子技术的简单集成，而是集光、机、电、磁、声、热、液、气、算于一体的技术综合系统，发展到今天已成为一门有着自身体系的新型交叉学科。

目前，对机电一体化有各种各样的定义，比较流行的是美国机械工程师协会（ASME）的定义——机电一体化是由计算机信息网络协调与控制，用于完成包括机械力、运动和能量流等动力任务的机械和(或)机电部件相互联系的系统。还有日本机械振兴协会经济研究所提出的解释，即机电一体化是在机械的主功能、动力功能、信息功能和控制功能上引进微电子技术，并将机械装置与电子装置用相关软件有机结合而构成的系统的总称。

根据目前机电一体化发展的趋势，可以认为：机电一体化是机械工程和电子工程相结合的技术，以及应用这些技术的机械电子装置（产品）。机电一体化具有"技术"与"产品"两个方面的含义，机电一体化技术是机械工程技术吸收微电子技术、信息处理技术、伺服驱动技术、传感检测技术等融合而成的一种新技术；而机电一体化产品是利用机电一体化技术设计开发的由机械单元、动力单元、微电子控制单元、传感单元和执行单元等组成的单机、系统或装备，它既不同于传统的机械产品，也不同于普通的电子产品，其主要有如下几种类型：

（1）功能替代型产品。功能替代型产品的主要特征是采用微电子技术及装置取代原产品中的机械控制功能、机械传动功能、信息处理功能或主功能，使产品结构简化，性能提高，柔性增加，实现产品的多功能和高性能，具体分类如下：

1）将原有的机械控制系统和机械传动系统用电子装置替代。例如，采用 CAN 总线通信的某型轮式桥梁装备，其传动与变速控制系统就是用微电脑控制系统、总线系统和伺服驱动系统替代传统的机械换挡系统和传动系统，使其在质量、性能、功能、效率等方面与普通的变速控制系统相比有很大的提高。此外，还有车辆的 ABS 控制系统、无人机等侦察装备上的照相机云台和全自动洗衣机等都属于此类功能替代型产品。

2）将原有的机械式信息处理机构用电子装置替代，如石英钟、电子钟表、全电子式电抗交换机、电子秤、电子油料加注机和电子计算器等。

3）将原有机械产品本身的主功能用电子装置替代。例如，线切割加工机床、电火花加工机床和激光手术刀代替了原有的机械产品主功能——刀具的切削功能。

（2）机电融合型产品。机电融合型产品的主要特征是应用机电一体化技术开发出的机电有机结合的新一代产品，如数字式摄像机、硬盘驱动器、激光打印机、CT 扫描诊断仪、物体识别系统和数字式照相机等。这些产品单靠机械技术或微电子技术是无法制作的，只有当机电一体化技术发展到一定程度时才有可能实现。

随着科学技术的发展，机电一体化技术已从原来以机为主拓展到机电结合，机电一体化产品的概念不再局限于某一具体产品的范围，已扩大到控制系统和被控制系统相结合的产品制造和过程控制的大系统，如柔性制造系统（FMS）、计算机集成制造系统（CIMS），以及各种工业过程控制系统。此外，对传统的机电设备作智能化改造等工作也属于机电一体化的范畴。

目前，人们已经认识到机电一体化并不是机械技术、微电子技术及其他新技术的简单组合、拼凑，而是有机地互相结合与融合，是有其客观规律的。因此，机电一体化这一新兴学科应该有其技术基础、设计理论和研究方法，应该从系统的角度出发，采用现代设计方法进行产品的设计。

1.2　机电一体化系统的基本组成

1.2.1　机电一体化系统的功能组成

传统的机械产品或机械装备主要是解决物质流和能量流的问题，而机电一体化产品或系统除了解决物质流和能量流问题之外，还要解决信息流的问题。机电一体化系统的主要功能就是对输入的物质、能量与信息（即所谓工业三大要素）按照要求进行处理，输出具有所需特性的物质、能量与信息，如图 1-1 所示。

图 1-1　机电一体化系统的主要功能

任何一个产品与装备都是为满足人们的某种需要而开发和研制的，因而都具有相应的目的或功能。机电一体化系统的主功能包括变换（加工、处理）、传递（移动、输送）、储存（保持、积蓄、记录）三个目的功能。主功能也称为执行功能，是系统的主要特征部分，完成对物质、能量、信息的交换、传递和储存。机电一体化系统除了具备主功能外，还应具备动力功能、检测功能、控制功能、构造功能等其他功能，如图1-2所示。

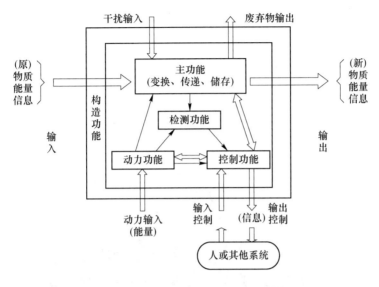

图1-2 机电一体化系统的其他功能

机电一体化系统的动力功能是向系统提供动力，使系统得以运转的功能；检测功能和控制功能的作用是解决各种信息的获取、传输、处理和利用，从而能够根据系统内部信息和外部信息对整个系统进行控制，使系统正常运转，实施目标功能；而构造功能则是使构成系统的子系统及元部件维持所定的时间和空间上的相互关系所必需的功能。从系统的输入/输出来看，除有主功能的输入/输出之外，还需要有动力输入和控制信息的输入/输出。此外，还有因外部环境引起的干扰输入及非目的性的输出（如废弃物输出等）；这些都是系统设计时应当考虑的。例如，汽车的废气和噪声对外部环境的影响，从系统设计开始就应予以考虑。

1.2.2 机电一体化系统的构成要素

机电一体化系统一般由机械本体、检测传感部分、电子控制单元、执行机构和动力系统等五部分组成，各部分之间通过接口相联系（见图1-3）。图1-4所示为某装备的一体化动力装置，该装置可视为一典型的机电一体化系统。

1.2.2.1 机械本体

机械本体包括机架、机械连接、机械传动等。所有的机电一体化系统都含有机械部分，它是机电一体化系统的基础，起着支撑系统中其他功能单元传递运动和动力的作用，图1-3所示的机械本体包括发动机、变速器、传动箱、散热器、滤清器等总成及其安装与固定机架等。与纯粹的机械产品相比，机电一体化系统的技术性能得到提高、功能得到增强。这就要求机械本体在机械结构、材料、加工工艺性及几何尺寸等方面能够与之相适应，具有高效、多功能、可靠、节能、小型、轻量、美观等特点。

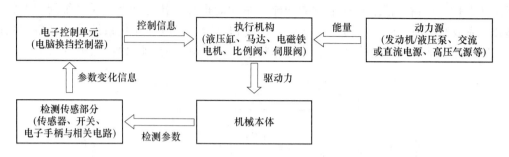

图 1-3　机电一体化系统组成

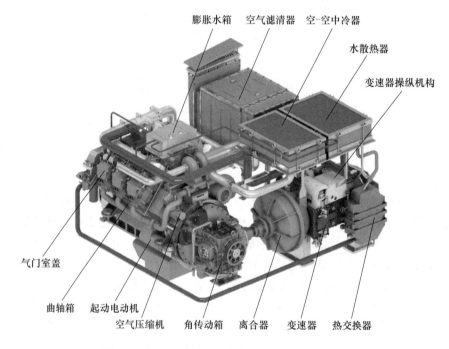

图 1-4　机电一体化系统实例（一体化动力装置）

1.2.2.2　检测传感部分

传感检测部分包括各种传感器及其信号检测电路，其作用就是监测机电一体化系统工作过程中本身和外界环境有关参量的变化，并将信息传递给电子控制单元，电子控制单元根据检测到的信息向执行器发出相应的控制指令。图 1-5 所示的变速箱输入和输出轴转速测量电路、选挡手柄电路，以及制动开关信号采集电路等，均属于系统的检测传感电路。机电一体化系统要求传感器精度、灵敏度、响应速度和信噪比高，漂移小、稳定性高，可靠性好，不易受被测对象特征（如装备电磁干扰特性、温度与振动特性等）的影响，对抗恶劣环境条件（如油污、高温、振动等）的能力强，体积小、质量轻、对整机的适应性好，不受外部环境的影响，操作性能好，现场维修处理简单，价格低廉。

1.2.2.3　电子控制单元

电子控制单元（electronic control unit，ECU）是机电一体化系统的核心，负责将来自

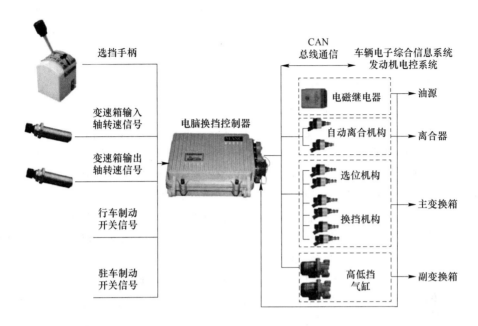

图 1-5　机电一体化系统检测传感、电子控制示意图

各传感器的检测信号和外部输入命令进行集中、存储、计算、分析，根据信息处理结果，按照一定的程序和节奏发送相应的指令，有目的地控制整个系统。对于图 1-4 和图 1-5 的机电一体化系统（自动换挡控制系统），其 ECU 为电脑换挡控制器，它接收来自转速传感器、制动开关等检测信号，以及选挡手柄的挡位信息，经集中和处理后，按照程序和节奏装将输出信号发送选位、换挡、高低挡变换等执行机构，使该装备按所设定挡位运行。

　　ECU 由硬件和软件组成，系统硬件一般由计算机、可编程控制器（PLC）、数控装置及逻辑电路、模数与数模转换、I/O 接口、通信总线和计算机外部设备等组成。系统软件为固化在计算机存储器中的信息处理和控制程序，根据系统的工作要求编写。机电一体化系统对 ECU 的基本要求是提高信息处理速度、提高可靠性、增强抗干扰能力，以及完善系统自诊断功能，实现信息处理智能化和小轻、轻量、标准化等目标。

　　1.2.2.4　执行机构

　　执行机构的作用是根据 ECU 的指令驱动机械部件的运动。执行机构是运动部件，通常采用电力驱动、液压驱动、气压驱动等方式，装备中一般采用液压缸、气压缸、直流或交流电动机、液压电动机，以及电液控制系统中的液压伺服阀或电液比例阀等。机电一体化系统要求执行机构效率高、响应速度快，同时要求对潮湿、油污、高低温、灰尘等外部环境适应性好，可靠性高。由于几何尺寸上的限制，动作范围狭窄，还需考虑维修方便和实行标准化。随着电工电子技术的高度发展，高性能步进驱动、直流和交流伺服电动机已大量应用于机电一体化系统。

　　1.2.2.5　动力源

　　动力源是机电一体化系统的能量供应部分，其作用就是按照系统控制要求向机器系统提供能量和动力使系统或装备正常运行。动力源包括电、液、气等多种形式，目前主要的动力源为电能，而装备机电一体化系统的动力源主要为发动机，以及发动机或电动机带动的液压与气压系统所提供的气压能或液压能。用尽可能小的动力输入获得尽可能大的功能输出是机电一体化系统的显著特征之一。

1.2.3　机电一体化系统接口分类

综上所述，机电一体化系统由多种要素或子系统构成，各要素或子系统之间必须能顺利地进行物质、能量和信息的传递与交换。因此，各要素或各子系统相接处必须具备一定的联系条件，这些联系条件称为接口。一方面，机电一体化系统通过输入/输出接口将其与人、自然及其他系统相连；另一方面，机电一体化系统通过许多接口将系统构成要素联系为一体。因此，系统的性能在很大程度上取决于接口的性能。

接口设计的总任务是解决功能模块间的信号匹配问题，根据划分出的功能模块，在分析研究各功能模块输入/输出关系的基础上，计算制定出各功能模块相互连接所必须共同遵守的电气和机械的规范和参数约定，使其在具体实现时能够"直接"相连。因此，机电一体化产品可看成是由许多接口将构成产品各要素的输入/输出联系为一体的系统。

机电一体化系统中各要素和子系统之间，接口使得物质、能量与信息在连接要素的交界面上平稳地输入/输出，它是保证产品具有高性能、高质量的必要条件，有时会成为决定系统综合性能好坏的关键因素，这是机电一体化系统的复杂性决定的。接口的功能是由参数变换、调整与物质、能量、信息的输入/输出组成。

1.2.3.1　根据接口的变换和调整功能特征分类

根据接口的变换和调整功能特征分类如下：

（1）零接口：不进行参数的变换与调整，即输入/输出的直接接口，如联轴器、输送管、插头、插座、导线、电缆等。

（2）被动接口：仅对被动要素的参数进行变换与调整，如齿轮减速器、进给丝杠、变压器、可变电阻以及光学透镜等。

（3）主动接口：含有主要因素，并能与被动要素进行匹配的接口，如电磁离合器、放大器、光电耦合器、A/D 与 D/A 转换器等。

（4）智能接口：含有微处理器、可进行程序编制或适应条件变化的接口，如自动调速装置、通用输入/输出芯片（如 8255 芯片）、RS232 串行接口、CAN 总线接口等。

1.2.3.2　根据接口的输入/输出功能的性质分类

根据接口的输入/输出功能的性质分类如下：

（1）信息接口（软件接口）：受规格、标准、法律、语言、符号等逻辑、软件约束的接口，如 GB、ISO 标准、RS232C、ASCII 码、C 语言。

（2）机械接口：根据输入/输出部件的形状、尺寸、精度等进行机械连接，如联轴器、管接头、法兰盘等。

（3）物理接口：受通过接口部位的物质、能量与信息的具体形态和物理条件的约束，如受电压、频率、电流、阻抗、传递扭矩的大小、液（气）体成分（压力或流量）约束的接口。

（4）环境接口：对周围的环境条件有具体的保护作用和隔绝作用，如防尘过滤器、防水连接器、防爆开关等。

1.2.3.3　按照所联系的子系统不同分类

以控制微机（微电子系统）为出发点，将接口分为人机接口和机电接口两大类。机械系统与微电子系统之间的联系必须通过机电接口进行调整、匹配、缓冲，同时微电子系统的应用使机械系统具有"智能"，达到了较高的自动化程度，但该系统仍然离不开人的干预，必须在人的监控下进行，因此人机接口是必不可少的。人机接口和机电接口将在本书的 6.3.2 小节和 6.3.3 小节重点介绍。

1.3　机电一体化的相关技术

机电一体化是多学科技术领域综合交叉的技术密集型系统工程，其发展不仅要依靠信息技术、控制技术、机械技术、电子技术和计算机技术的发展，还要依靠相关技术的发展，同时也受到社会条件、经济基础的重大影响。机电一体化技术的内部各种因素的联系及外部条件的影响关系如图 1-6 所示。其中的主要因素固然是发展机电一体化技术的必备条件，但各种相关技术的发展及外部影响因素的相互配合也是必不可少的。

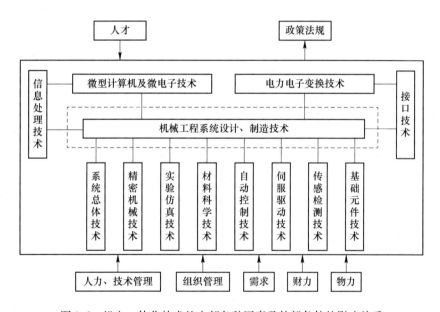

图 1-6　机电一体化技术的内部各种因素及外部条件的影响关系

机电一体化装备所涉及的共性关键技术包括精密机械技术、传感检测技术、伺服驱动技术、计算机与信息处理技术、自动控制技术、接口技术和系统总体技术等。现代的机电一体化产品及装备甚至还包含了光、声、化学、生物等技术的应用。

（1）精密机械技术。机械技术是机电一体化技术的基础。随着高新技术引入机械行业，机械技术面临着挑战和变革。在机电一体化装备中，它不再是单一地完成系统间的连接，而是要优化设计系统结构、质量、体积、刚性和寿命等参数对机电一体化系统的综合影响。机械技术的着眼点在于如何与机电一体化的技术相适应，利用其他高新技术来更新概念，实现结构、材料、性能及功能上的变更，满足减少质量、缩小体积、提高精度、提高刚度、改善性能和增加功能的要求。尤其是关键零部件，如导轨、丝杠、轴承、传动部件等的材料、精度对机电一体化产品和装备的性能、控制精度影响很大。

在制造过程的机电一体化系统中，经典的机械理论与工艺应借助于计算机辅助技术，同时采用人工智能与专家系统等，形成新一代的机械制造技术。这里原有的机械技术以知识和技能的形式存在。如计算机辅助工艺规程编制（CAPP）是目前 CAD/CAM 系统研究的瓶颈，其关键问题在于如何将各行业、企业、技术人员中的标准、习惯和经验进行表达和陈述，从而实现计算机的自动工艺设计与管理。

（2）传感检测技术。传感与检测装备是机电一体化系统的感知器官，它与信息系统的输入端相连，并将检测到的信息输送到信息处理部分。传感与检测是实现自动控制、自动调节的关键环节，其功能越强，系统的自动化程度就越高。传感与检测的关键元件是传感器。

传感器是将被测量（包括各种物理量、化学量和生物量等）变换成系统可识别的、与被测量有确定对应关系的可用输出信号的器件或装置。现代工程技术要求传感器能快速、精确地获取信息，并能经受各种严酷环境的考验。与计算机技术相比，传感器的发展显得缓慢，难以满足技术发展的要求，不少机电一体化装备或装置不能达到满意的效果或无法实现设计的关键原因在于缺乏合适的传感器。因此大力开展传感器的研究对机电一体化技术的发展具有十分重要的意义。

（3）伺服驱动技术。伺服系统是实现电信号到机械动作的转换装置或部件，对系统的动态性能、控制质量和功能具有决定性的影响。机电一体化装备中的伺服驱动执行元件包括电动、液压、气动等各种类型，其中电动式执行元件居多。驱动装置主要是各种电动机的驱动电源电路，目前多由电力电子器件及集成化的功能电路构成。武器装备机电一体化系统中的伺服驱动则有部分液压伺服器件，如电液伺服阀、电液比例阀等。通常微型计算机（控制器）通过接口电路与驱动装置相连接，控制执行元件的运动，执行元件通过机械接口与机械传动和执行机构相连，带动工作机械作回转、直线及各种复杂的运动。常见的伺服驱动有电液电动机、脉冲油缸、步进电动机、直流伺服电动机和交流伺服电动机等。由于变频技术的发展，交流伺服驱动技术取得突破性进展，为机电一体化系统提供了高质量的伺服驱动单元，极大地促进了机电一体化技术的发展。

（4）计算机与信息处理技术。信息处理技术包括信息的交换、存取、运算、判断和决策，实现信息处理的工具大都采用计算机，因此计算机技术与信息处理技术密切相关的。计算机技术包括计算机的软件技术和硬件技术、网络与通信技术、数据库技术等。机电一体化系统中主要采用工业控制计算机（包括单片机、可编程控制器 PLC 等）进行信息处理。人工智能技术、专家系统技术、神经网络技术等都属于计算机信息处理技术。

在机电一体化系统中，计算机信息处理部分指挥整个系统的运行。信息处理是否正确、及时直接影响到系统工作的质量的好坏和效率的高低。因此，计算机应用及信息处理技术已成为促进机电一体化技术发展和变革的最活跃的因素。

（5）自动控制技术。自动控制技术就是在没有人参与的情况下，通过控制器使被控对象或过程自动地按照预定的规律运行。

自动控制技术的目的在于实现机电一体化系统的目标最优化。自动控制所依据的理论是自动控制原理（包括经典控制理论、现代控制理论和智能控制），自动控制技术就是在此理论的指导下对具体控制装置或控制系统进行设计，之后进行系统仿真与现场调试，最后使研制的系统能够可靠地运行。控制对象的种类繁多，因此自动控制技术的内容极其丰富。机电一体化系统中的自动控制技术主要包括位置控制、速度控制、最优控制、自适应控制和智能控制等。

近年来，由于计算机技术和现代应用数学研究的快速发展，现代控制技术在系统工程和模仿人类活动的智能控制等领域也取得了重大进展。

（6）接口技术。机电一体化系统是机械、电子、信息等性能各异的技术融为一体的综合系统，其构成要素和子系统之间的接口极其重要，主要有电气接口、机械接口、人机接口等。电气接口实现系统间信号联系；机械接口则完成机械与机械部件、机械与电气装置的连接；人机接口提供人与系统间的交互界面。机电一体化系统最重要的设计任务之一就是接口设计。

（7）系统总体技术。系统总体技术是以整体的概念来组织应用各种相关技术的应用技术的，即从全局的角度和系统的目标出发，将系统分解为若干个子系统，从实现整个系统技术协调的观点来考虑每个子系统的技术方案，对于子系统间的矛盾或子系统和系统整体之间的矛盾都要从总体协调需要来选择解决方案。机电一体化系统是一个技术综合体，利用系统总体技术将各有关技术协调配合、综合运用，从而达到整体系统的最佳化。

在机电一体化系统中，机械、电气和电子是性能、规律截然不同的物理模型，因此存在匹配上的困难；电气、电子又有强电与弱电、模拟与数字之分，必然遇到相互干扰与耦合的问题；系统复杂性带来的可靠性问题；产品的小（微）型化增加了状态监测与维修的困难；多功能化造成诊断技术的多样性等，因此需要考虑装备整个寿命周期的总体综合技术。

为了开发出具有较强竞争力的装备或系统，系统总体设计除考虑优化设计外，还包括可靠性设计、标准化设计、系列化设计及造型设计等。

1.4 机电一体化的发展

机电一体化技术是其他高新技术发展的基础，机电一体化的发展依赖于其他相关技术的发展，可以预料随着信息技术、材料技术、生物技术等新兴学科的高速发展，在数控机床、机器人、微型机械、家用智能设备、医疗设备、武器装备、现代制造系统等产品及领域，机电一体化技术将得到更加蓬勃的发展。

1.4.1 机电一体化的发展状况

机电一体化技术的发展大体可分为 3 个阶段。（1）第一阶段为 20 世纪 60 年代以前，这一阶段称为初级阶段，也可称为萌芽阶段。特别是在第二次世界大战期间，战争刺激了机械产品与电子技术的结合，这些机电结合的军用技术，战后许多转为民用，对战后经济的恢复起到了积极的作用。（2）第二阶段为 20 世纪 70 年代到 80 年代，可称为蓬勃发展阶段。这一时期，计算机技术、控制技术、通信技术的发展为机电一体化的发展奠定了技术基础。（3）第三阶段为 20 世纪 90 年代后期，开始了机电一体化技术向智能化方向迈进的新阶段。在人工智能技术、神经网络技术及光纤技术等领域取得巨大进步为机电一体化技术开辟了发展的广阔天地。

20 世纪 70 年代，先进国家开始利用自动化装备，采用准时生产制（JTT）提高企业整体效率，实现全面质量管理（TQM），这是先进制造技术的前期。随后，出现了计算机集成制造系统（CIMS）等概念。到了 20 世纪 80 年代，用户对产品的质量、价格、可靠性和生产时间等要求越来越严，为了在激烈的市场竞争中处于不败之地，企业决策者纷纷改造自动的制造设备，提高产品设计和制造技术，加强组织和质量管理，增强企业的快速应变能力，于是涌现出更多的先进制造技术，如计算机辅助技术、柔性制造技术、资源规划和企业管理技术、计算机集成制造技术，以及先进的制造加工设备。20 世纪 90 年代，以信息流为纽带的制造技术得到广泛重视和迅速发展，出现了虚拟制造（VM）、敏捷制造（AM）、快速原形制造（RPM）、并行工程（CE）等新技术。

机电一体化技术促使仪器仪表的迅速发展。20 世纪 80 年代，高性能微处理器的出现使得具有数据采集与处理、存储记忆、自动控制、通信、显示、打印报表等多功能的自动控制仪表得到发展。世界各国都非常重视传感器技术，它反映了一个国家的科技发达程度，特别是对一些新颖的先进高科技传感器的研究，如超导传感器、集成光学传感器、智能传感器等。

机器人是现代科技发展的重大成果，是典型的机电一体化产品之一。机器人已由第一代的示教再现型发展到第二代的感觉型和第三代的智能型。日本、美国、瑞典是 3 个生产机器人的主要国家，日本的机器人拥有量占世界总数的 60% 以上。世界机器人的需求量每五年将翻一番，产值则每年以 27.5% 的速度迅速增长。我国工业机器人近年来发展也很快，已开发出焊接、喷漆、锻压、搬运、装配和军用侦察、作战、打击等各种机器人。

1.4.2　机电一体化的发展方向

机电一体化是集机械、电子、光学、控制、计算机、信息等多学科的交叉融合，其发展与进步依赖于相关技术，同时也促进相关技术的发展与进步。因此，机电一体化的主要发展方向如下。

1.4.2.1　智能化

智能化处理就是像人的大脑一样，能够在一些基本知识的基础上对其进行合理的组合和判断。能够进行这种处理的软件称为人工智能软件。智能化处理过程就是将基本知识以知识库的形式存储在计算机的存储器中，自动提取与某一知识相关联的知识数据，再将这些知识进行合理的推理组合。

智能化是 21 世纪机电一体化技术发展的主要方向。这时所说的"智能化"是对机器行为的描述，是在控制理论的基础上，吸收人工智能、运筹学、计算机科学、模糊数学、心理学、生理学和混沌动力学等新思想、新方法，模拟人类智能，使它具有判断推理、逻辑思维、自主决策等能力，以求得更高的控制目标。诚然，使机电一体化产品具有与人完全相同的智能是不可能的，对所有情况也并不都是必要的。但是，高性能、高速度微处理器使机电一体化产品或装备赋有低级智能或人的部分智能，则是完全可能且必要的。

1.4.2.2　模块化

模块化是一项重要又艰巨的工程。由于机电一体化系统或装备种类和生产厂家繁多，研制和开发具有标准机械接口、电气接口、动力接口、环境接口的机电一体化装备单元是一项十分复杂但又非常重要的事项。例如，研制集减速、自动换挡和发动机于一体的装甲装备一体化动力装置，可以改善机电一体化装备动力舱的维修条件，缩短维护、修理、排除故障、更换零部件时间，减轻乘员的工作量，提高机电一体化装备的工作可靠性和维修性。

1.4.2.3　网络化

随着计算机技术、自动化技术和电子技术的发展，装备机电一体化系统及机电一体化产品上采用的计算机（控制器）的数量也越来越多，各个计算机（控制器）及机电一体化系统的其他构成部件之间相互连接、协调工作并共享信息构成了机电一体化系统或装备中的计算机网络系统。特别是现场总线技术与局域网技术的应用使得机电一体化产品或装备的网络化成为趋势。因此，机电一体化系统，尤其是装备上的机电一体化系统或机电一体化装备，将会朝着网络化和总线化的方向发展。

1.4.2.4　微型化

微型化兴起于 20 世纪 80 年代末，是指机电一体化向微型机器和微观领域发展的趋势。国外将其称为微电子机械系统（micro electro mechanical system，MEMS）或微机电一体化系统，泛指几何尺寸不超过 1 cm³ 的机电一体化产品，并向微米、纳米级发展。微机电一体化产品体积小，耗能少，运动灵活，在生物医疗、军事、信息等方面具有不可比拟的优越性。微机电一体化发展的瓶颈在于微机械技术。随着微细加工技术的发展，也出现了超小型机械结构，如 1 μm 大小的电动机。在必须进行微小运动的机械中，就需要利用这种超小型机械来开发机电一体化系统。

1.4.2.5　绿色化

工业发达给人们生活带来了巨大变化：一方面，物质丰富、生活舒适；另一方面，资源减少，生态环境受到严重污染。于是，人们呼吁保护环境资源，回归自然。因此绿色产品概念应运而生，绿色化是时代的趋势。绿色产品在其设计、制造、使用和销毁的过程中，符合特定的环境保护和人类健康的要求，对生态环境无害或危害极少，资源利用率高。设计绿色的机电一体化产品或装备具有远大的发展前途。机电一体化产品与装备的绿色化主要是指使用时不污染生态环境，报废时不成为机电垃圾，能回收利用。

1.4.2.6　人格化

未来的机电一体化更加注重产品与人的关系。机电一体化的人格化有两层含义：（1）机电一体化产品的最终使用对象是人，如何赋予机电一体化产品与装备人的智能、情感、人性显得越来越重要，特别是对家用机器人，其高层境界是人机一体化；（2）模仿生物机理，研制各种机电一体化产品及装备。事实上，许多机电一体化产品与装备都是受动物的启发研制出来的。

1.4.2.7　自适应化

机械及装备在启动以后，不需要人的干预，就能够自动地完成指定的各项任务，并且在整个过程中能够自动适应所处状态和环境的变化。机械（装备）一边适应各种变化一边作出新判断，以决定下一步的动作。例如，导弹或灵巧炸弹等智能弹药能够通过自己的感知传感器来观察其所处的状态和环境，自动寻找目标路线，并进行跟踪识别和攻击。

思考与习题

1-1　机电一体化系统的基本功能要素有哪些？功能分别是什么？

1-2　简述机电一体化系统接口的分类方法。

1-3　列举机械装备领域机电一体化产品的应用实例，并分析各产品中相关技术应用情况。

1-4　为什么说机电一体技术是其他技术发展的基础？试举例说明。

2 机电一体化系统建模与仿真

2.1 概　　述

机电一体化系统分析与设计，通常是在确定系统的技术要求基础上，首先建立系统的数学模型，然后对该模型进行仿真，根据仿真结果分析系统的动静态性能，通过对比模型仿真的结果与性能指标要求，进行系统反复校核设计，最后实现该机电一体化系统。可见，机电一体化系统的建模是系统分析与设计的基础，仿真是系统分析与设计的重要手段。本章在介绍数学模型的各种表现形式和模型建立的基本方法的基础上，掌握在Matlab/Simulink 环境下对机电一体化系统的建模和仿真，并通过实例详细介绍机电一体化系统的建模与仿真方法。

2.1.1　模型的基本概念

系统模型是对系统的特征与变化规律的一种定量抽象，是人们用以认识事物的一种手段或工具。系统模型一般包括物理模型、数学模型和描述模型三种类型。

物理模型是根据相似原理，把真实系统按比例放大或缩小制成的模型，其状态变量与原系统完全相同。这种模型多用于土木建筑、水利工程、船舶、飞机等制造方面。例如，造船工程师需在设计过程中用比实船小得多的模型在水池中进行各种试验，以取得必要的数据和了解所要设计船的各种性能。

数学模型是一种用数学方程（或信号流程图、结构图等）来描述系统性能的模型，如果其参数中不含时间因素，则为静态模型；如与时间有关则为动态模型。数学模型是系统仿真的基础，也是系统仿真中首先要解决的问题。随着计算机与微电子技术的飞速发展，人们越来越多地采用数学模型在计算机上进行仿真实验研究。

描述模型是一种抽象的（无实体的），不能或很难用数学方法描述的，而只能用语言（自然语言或程序语言）描述的系统模型。例如，在模糊控制系统中，人们对控制对象的描述就是一组基于"经验"的 If-then-else 语句的描述。

本章主要研究装备机电一体化系统数学模型的建立与仿真问题。

2.1.2　系统仿真的基本概念

2.1.2.1　系统仿真的定义

实际中的机电一体化系统都有一定的规模与复杂度。在进行项目的设计和规划时，往往需要对项目的合理性、经济性等品质加以评价；在系统实际运行前，也希望对项目的实施结果加以预测，以便选择正确、高效的运行策略，或提前消除设计中的缺陷，最大限度地提高实际系统的运行水平。采用仿真技术可以省时、省力、经济地达到这一目的。

系统仿真就是通过对系统模型的实验分析去研究一个存在或设计中的系统，这里的系统是指由相互联系和制约的各个部分组成的具有一定功能的整体。

2.1.2.2　仿真的分类与性能特点

当仿真所采用的模型是物理模型时，称为（全）物理仿真；是数学模型时，称为数学仿真。由于数学仿真基本上是通过计算机来实现，因此数学仿真也称为计算机仿真。另外，用已研制出来的系统中的实际部件或子系统代替部分数学模型所构成的仿真称为半实物（物理）仿真。一般来说，与半物理、全物理仿真相比，计算机仿真在时间、费用和方便性上都具有明显的优点，是一种经济、快捷与实用的仿真方法。而半物理、全物理仿真有实物介入，具有较高的可信度、较好的实时性与在线等特点。但是，仿真系统具有构成复杂、造价高、准备时间长等缺点。

图2-1所示为计算机仿真、半实物仿真与全物理（实物）仿真的关系及其在机电一体化系统研究与开发各阶段的应用。由于计算机仿真具有上述优点，除了必须采用半实物仿真、全物理仿真才能满足要求的情况外，一般来说都应尽量采用计算机仿真。因此，计算机仿真得到了越来越广泛的应用。本章重点讨论基于数学模型的数值仿真问题，即计算机仿真问题。

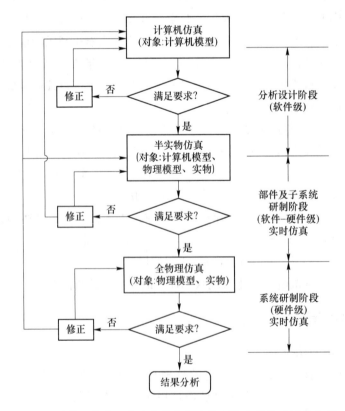

图2-1　计算机仿真、半实物仿真与全物理仿真的关系及其应用

2.1.2.3　计算机仿真的基本内容

由于数学仿真是在计算机上进行的，因此视计算机的类型及仿真系统的组成不同，计算机仿真又可分为模拟仿真（采用的是模拟计算机）和数字仿真（采用数字计算机）等类型。但是，计算机仿真的基本内容却是相同的。通常情况下，计算机仿真包括三个基本要素，即实际系统、数学模型及计算机。联系这三个要素则有如下三个基本活动，即模型建立、仿真实验与结果分析。以上所述三要素及三个基本活动的关系可用图2-2来表示。由图2-2可见，将实际系统抽象为数学模型，称为一次模型化，它还涉及系统的辨识技术问题，统称为建模问题；将数学模型转换为可在计算机上运行的仿真技术问题，称为二次模型化，统称为仿真实验。

综上所述，仿真是建立在模型这一基础之上的，计算机仿真要完善建模、仿真实验及结果分析体系，以使仿真技术成为机电一体化系统分析、设计与研究的有效工具。

2.1.2.4　控制系统仿真研究的步骤

控制系统仿真过程总体上分为系统建模、仿真建模、仿真实验和结果分析等4个步骤，联系这些步骤的三要素是系统、模型和计算机，如图2-3所示。其中，系统指所研究的对象，模型是对系统的数学抽象，计算机是进行仿真的工具和手段。

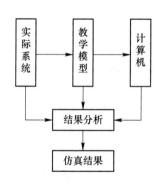

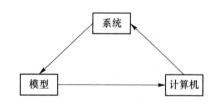

图2-2　计算机仿真的要素及相互关系　　　　图2-3　系统仿真三要素

（1）系统建模。系统建模就是建立所研究控制系统的数学模型，具体是指建立描述控制系统输入、输出变量，以及内部变量之间关系的数学表达式。

（2）仿真建模。仿真建模是根据所建立控制系统的数学模型，用适当的算法和仿真语言转换为计算机可以实施计算和仿真的模型。

（3）仿真实验。构建了仿真模型，下一步就是对模型进行仿真实验。仿真实验首先需要根据所使用的仿真软件编写仿真程序，将仿真模型载入计算机，再按照预先设计的实验方案运行仿真程序，得到一系列仿真实验结果。

（4）结果分析。通过对仿真实验结果进行分析来检验仿真模型和仿真程序的正确性，多次反复分析和修改后，最终可以得到预期或满意的仿真结果。

控制系统仿真的流程图如图2-4所示。

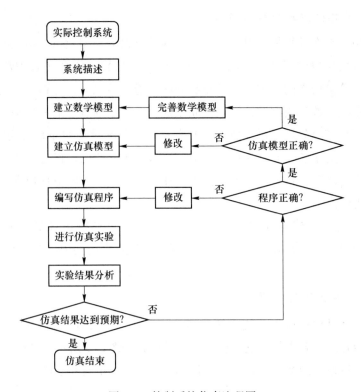

图 2-4　控制系统仿真流程图

2.2　机电一体化系统的数学模型

机电一体化系统计算机仿真是建立在机电一体化系统数学模型基础之上的一门技术。机电一体化系统属于多学科交叉领域，为通过仿真手段进行分析和设计，首先需要用数学型式描述各类系统的运动规律，即建立它们的数学模型。模型确定之后，还必须寻求合理的求解数学模型的方法，即数值算法，才能得到正确的仿真结果。本节将学习常见的机电一体化系统数学模型的表示形式和建模的基本方法。

机电一体化系统中的变量大多是一些具体的物理量，如电压、电流、压力、温度、速度、位移等。若这些物理量是随时间连续变化的，则称其为连续系统；如果系统中物理量是随时间断续变化的，如计算机控制、数字控制、采样控制等，则称为离散（或采样）系统。采用计算机仿真来分析和设计机电一体化系统，首要问题是建立能够合理地描述系统中各物理量变化的运动学方程，并根据仿真需要，抽象为不同表达形式的系统数学模型。

2.2.1　数学模型的表现形式

根据系统数学描述方法的不同，可建立不同形式的系统数学模型。在经典控制理论中，常用系统输入-输出的微分方程或传递函数表示各物理量之间的相互制约关系，称为系统的外部描述或输入-输出描述；在现代控制理论中，通过设定系统的内部状态变量，建立状态方程来表示各物理量之间的相互制约关系，称为对系统的内部描述或状态描述。连续系统的数学模型通常可由高阶微分方程或一阶微分方程组的形式表示。如所建立的微分或差分方程为线性的，且各系数均为常数，则称为线性定常系统的数学模型；如果方程中存在非线性变量，或方程中存在随时间变化的系数，则称为非线性系统或时变系统数学模型。

本节主要讨论线性定常连续系统数学模型的几种表示形式。需要注意的是，同一描述对象的不同数学模型形式之间是可以相互转换的。

2.2.1.1 微分方程

设线性定常系统输入、输出量是单变量，分别为 $u(t)$、$y(t)$，则两者之间的关系总可以描述为线性常系数高阶微分方程形式：

$$a_0 y^{(n)} + a_1 y^{(n-1)} + \cdots + a_{n-1} y' + a_n y = b_0 u^{(m)} + \cdots + b_m u \tag{2-1}$$

式中，$y^{(j)}$ 为 $y(t)$ 的 j 阶导数，$y^{(j)} = \dfrac{\mathrm{d}^j y(t)}{\mathrm{d}t^j}, j = 0,1,\cdots,n; u^{(i)} = \dfrac{\mathrm{d}^i u(t)}{\mathrm{d}t^i}, i = 0,1,\cdots,m;$ a_j 为 $y(t)$ 及其各阶导数的系数，$j = 0,1,\cdots,n; b_i$ 为 $u(t)$ 及其各阶导数的系数，$i = 0,1,\cdots,$ m；n 为系统输出变量导数的最高阶次；m 为系统输入变量导数的最高阶次，通常总有 $m \leqslant n$。

微分方程模型是连续系统其他数学模型表达形式的基础，以下所要讨论的模型表达形式都是以此为基础发展而来的。

2.2.1.2 状态方程

当系统输入、输出为多变量时，可用向量分别表示为 $\boldsymbol{U}$、$\boldsymbol{Y}$，由现代控制理论可知，总可以通过系统内部变量之间的转换设立状态向量 $\boldsymbol{X}$，将系统表达为状态方程形式：

$$\begin{cases} \boldsymbol{X} = \boldsymbol{AX} + \boldsymbol{BU} \\ \boldsymbol{Y} = \boldsymbol{CX} + \boldsymbol{DU} \end{cases} \tag{2-2}$$

式中，$\boldsymbol{U}$ 为输入向量（n 维）；$\boldsymbol{Y}$ 为输出向量（n 维）。

应当指出，系统状态方程的表达形式不是唯一的。通常可根据不同的仿真分析要求而建立不同形式的状态方程，如能控标准型、能观标准型、约当型等。

MATLAB 的控制系统工具箱包含控制系统建模、分析及控制器设计相关的函数和图形可视化界面等工具，根据控制系统的微分方程，MATLAB 提供了四种形式用以描述控制系统。其中，状态空间方程形式(state-space Function)的内置函数 $\mathrm{ss}(\boldsymbol{A}, \boldsymbol{B}, \boldsymbol{C}, \boldsymbol{D})$，可直接用于系统状态空间方程形式的模型输入，其中 $\boldsymbol{A}$ 为状态传输矩阵，$\boldsymbol{B}$ 为输入矩阵，$\boldsymbol{C}$ 输出矩阵，$\boldsymbol{D}$ 为系数矩阵。用该函数指令可以对式（2-2）建立一个状态方程模型，调用格式为 $\mathrm{sys} = \mathrm{ss}(\boldsymbol{A}, \boldsymbol{B}, \boldsymbol{C}, \boldsymbol{D})$。

例 2-1 已知质量-弹簧-阻尼器系统如图 2-5 所示，其中质量为 8 kg，弹簧系数为 3 N/m，阻尼器系数为 0.2 N·s/m，用 MATLAB 建立状态方程模型。

解： 该系统的动力学模型具有如下形式：

$$m y(t) + \mu y(t) + k y(t) = k u(t)$$

设

$$x_1 = y$$

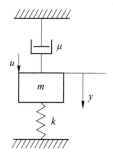

图 2-5 质量-弹簧-阻尼器系统

$$x_2 = x_1$$

$$X = [x_1, x_2]^T$$

可以得到该系统的状态空间模型

$$\begin{bmatrix} x_1 \\ x_2 \end{bmatrix} = \begin{bmatrix} 0 & 1 \\ -\dfrac{k}{m} & -\dfrac{\mu}{m} \end{bmatrix} \begin{bmatrix} x_1 \\ x_2 \end{bmatrix} + \begin{bmatrix} 0 \\ \dfrac{k}{m} \end{bmatrix} u$$

$$y = \begin{bmatrix} 1 & 0 \end{bmatrix} \begin{bmatrix} x_1 \\ x_2 \end{bmatrix}$$

显然该系统中矩阵 $D = 0$，系统的 MATLAB 编程如下：

```
m = 8;μ = 3;k = 0.2;
A = [0,1; -k/m, -μ/m];
B = [0,k/m]';
C = [1  0];
D = 0;
Sys = ss(A,B,C,D)
系统显示为
>> z = [-3];p = [-4  -2  -0.3];k = 5;
>> sys = zpk(z,p,k)
```

$$sys = \frac{5(s+3)}{(s+4)(s+2)(s+0.3)}$$

Continuous-time zero/pole/gain model.

2.2.1.3　传递函数

将式（2-1）在零初始条件下，两边同时进行拉普拉斯变换，则有

$$(a_0 s^n + \cdots + a_{n-1} s + a_n) Y(s) = (b_0 s^m + \cdots + b_{m-1} s + b_m) U(s)$$

输出拉普拉斯变换 $Y(s)$ 与输入拉普拉斯变换 $U(s)$ 之比

$$G(s) = \frac{Y(s)}{U(s)} = \frac{b_0 s^m + \cdots + b_{m-1} s + b_m}{a_0 s^n + \cdots + a_{n-1} s + a_n} \tag{2-3}$$

称为系统的传递函数。

MATLAB 提供了采用传递函数形式（transfer function）的机电一体化系统描述方式，内置函数 tf（num，den），可直接用于系统传递函数形式的模型输入，其中 num 为传递函数分子多项式系数向量，den 为传递函数分母多项式系数向量。

例 2-2　用 MATLAB 建立系统传递函数模型：$G(s) = \dfrac{s+3}{s^3 + 2s^2 + s + 3}$。

```
num = [1 3];
den = [1 2 1 3];
sys = tf(num,den)
显示为
```

$$sys = \frac{s+3}{s^3 + 2s^2 + s + 3}$$

Continuous-time transfer function.

如果将式（2-3）中分子、分母有理多项式分解为因式连乘形式，则有

$$G(s) = K\frac{\prod\limits_{i=1}^{m}(s-z_i)}{\prod\limits_{j=1}^{n}(s-p_j)} = K\frac{(s-z_1)(s-z_2)\cdots(s-z_m)}{(s-p_1)(s-p_2)\cdots(s-p_n)} \tag{2-4}$$

式中，K 为系统的零极点增益；$z_i(i=1,2,\cdots,m)$，称为系统的零点；$p_j(i=1,2,\cdots,n)$，称为系统的极点。

z_i、p_j 可以是实数，也可以是复数。因此，称式（2-4）为单输入-单输出系统传递函数的零极点模型形式。

MATLAB 提供了零极点增益形式（zero pole）的控制方程描述模式，内置函数 zpk(z, p, k)可直接用于系统零极点增益形式的模型输入，其中 z 为系统零点组成的向量，p 为系统极点组成的向量，k 为系统增益。

例2-3 用 MATLAB 建立零极点模型：$G(s) = \dfrac{5(s+3)}{(s+4)(s+2)(s+0.3)}$。

```
Z = [ -3];p = [ -4  -2  -0.3];k = 5;
sys = zpk(z,p,k)
```
显示为

$$sys = \frac{5(s+3)}{(s+4)(s+2)(s+0.3)}$$

Continuous-time zero/pole/gain model.

2.2.2 数学模型的建立方法

建立数学模型是以一定的理论为依据把系统的行为概括为数学函数关系的表达式，包括以下步骤：

（1）确定模型的结构，建立系统的约束条件，确定系统的实体、属性与活动；

（2）测取有关的模型数据；

（3）运用适当理论建立系统的数学描述，即数学模型；

（4）检验所建立的数学模型的准确性。

机电一体化系统数学模型合理构建，将直接影响以此为依据的仿真分析与设计的准确性、可靠性，因此必须予以充分重视，以采用合理的方式、方法进行建模。

2.2.2.1 机理模型法

所谓机理模型（解析模型）法，实际上就是采用一般到特殊的推理演绎方法，对已知结构、参数的物理系统运用相应的物理定律或定理，经过合理分析简化而建立起来的描述系统各物理量动、静态变化性能的数学模型。

因此，机理模型法主要是通过理论分析推导方法建立系统模型。根据确定元件或系统行为所遵循的自然机理，如常用的物质不灭定律（用于液位、压力调节等）、能量守恒定律（用于温度调节等）、牛顿第二定律（用于速度、加速度调节等）、基尔霍夫定律（用于电气网络）等，对系统各种运动规律的本质进行描述，包括质量、能量的变换和传递

等过程，从而建立起变量间相互制约又相互依存的精确的数学关系。通常情况下，是给出微分方程形式或其派生形式——状态方程、传递函数等。

建模过程中，必须对机电一体化系统进行深入的分析研究，善于提取本质、主流方面的因素，忽略一些非本质、次要的因素，合理确定对系统模型准确度有决定性影响的物理变量及其相互作用关系，避免出现冗长、复杂、烦琐的公式方式堆砌。最终目的是要建立出既简单清晰，又具有相当精度，能基本反映实际物理量变化的机电一体化系统模型。

建立机理模型还应注意所研究系统模型的线性化问题。大多数情况下，实际机电一体化系统由于各种因素的影响，都存在非线性现象，如机械传动中的死区间隙、电气系统中磁路饱和等，严格地说都属于非线性系统，只是其非线性程度有所不同。在一定条件下，可能通过合理的简化、近似，用线性系统模型近似描述非线性系统。其优点在于可利用线性系统许多成熟的计算分析方法和特性，使机电一体化系统的分析、设计更为简单方便，易于实用。但也应指出，线性化处理方法并非对所有机电一体化系统都适用，对于包含本质非线性环节的系统需要采用特殊的研究方法。

2.2.2.2　统计模型法

统计模型法是采用由特殊到一般的逻辑、归纳方法，根据一定数量的在系统运行过程中实测、观察的物理数据，运用统计规律、系统辨识等理论合理估计出反映系统各物理量相互制约关系的数学模型。其主要依据是来自系统的大量实测数据，因此又称为实验测定法。

当对所研究系统的内容结构和特性尚不清楚，甚至无法了解时，系统内部的机理变化规律就不能确定，通常称为"黑箱"或"灰箱"问题，机理模型法也就无法应用。而根据所测到的系统输入、输出数据，采用一定方法进行分析及处理来获得数学模型的统计模型法正好适应这种情况。通过对系统施加激励，观察和测取其响应，了解其内部变量的特性，并建立能近似反映同样变化的模拟系统的数学模型，就相当于建立起实际系统的数学描述（方程、曲线或图表等）。

频率特性法是研究控制系统的一种应用广泛的工程实用方法。其特点在于通过建立系统频率响应与正统输入信号之间的稳态特性关系，不仅可以反映系统的稳态性能，而且可以用来研究系统的稳定性和暂态性能；可以根据系统的开环频率特性，差别系统闭环后的各种性能；可以较方便地分析系统参数对动态性能的影响，并能大致指出改善系统性能的途径。

频率特性物理意义十分明确，对稳定的系统或元件、部件都可能用实验方法确定其频率特性，尤其对一些难以列出动态方程、建立机理模型的系统，有特别重要的意义。

系统辨识法是现代控制理论中常用的技术方法，它也是依据观察到的输入与输出数据来估计动态系统的数学模型的，但输出响应不局限于频率响应，阶跃响应或脉冲响应等时间响应都可作为反映系统模型动态特性的重要信息，且确定模型的过程更依赖于各种高效率的最优算法，以及如何保证所测取数据后可靠性等理论问题。图2-6所示为系统辨识的原理示意图。因其在实践中能得到很好的运用，已被广泛接受，并逐渐发展成为较成熟且日益完善的一门学科。

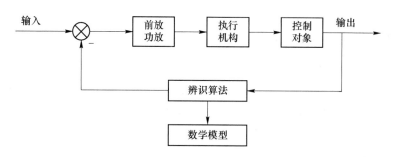

图 2-6 系统辨识方法求解系统数学模型的原理示意图

应当注意，由于对系统了解得不很清楚，主要靠实验测取数据确定数学模型的方法受数据量不充分、数据精度不一致、数据处理方法不完善等局限性影响，所得的数学模型的准确度只能满足一般工程需要，难以达到更高精度的要求。

2.2.2.3　混合模型法

除以上两种方法外，机电一体化系统还有这样一类问题，即对其内部结构和特性有部分了解，但又难以完全用机理模型方法表述出来，这时需结合一定的实验方法确定另外一部分不甚了解的结构特性，或是通过实际测定来求取模型参数，一般是首先根据被辨识系统的已有知识，用演绎法确定或选择系统模型的结构；然后，根据试验观测所得到的数据，估计出被辨识系统的未知参数值。这种方法是机理模型法和统计模型法的结合，因此称为混合模型法。实用中它可能比前两者都用得多，是一项很好的理论推导与实验分析相结合的方法与手段。

机电一体化系统的建模是一个理论性与实践性都很强的问题，是影响数字仿真结果的首要因素，限于本书篇幅，此处不再展开讨论。

2.3　仿真理论基础

机电一体化系统数学模型的建立，为进行系统仿真实验研究提供了必要的前提条件，但真正在数字计算机上对系统模型实现仿真运算、分析，还有一个关键步骤，就是所谓的"实现问题"。

"实现问题"是根据已知的系统传递函数求取该系统相应的状态空间表达式，也就是说，把系统的外部模型（传递函数描述）形式转化为系统的内部模型（状态空间描述）形式。这对于计算机仿真技术而言，是一个具有实际意义的问题。因为状态方程是一阶微分方程组形式，非常适宜数字计算机求其数值解（而高阶微分方程的数值求解是非常困难的）。如果机电一体化系统已表示为状态空间表达式，则很容易直接对该表达式编制相应的求解程序，可见"实现问题"实质就是数值积分的问题。

机电一体化系统数学模型经合理近似、简化，大多建立成为常微分方程形式。实际中遇到的大部分微分方程难以得到解析解，通常都是通过数字计算机采用数值计算方法求解数值解。MATLAB 已提供了功能十分强大，且具有保证相应精度的数值求解的功能函数或程序段，使用者仅需按规定的语言规范调用即可，而无需从数值算法的底层考虑其编程实现过程。

2.3.1　MATLAB/Simulink 控制系统仿真

2.3.1.1　MATLAB 简介

MATLAB 是美国 MathWorks 公司出口的商业数学软件，是用于算法开发、数据可视化、数据分析及数值计算的高级语言和交互式环境，主要包括 MATLAB 和 Simulink 两大部分。作为目前国际上最流行、应用最广泛的科学与工程计算软件，MATLAB 具有其独树一帜的优势和特点。

（1）简单易用的程序语言。尽管 MATLAB 是一门编程语言，但与其他语言（如 C 语言）相比，它不需要定义变量和数组，使用更加方便，并具有灵活和智能化的特点。

（2）代码短小高效。MATLAB 程序设计语言集成度高，语言简洁。对于用 C/C ++ 等语言编写的数百条语句，若使用 MATLAB 编写，几条或几十条就能解决问题，而且程序可靠性高，易于维护，可以大大提高解决问题的效率和水平。

（3）功能丰富，可扩展性强。MATLAB 软件包括基本部分和专业扩展部分，基本部分包括矩阵的运算，各种变换、代数与超越方程的求解，数据处理与数值积分等，可以充分满足一般科学计算的需要；专业扩展部分称为工具箱，用于解决某一方面或某一领域的专门问题。

（4）出色的图形处理能力。MATLAB 提供了丰富的图形表达函数，可以将实验数据或计算结果用图形的方式表达出来，并可以将一些难以表达的隐函数直接用曲线绘制出来，不仅可以方便灵活地绘制一般的一维、二维图像，还可以绘制工程特性较强的特殊图形。

（5）强大的系统仿真功能。应用 MATLAB 重要的软件包之一——Simulink 提供的面向框图模块库的建模与仿真功能，可以很容易构建系统的仿真模型，准确进行仿真分析。

2.3.1.2　MATLAB 的工具箱

工具箱实际上是用 MATLAB 基本语句编成的各种子程序集，用于解决某一方面的专门问题或实现某一类的新算法。MATLAB 的工具箱大致可以分为两类：功能型工具箱和领域型工具箱。功能型工具箱主要用来扩充 MATLAB 的符号计算功能、图形建模仿真功能、文字处理功能，以及硬件实时交互功能，能用于多种学科。领域型工具箱是学科专用工具箱，其专业性很强，比如控制系统工具箱（control system toolbox）、信号处理工具箱（signal processing toolbox）、财政金融工具箱（financial toolbox）。

例如，控制系统工具箱包括：连续系统设计和离散系统设计；状态空间、传递函数及模型转换；时域响应（脉冲响应、阶跃响应、斜坡响应）；频域响应（Bode 图、Nyquist 图）；根轨迹、极点配置。

2.3.1.3　MATLAB 基本要素

MATLAB 基本要素包括变量、数值、字符串、运算符和标点符等。

A　变量

MATLAB 不要求用户在输入变量的时候进行声明，也不需要指定变量类型。MATLAB 会自动依据所赋予的变量值或对变量进行操作来识别变量的类型。在赋值过程中，如果变量已存在，那么 MATLAB 将使用新值替换旧值，并替换其类型。

在 MATLAB 语言中，变量的命名遵循如下规则：

（1）变量名区分大小写，如 Feedback 和 feedback 表示两个不同的变量；

（2）变量长度不超过 31 位，超过部分将被 MATLAB 语言所忽略；

（3）变量名以字母开头，第一字母后可以使用字母、数字、下划线，但不能使用空格和标点符号；

（4）一些常量也可以作为变量使用，例如，i 和 j 在 MATLAB 中表示虚数单位，但也可作为变量使用，比如循环语句中常使用 i 和 j 作为循环变量。

在 MATLAB 语言中有一些自己的特殊变量，是系统自动定义的，当 MATLAB 启动时就驻留在内存中，但在工作空间中却看不到，这些变量被称为预定义变量或默认变量，见表 2-1。

表 2-1　MATLAB 的预定义变量

名　称	变　量　含　义	名　称	变　量　含　义
ans	计算结果的默认变量名	nargin	函数输入变量个数
beep	计算机发出"嘟嘟"声	nargout	函数输出变量个数
bitmax	最大正整数，即 9.0072×10^{15}	pi	圆周率 π
eps	计算机中的最小数，即 2^{-52}	realmin	最小正实数 2^{-1022}
i 或 j	虚数单位	realmax	最大正实数 2^{1023}
Inf 或 inf	无穷大	varagin	可变的函数输入变量个数
NaN 或 nan	不定值	varagout	可变的函数输出变量个数

在未加特殊说明的情况下，MATLAB 语言将所识别的一切变量视为局部变量，即仅在其使用的 M 文件内有效。若要将变量定义为全局变量，则应当对变量进行说明，即在该变量前加关键字 global。一般来说全局变量均用大写英文字母表示。

B　数值

在 MATLAB 中，数值表示既可以使用十进制计数法，也可以使用科学记数法。所有数值均按 IEEE 浮点标准规定的长型格式存储，数值的有效范围为 $10^{-308} \sim 10^{308}$。

C　复数

MATLAB 中复数的基本单位表示为 i 或 j。可以利用以下语句生成复数：

（1）$z = a + bi$ 或 $z = a + bj$；

（2）$z = r * \exp(\theta * i)$，其中 r 是复数的模，θ 是幅角的弧度值。

D　字符串

在 MATLAB 中创建字符串的方法是，将创建的字符串放入单引号中。注意，单引号必须在英文状态下输入，而字符串内容可以是中文。

E　运算符和标点符

MATLAB 中常用的运算符和标点符见表 2-2。

表 2-2　MATLAB 中常用的运算符与标点符

运算符和标点符	使 用 说 明
+	相加；加法运算符
–	相减；减法运算符
*	标定和矩阵简洁运算符
.*	阵列乘法运算符
^	标定和矩阵求幂运算符
.^	阵列求幂运算符
\\	左除法运算符
/	右除法运算符
.\\	阵列左除法运算符
./	阵列右除法运算符
:	冒号；生成规则间隔的元素，并表示整个行或列
( )	圆括号；包含函数参数和数组索引；覆盖优先级
[ ]	方括号；矩阵定义
{ }	花括号；构成元细胞数组
.	小数点
…	省略号；行连续运算符
,	逗号；分隔一行中的语句和元素
;	分号；分隔列并抑制输出显示
%	百分号；指定一个注释并指定格式
–	引用符号和转置运算符
.–	非共轭转置运算符
=	赋值运算符

2.3.1.4　Simulink 模块库概述

Simulink 模块库是一个用来进行动态系统建模、仿真和分析的集成软件包，利用它可以实现各种动态系统的仿真，其广泛应用于各种线性系统、非线性系统、连续时间系统、离散时间系统甚至混合连续-离散时间系统的仿真。

Simulink 模块库内容丰富，包括信号源（sources）模块库、信号输出（sinks）模块库、连续系统（continuous）模块库、离散系统（discrete）模块库、数学运算（math operation）模块库等许多标准模块，此外用户还可以根据自己的需要自定义模块和创建模块。

Simulink 模块库中提供了用户图形界面。用户可以通过鼠标操作从模块库中调用所需模块，将它们按照要求连接起来以构成动态系统模型，随后通过各个模块的参数对话框设置各个模块的参数，建立起该系统的模型；最后通过选择仿真参数和数值算法便可启动仿真程序对系统进行仿真。

在仿真的过程中，用户可以通过不同的输出方式来观察仿真结果。例如，可以使用 Sinks 模块库中的 Scope（示波器）模块或其他显示模块来观察有关信号的变化曲线，也可以将结果存放在 MATLAB 的工作空间中，供以后处理和使用。根据所得的仿真结果，用户可以调整系统参数，观察、分析系统仿真结果的变化，从而获得更加理想的仿真结果。

2.3.1.5 Simulink 模块库的运行

在 MATLAB 命令窗口中输入"Simulink"或者单击 MATLAB 主窗口工具栏中的"Simulink"按钮，即可启动 Simulink 模块库。Simulink 模块库启动后会显示如图 2-7 所示的 Simulink 模块库主窗口。

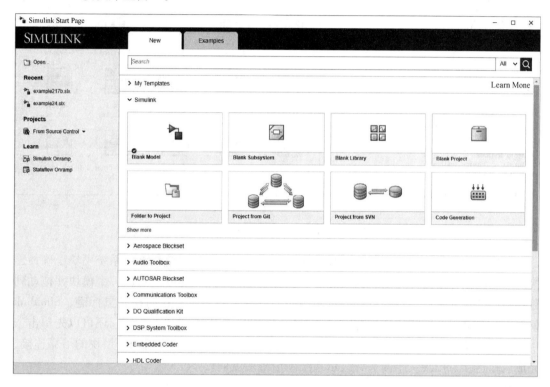

图 2-7　Simulink 模块库主窗口

在 Simulink 模块库主窗口中单击"Blank Model"模板，系统会弹出一个名为"untitled"的模型编辑窗口，模型编辑窗口是模型建立的载体。在模型编辑窗口中单击"模块库"按钮即可打开 Simulink 模块库浏览器窗口（见图 2-8），单击所需的模块，列表窗口上方将会显示所选模块的信息；可以在 Simulink 模块库浏览器窗口左上方的文本框中直接输入模块名并进行查询。利用模型编辑窗口，通过鼠标拖动模块在其上可建立一个完整的模型。

2.3.1.6 Simulink 模块库基本操作

利用 Simulink 模块库进行建模和仿真，首先应该熟悉 Simulink 模块库的一些基本操作，包括 Simulink 模块库的模块操作、模块间信号线的操作，以及最后模块的仿真操作。

A　模块操作

模块操作首先是选定模块，用户可以使用鼠标左键单击模块来选定单个模块，也可按住 <Shift> 键，并用鼠标右键拖拉区域选定多个模块。如果不想使用该模块，可以按下 <Delete> 键删除该模块。

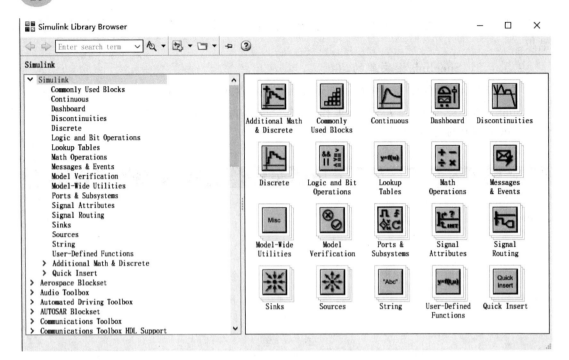

图 2-8　Simulink 模块库浏览器窗口

在选择构建系统模型所需的所有模块后,按照系统的信号流程将各系统模块正确地连接起来。用鼠标单击并移动所需功能模块至合适位置,用鼠标左键选中一个模块并拖动到目标模块的输入端口,在接近到一定程度时光标变成双十字。这时松开鼠标键,Simulink模块库会自动将两个模块连接起来。如果想快速地进行两个模块的连接,还可以先单击选中源模块,按下 < Ctrl > 键,再单击目标模块,这样可以直接建立起两个模块的可靠连接,完成后在连接点出现一个箭头,表示系统中信号的流向。

默认状态下,模块的输入端在左,输出端在右。如需要改变方向,可以使用鼠标右键选择"Rotate&Flip"菜单将模块旋转,也可以使用组合键 < Ctrl + R > 将模块顺时针旋转180°,使用组合键 < Ctrl + Shift + R > 将模块逆时针旋转180°。

最重要的是模块参数的设置。用鼠标双击模块即可打开其参数设置对话框,然后可以通过改变对话框提供的对象进行参数的设置。

B　信号线操作

与模块操作类似,信号线的移动可以用鼠标右键按住拖拉,信号线的删除可以按下 < Delete > 键。

(1) 线的分支。在实际模型中,一个信号往往需要分送到不同模块的多个输入端,此时就需要绘制信号的分支线。其操作步骤为:按住鼠标右键,在需要分支的地方拉出即可。如果模块只有一个输入端和一个输出端,那么该模块可以直接插入一条信号线,只要选中待插入模块,按住鼠标左键拖动至信号线上即可。

(2) 设定信号线标签。信号线也可以添加标签,只要使用鼠标左键双击待添加标识的信号线,在弹出的空白文本框中输入文本,就是该信号线的标签。输入完毕后,在模型窗口内其他任意位置单击鼠标左键就可以退出编辑。

（3）线的折弯。有时在建立模型时需要对信号线进行折弯，其操作步骤为：按键 <Shift>键，再用鼠标在要折弯的线处单击一下，就会出现圆圈，表示折点，利用折点就可以改变线的形状。

C 仿真操作

Simulink 模型建立完成后，就可以对其进行仿真运行。用鼠标单击 Simulink 模型窗口工具栏内的"仿真启动或继续"按钮即可启动仿真。在仿真过程中可以单击"终止仿真"按钮来终止本次仿真。

启动仿真过程后将以默认参数为基础进行仿真，用户还可以自己设置需要的控制参数，打开菜单栏中"Simulation"子菜单下的"Model Configuration Parameters"选项将得到如图2-9所示的仿真参数设置对话框。用户可以从中相应的数据控制仿真参数。

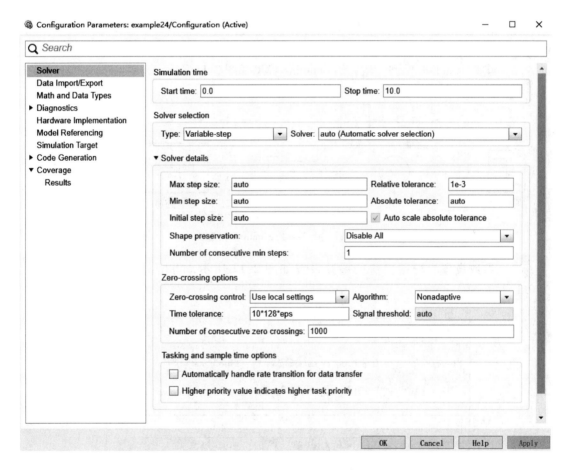

图2-9 仿真参数设置对话框

2.3.1.7 建模与仿真

Simulink 模块库提供了友好的图形交互界面，模型由模块组成的框图表示，用户通过单击和拖动鼠标的操作即可完成系统建模，而且 Simulink 模块库支持线性和非线性系统、连线和离散时间系统，以及混合式系统的建模与仿真。

不管控制系统是由系统框图描述，还是由微分方程、状态空间描述，都可以很方便地用 Simulink 模块库建立其模型。

例 2-4　控制系统方框图如图 2-10 所示，试建立 Simulink 模型并显示在单位阶跃信号输入下的仿真结果。

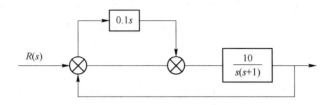

图 2-10　控制系统方框图

解：由于本例直接给出了控制系统方框图，因此只要在模型编辑窗口中按图搭建模型即可。

（1）建立 Simulink 模型。建立的 Simulink 模型如图 2-11 所示。

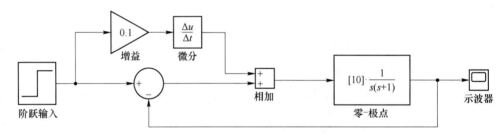

图 2-11　例 2-4 的 Simulink 模型

（2）参数设置。增益模块的参数设置如图 2-12 所示，将增益值由默认的 1 设定为 0.1。

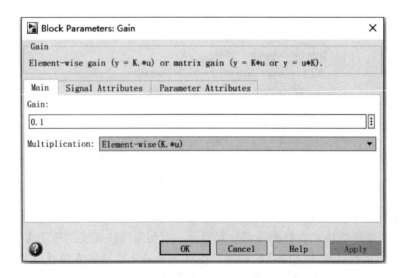

图 2-12　增益模块的设置

求和模块的设置如图 2-13 所示，改变对话框中的"＋"，可以将求和模块的一端设定为"－"。

图 2-13　求和模块的设置

零点增益模块的设置如图 2-14 所示，在该对话框中分别设置零点、极点和增益值。

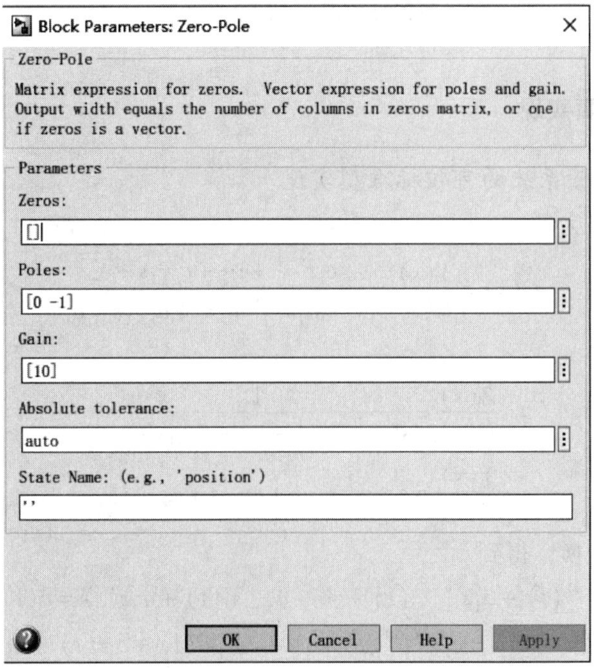

图 2-14　零极点增益模块的设置

阶跃信号输入模块的默认输入值是单位阶跃信号，所以不必修改。

（3）仿真结果。设置好各个参数后单击"仿真启动"按钮，待仿真运行完毕后打开示波器可看到输出波形，仿真结果如图 2-15 所示。由图 2-15 可见，输出响应曲线从 $t = 1\ \mathrm{s}$ 开始上升，这是因为单位阶跃输入在 $t = 1\ \mathrm{s}$ 时刻有个阶跃的变化。

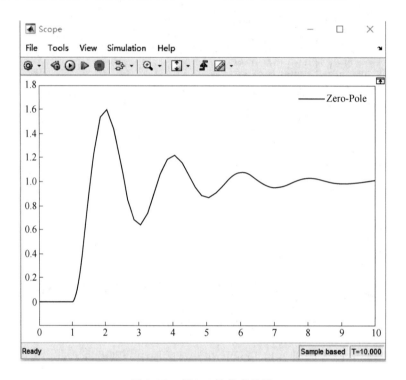

图 2-15　例 2-4 的仿真结果

2.3.2　控制系统仿真实现

2.3.2.1　单变量系统的可控标准型实现

设系统传递函数为

$$G(s) = \frac{Y(s)}{U(s)} = \frac{c_1 s^{n-1} + \cdots + c_{n-1} s + c_n}{s^n + a_1 s^{n-1} + \cdots + a_{n-1} s + a_n}$$

若对上式设

$$\frac{Z(s)}{U(s)} = \frac{1}{s^n + a_1 s^{n-1} + \cdots + a_{n-1} s + a_n}$$

$$\frac{Y(s)}{Z(s)} = c_1 s^{n-1} + \cdots + c_{n-1} s + c_n$$

再经过拉普拉斯反变换，得到

$$z^{(n)}(t) + a_1 z^{(n-1)}(t) + \cdots + a_{n-1} z'(t) + a_n z(t) = u(t)$$

$$y(t) = c_1 z^{(n-1)}(t) + \cdots + c_{n-1} z'(t) + c_n z(t)$$

引入 n 维状态变量 $\boldsymbol{X} = [x_1, x_2, \cdots, x_n]$，并设

$$x_1 = z$$
$$x_2 = z' = x'_1$$
$$x_n = z^{(n-1)} = x'_{n-1}$$

又有

$$x'_n = z^{(n)} = -a_1 z^{(n-1)}(t) - \cdots - a_{n-1} z'(t) - a_n z(t) + u(t)$$
$$= -a_1 x_n - \cdots - a_{n-1} x_2 - a_n x_1 + u(t)$$

得到一阶微分方程组

$$x'_1 = x_2$$
$$x'_2 = x_3$$
$$x'_{n-1} = x_n$$
$$x'_n = -a_1 x_n - \cdots - a_{n-1} x_2 - a_n x_1 + u(t)$$

写为状态方程形式为

$$\begin{cases} \dot{X} = AX + BU \\ Y = CX + DU \end{cases} \tag{2-5}$$

就得到了系统的内部模型描述——状态空间表达式。式中

$$A = \begin{bmatrix} 0 & 1 & 0 & \cdots & 0 \\ 0 & 0 & 1 & \cdots & 0 \\ \vdots & \vdots & \vdots & \cdots & \vdots \\ 0 & 0 & 0 & \cdots & 1 \\ -a_n & -a_{n-1} & -a_{n-2} & \cdots & -a_1 \end{bmatrix}, \quad B = \begin{bmatrix} 0 \\ 0 \\ \vdots \\ 0 \\ 1 \end{bmatrix}$$

$$C = [c_n, c_{n-1}, \cdots, c_1], \quad D = \begin{bmatrix} 0 & 0 & \cdots & 0 \\ 0 & 0 & \cdots & 0 \\ \vdots & \vdots & \cdots & \vdots \\ 0 & 0 & \cdots & 0 \end{bmatrix}$$

其一阶微分矩阵向量形式很便于在计算机上运用各种数值积分方法求取数值解。

将系统的状态方程描述式（2-5）用图 2-16 表示。

图 2-16 清楚地表明系统内部状态变量之间的相互关系和内部结构形式，通常称为模拟实现图。从图 2-16 中可知，欲知各状态变量 $x_1, x_2, \cdots, x_n$ 的动态特性变化情况，对于数字计算机来讲，关键在于求解各状态变量的一阶微分 x'_1，x'_2，$\cdots$，x'_n，因此，图中各积分环节的作用至关重要。采用传统的模拟计算机求解，则积分环节由运算放大器构成的积分器实现；而采用数字计算机求解，积分环节由各种数值积分算法实现。可以说模拟实现图给出了清晰的系统仿真模型。

2.3.2.2 系统模型的转换

图 2-16 描述的系统是"实现问题"的理论基础，随着 MATLAB 的推广使用，2.2 节所介绍的数学模型不同表达式之间可以互相转换，"实现问题"可以方便地解决。

MATLAB 工具箱提供了许多内置函数可方便地实现系统数学模型不同表达式之间的转换，例如：

（1）Nsys = tf(sys)，将非传递函数形式的系统模型 sys 转化成传递函数模型；

（2）Nsys = zpk(sys)，将非传递函数形式的系统模型 sys 转化成零极点模型；

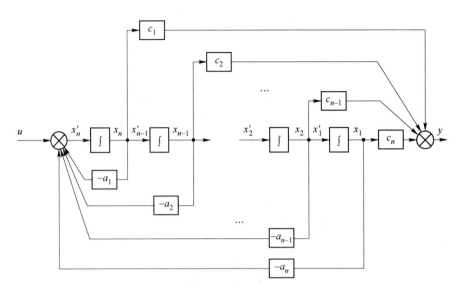

图 2-16　系统的状态方程描述

（3） Nsys = ss($\boldsymbol{A}$,$\boldsymbol{B}$,$\boldsymbol{C}$,$\boldsymbol{D}$)，将非传递函数形式的系统模型 sys 转化成状态空间模型。

例 2-5　已知某系统的传递函数为 $G(s) = \dfrac{5(s+3)}{s^3 + 6.3s^2 + 9.8s + 2.4}$，用 MATLAB 建模并

求零极点模型 sys、传递函数模型 sysA 和状态空间模型。

MATLAB 程序代码如下：

```
clear
clc
num = [1 3];
den = [1 6.3 9.8 2.4]/5.0;
sys = tf(num,den)
tf(sys)
ss(sys)
zpk(sys)
```

运行结果显示为

$$\text{ans} = \frac{s+3}{0.2\,s^3 + 1.26\,s^2 + 1.96\,s + 0.48}$$

Continuous-time transfer function.

ans =

A =

	x1	x2	x3
x1	-6.3	-2.45	-0.6
x2	4	0	0
x3	0	1	0

B =

        u1

  x1 2

  x2 0

  x3 0

C =

       x1   x2   x3

  y1   0   0.625 1.875

D =

       u1

  y1 0

Continuous-time state-space model.

$$\text{ans} = \frac{5(s+3)}{(s+4)(s+2)(s+0.3)}$$

Continuous-time zero/pole/gain model.

2.4 机电一体化系统的建模与仿真实例

2.4.1 流量控制系统的建模与仿真

流量控制系统是集机电液于一体的自动控制系统，如车辆装备加油系统的油量控制、液位的精确控制、化工企业中有机物的投料控制，以及稀土萃取过程中的给料控制等。检测流量控制系统的性能，最有效的方法是利用理论分析来验证所设计控制系统的各方面性能（系统的响应速度、超调量、稳定性等）是否满足控制要求。

图 2-17 所示为一个机电液一体化流量控制系统结构图，该系统的建模仿真步骤如下。

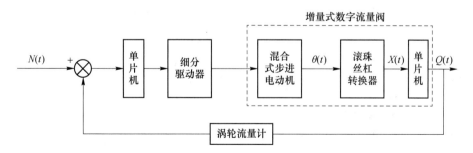

图 2-17 机电液一体化流量控制系统结构

2.4.1.1 建立系统数学模型

建立输入信号脉冲与步进电动机转速、步进电动机转速与流量阀芯位移、流量阀芯位移与流量输出、反馈装置的涡轮流量计4个环节的数学模型。得到传递函数为：

$$G_1(s) = 1.8 \tag{2-6}$$

$$G_2(s) = \frac{3.258}{0.145s^2 + 5.655s + 2026.2} \tag{2-7}$$

$$G_3(s) = \frac{0.453}{0.016s + 1} \tag{2-8}$$

$$G_4(s) = \frac{1}{64.98s + 1} \tag{2-9}$$

2.4.1.2　编写 M 文件

在 MATLAB 中，利用函数 tf( ) 建立传递模型，函数 series( ) 串联传递函数模型，函数 feedback( ) 实现模型的反馈连接，函数 pid( ) 建立 PID 控制器。

在 MATLAB 文件编辑器中键入下述程序代码。

```
num1 = [1.8];%建立式(2-6)的传递函数模型
den1 = [1];
sys1 = tf(num1,den1)
num2 = [3.258];%建立式(2-7)的传递函数模型
den2 = [0.145  5.655  2046.2];
sys2 = tf(num2,den2)
num3 = [0.453];%建立式(2-8)的传递函数模型
den3 = [0.016  1];
sys3 = tf(num3,den3)
num4 = [1];%建立式(2-9)的传递函数模型
den4 = [64.98  1];
sys4 = tf(num4,den4)
G1 = series(sys1,sys2)%将 sys1 与 sys2 串联
G2 = series(G1,sys3)%将 G1 与 sys3 串联
p = pid(769.1,11.88,0.01)%建立 PID 控制器
G = p * G2%将 PID 控制器与传递函数相连
sys = feedback(G,sys4, -1)%建立 sys4 对系统的负反馈
```

编写完成后将其保存为 M 文件，然后运行该文件。在 MATLAB 的命令窗口可得到建立好的数学模型如下。

```
sys1 = 1.8

Static gain.
```

$$sys2 = \frac{3.258}{0.145s^2 + 5.655s + 2046.2}$$

```
Continuous-time transfer function.
```

$$sys3 = \frac{0.453}{0.016s + 1}$$

```
Continuous-time transfer function.
```

$$sys4 = \frac{1}{64.98s + 1}$$

Continuous-time transfer function.

$$G1 = \frac{5.864}{0.145s^2 + 5.655s + 2046}$$

Continuous-time transfer function.

$$G2 = \frac{2.657}{0.00232s^3 + 0.2355s^2 + 38.39s + 2046}$$

Continuous-time transfer function.

$$p = Kp + Ki * \frac{1}{s} + Kd * s$$

with $Kp = 769, Ki = 11.9, Kd = 0.01$

Continuous-time PID controller in parallel form.

$$G = \frac{0.02657s^2 + 2043s + 3156}{0.00232s^4 + 0.2355s^3 + 38.39s^2 + 2046s}$$

Continuous-time transfer function.

$$sys = \frac{1.726s^3 + 1.328e05s^2 + 4094s + 31.56}{0.1508s^5 + 15.3s^4 + 2495s^3 + 1.33e05s^2 + 4089s + 31.56}$$

Continuous-time transfer function.

2.4.1.3 仿真

对建立好的传递函数模型进行分析，本书只讨论在时域中进行脉冲输入响应和阶跃输入响应的分析。

A 脉冲输入响应分析

在 MATLAB 命令窗口中输入"impulse（sys）"，按下回车键，即可得到系统的脉冲响应曲线，在图上将峰值位置与调节时间的位置标出，如图 2-18 所示。

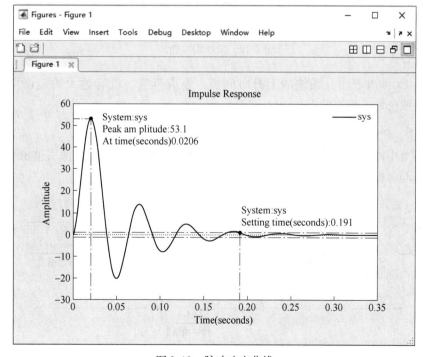

图 2-18 脉冲响应曲线

从图2-18中可以看出，系统的响应速度十分理想，在大约0.2 s时系统就已经处于稳定状态，动态性能良好。

B　阶跃输入响应分析

在MATLAB命令窗口中输入"step（sys）"，按下回车键即可得到系统的阶跃响应曲线，在图上将超调量、峰值时间和上升时间的位置标出，如图2-19所示。

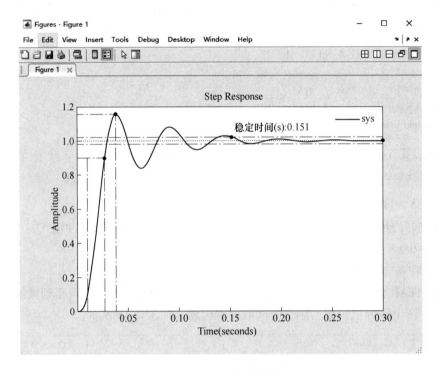

图2-19　阶跃响应曲线

从图2-19可以看出，系统的上升时间短，响应迅速，没有过大的超调量，大约在0.15 s时系统已处于稳定状态。

2.4.1.4　Simulink 仿真

根据本节中的系统结构和数学模型构建 Simulink 模型进行仿真，使用单位阶跃信号输入构建 Simulink 模型，如图2-20所示。

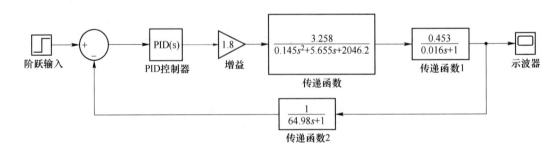

图2-20　系统的 Simulink 模型

图 2-20 中的各模块的参数设置与前两节所述方法类似，不再说明。此处仅介绍 PID Controller 模块的参数设置。

PID 控制器是一种比例、积分、微分并联控制器，是最广泛使用的一种控制器。在设置其 3 个参数比例参数 P、积分参数 I 和微分参数 D 时，可以将 P 理解为现在的误差、I 理解为过去的误差（累积），D 理解为未来的误差（预测）即可。参数设置界面如图 2-21 所示。

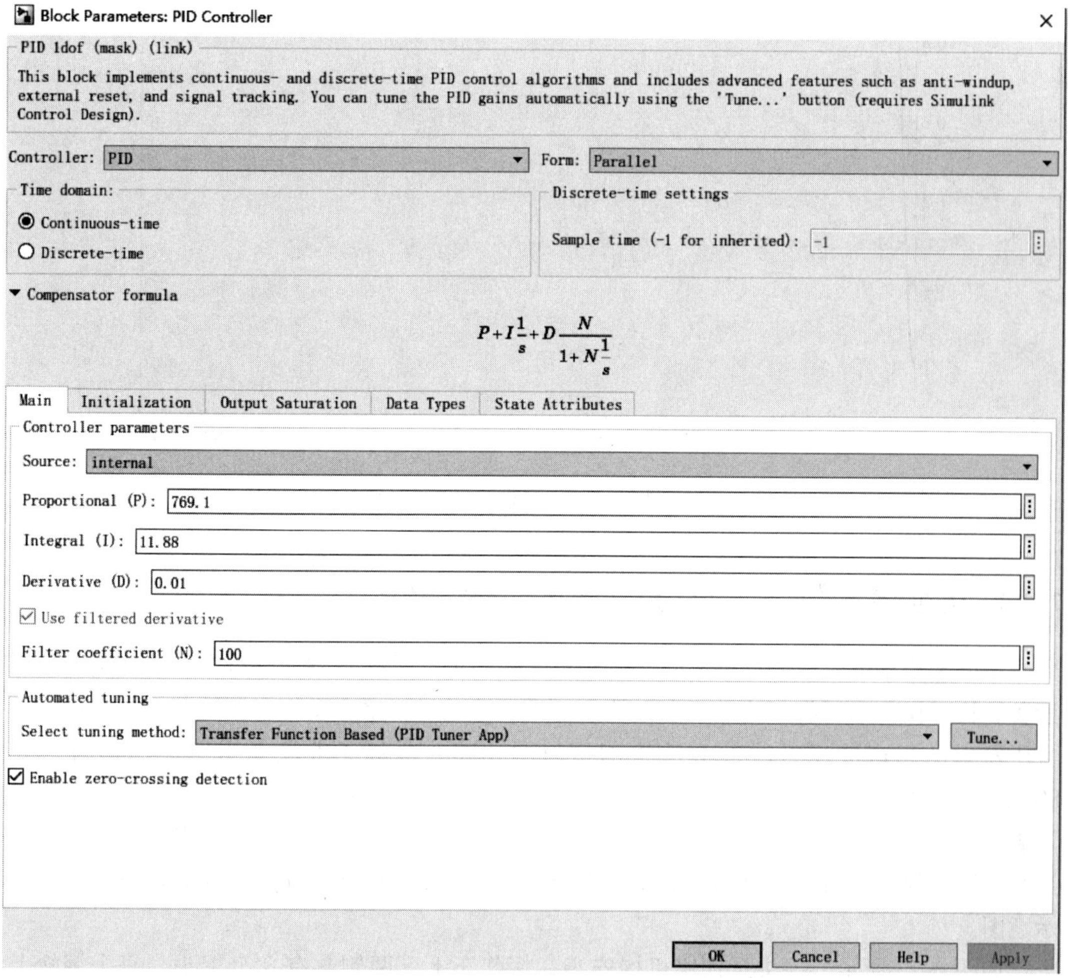

Block Parameters: PID Controller　　　　　　　　　　　　　　　　　　×

PID 1dof (mask) (link)

This block implements continuous- and discrete-time PID control algorithms and includes advanced features such as anti-windup, external reset, and signal tracking. You can tune the PID gains automatically using the 'Tune...' button (requires Simulink Control Design).

Controller: PID　　　　　　　　　　　　　　Form: Parallel

Time domain:

- ⦿ Continuous-time
- ○ Discrete-time

Discrete-time settings

Sample time (-1 for inherited): -1

▼ Compensator formula

$$P + I\frac{1}{s} + D\frac{N}{1+N\frac{1}{s}}$$

| Main | Initialization | Output Saturation | Data Types | State Attributes |

Controller parameters

Source: internal

Proportional (P): 769.1

Integral (I): 11.88

Derivative (D): 0.01

☑ Use filtered derivative

Filter coefficient (N): 100

Automated tuning

Select tuning method: Transfer Function Based (PID Tuner App)　　Tune...

☑ Enable zero-crossing detection

OK　　Cancel　　Help　　Apply

图 2-21　PID Controller 模块中的参数设置对话框

设置仿真时间为 1 s，单击模型窗口中的"仿真启动"按钮运行仿真，运行结束后双击示波器显示结果，如图 2-22 所示。

从图 2-22 中可以看出，Simulink 模型的仿真结果与编辑 M 文件的仿真结果是一致的。与编写函数文件仿真计算相比，Simulink 模型具有适应面广、结构和流程清晰、仿真精细、贴近实际、效率高、应用灵活等优点，而且 Simulink 模型简单，易学易用。

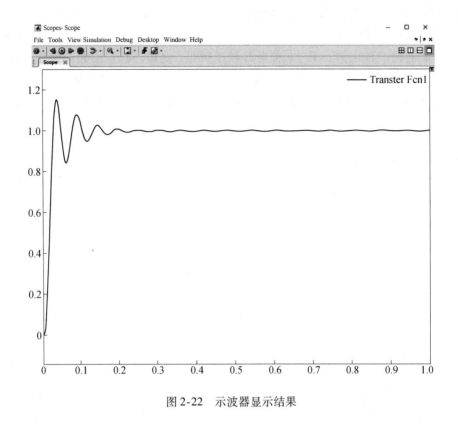

图 2-22　示波器显示结果

2. 4. 2　轨道探伤车超声波探头自动对中系统的建模与仿真

轨道探伤车可以在运行中实时探测到钢轨的伤痕，是关系到铁路行车安全的重要检测设备。轨道探伤采用超声波探头在钢轨上方纵向移动时，水介质耦合条件下，通过接收自身所发射的超声波反射波的方法检测钢轨的伤痕，这就要求在列车快速移动时（如 80 km/h），要将超声波探头在横向和纵向上与钢轨保持一致（一定的定位误差条件下）。为满足实时高速探伤要求，设计自动对中系统来控制超声波探头做与列车摆动方向相反的运行，以确保其相对于轨道踏面的位置保持恒定。图 2-23 所示为自动对中系统工作原理示意图。

如图 2-23 所示，探头及伺服机构安装在探伤车上，两侧共有 8 个探头，每个钢轨上方 4 个，固定在支架上。横向机构控制支架使探头在钢轨中心线上，因而称为自动对中系统。同样垂向机构控制支架与轨道的垂向相对位置不变。横向对中系统采用磁阻式非接触式传感器检测探头与轨道之间的横向位移；垂向位移传感器采用 LVDT 来测量支架垂向振动。数字控制器实时检测的位移与给定信号相减得出误差信号，该误差信号经控制器计算得到控制输入送给机构，实时控制探头与钢轨相对位置不变。其中横向机构根据传感器信号推动探头支架做水平方向运动，以对消由蛇行运动和曲线轨距变化所引起的横向位置偏差；垂向机构的作用则是对消由线路不平顺所引起的探伤小车的垂向振动。

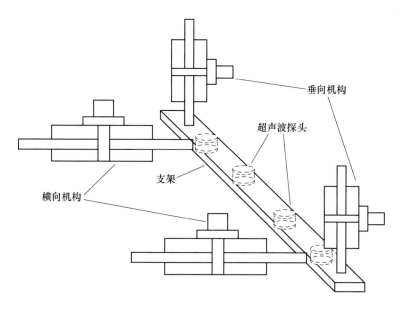

图 2-23 自动对中系统工作原理示意图

2.4.2.1 设计指标

根据实测列车蛇行运动的幅频特性分析结果确定对中系统负载及指标如下。

（1）惯性负载质量：额定负载 30 kg。

（2）最大位移参数：不小于 ±15 mm。

（3）最大速度参数：线速度参数 ±0.47 m/s。

（4）位移跟踪误差：均方小于 ±1 mm。

2.4.2.2 负载匹配

根据负载的特性，绘制了惯性负载条件下的负载轨迹，在此基础上，得到了动力机构的速度-力特性曲线，确定了电液伺服阀、液压缸等的有关参数，从而确定了动力机构的形式。

忽略液压缸摩擦力的影响，对中系统负载为惯性负载，则有：

$$F = m\ddot{y}$$

式中，m 为负载质量，kg；$\ddot{y}$ 为系统的输出位移 y 的加速度，m/s^2。

若设系统的输出位移 y 为正弦运动：

$$y = y_m \sin\omega t$$

式中，y_m 为正弦信号幅值，m；ω 为正弦信号角频率，rad/s；t 为时间，s。

则其速度和负载力分别为：

$$\begin{cases} \dot{y} = y_m \cos\omega t \\ F = -my_m\omega\sin\omega t \end{cases}$$

上式联立又可得出下式：

$$\dot{y}^2 + \left(\frac{F}{m\omega}\right)^2 = (y_m\omega)^2$$

可见负载轨迹为一正椭圆，如图 2-24 所示。其中速度 $y_{max} = y_m \omega$，与 ω 成正比，而力轴 $F_{max} = m y_m \omega^2$，与 ω^2 成正比，因此随 ω 增加椭圆横轴增加得快。

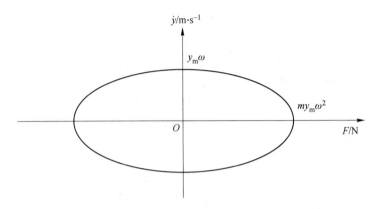

图 2-24　具有惯性时的负载轨迹

如果忽略液体的可压缩性和泄漏，则可将负载轨迹的纵坐标 y 乘以活塞面积 A，横坐标 F 除以 A。如此将负载轨迹方程变成另外一种形式：$Q_L = f(P_L)$。将其画在 $Q_L - P_L$ 平台上，就得到另外一种负载轨迹。

将负载轨迹和伺服阀负载曲线画到一起，并要求伺服阀负载曲线包容负载轨迹，最佳负载匹配即阀的负载曲线的最大功率点和负载轨迹的最大功率点重合，如图 2-25 所示。

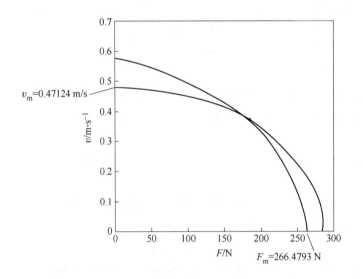

图 2-25　动力机构与负载匹配曲线

根据动力机构与负载匹配曲线的参量间的换算关系，计算得到：

液压缸最小面积为 $2.3554 \times 10^{-5}\ \text{m}^2$，伺服阀最小流量为 $0.8156\ \text{L/min}$。

而最终选定元件参数如下：电液伺服阀额定流量 $Q_{n0} = 30\ \text{L/min} = 5 \times 10^{-4}\ \text{m}^3/\text{s}$，液压缸有效面积为 $8\ \text{cm}^2$，有效行程为 $\pm 25\ \text{mm}$。

2.4.2.3 系统建模与仿真

伺服阀流量方程:

$$Q_L = k_v u_v \sqrt{P_S - \text{sgn}(u_v)P_L}$$

液压缸流量连续方程:

$$Q_L = Ax_p + c_t P_L + b_v P_L$$

负载力平衡方程:

$$AP_L = mx_p$$

控制信号:

$$u_v = k_p(r - k_f x_p)$$

式中，x_p 为负载位移输出; u_v 为伺服阀输入控制电压; P_S、P_L 分别为系统的供油压力和负载压力; r 为指令信号; k_f 为位移传感器增益; sgn 为符号函数; k_p 为开环增益; $k_v = 4.36 \times 10^{-4}$ m^4/(N$^{1/2}$ · V · s); $A = 8 \times 10^{-4}$ m^2; $c_t = 7 \times 10^{-12}$ m^5/(N · s); $b_v = 7 \times 10^{-12}$ m/N; $m = 30$ kg; $k_f = 10$ V/m。

（1）建立一阶微分方程组。设 $x_1 = x_p$, $x_2 = x_p$, $x_3 = P_L$, 则有

$$\begin{cases} x_1 = x_2 \\ x_2 = \dfrac{A}{m}x_3 \\ x_3 = -\dfrac{A}{b_v}x_2 - \dfrac{c_t}{b_v}x_3 + \dfrac{k_v}{b_v}\sqrt{P_S - \text{sgn}(u_v)x_3} \cdot u_v \\ u_v = 0.8 \times 10^{-4}(r - 10x_p) \\ r = 2\sin(2\pi t) \\ x_1(0) = 0, x_2(0) = 0, x_3(0) = 0 \end{cases}$$

（2）建立描述系统微分方程的 m-函数文件 ehpscs.m。

```
function dx = ehpscs(t,x,flag,Ps)
kv = 4.36e - 4;A = 8e - 4;ct = 7e - 12;bv = 7e - 12;m = 30;kp = 0.8e - 4;
dx = zeros(3,1);
uv = kp * (2 * sin(2 * pi * t) - 10 * x(1));
dx(1) = x(2);
dx(2) = A/m * x(3);
dx(3) = - A/bv * x(2) - ct/bv * x(3) + uv * kv/bv * sqrt(Ps - sign(uv) * x(3));
end
```

（3）编写 MATLAB 主程序，并执行。

```
tspan = [0,4];x0 = [0 0 0];
Ps = 12e6;
[T,X] = ode45('ehpscs',tspan,x0,odeset,Ps);
plot(T,X(:,1))
```

对于阶跃输入，反馈增益 $k_p = 0.5 \times 10^{-4}$，给定信号 r 变为 1，编写阶跃输入下的系统动态模型 ehpstp.m。

```
function dx = ehpstp(t,x,flag,Ps)
kv = 4.36e - 4;A = 8e - 4;ct = 7e - 12;bv = 7e - 12;m = 30;kp = 0.5e - 4;
dx = zeros(3,1);
uv = kp * (1 - 10 * x(1));
dx(1) = x(2);
dx(2) = A/m * x(3);
dx(3) = - A/bv * x(2) - ct/bv * x(3) + uv * kv/bv * sqrt(Ps - sign(uv) * x(3));
end
```

而对应的主程序为

```
tspan = [0,4];x0 = [0,0,0];
Ps = 15e6;
[T,X] = ode45('ehpstp',tspan,x0,odeset,Ps);
plot(T,10 * X(:,1));
xlabel('t(sec)'),ylabel('x(m)')
```

得到的仿真结果如图 2-26 所示。

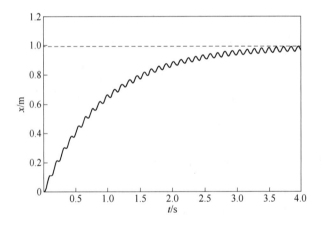

图 2-26   系统的阶跃响应结果

思考与习题

2-1   简述模型的基本概念，说明系统模型分为哪几类？

2-2   试述系统仿真的定义，系统仿真的分类与性能特点。

2-3   线性定常连续系统数学模型有哪几种形式？各有什么特点？

2-4   简述机电一体化系统数学模型的建立步骤与方法。

3 机电一体化机械技术

3.1 概　　述

机电一体化系统的机械系统是由计算机信息网络协调与控制的，与一般的机械系统相比，除要求具有较高的定位精度之外，还应具有良好的动态响应特性，即响应要快、稳定性要好。机电一体化中的机械系统，一般由减速装置、丝杠螺母副、蜗轮蜗杆副等各种线性传动部件，以及连杆机构、凸轮机构等非线性传动部件、导向支撑部件、旋转支承部件、轴系和架体等机构组成。为确保机械系统的传动精度和工作稳定性，通常对机电一体化系统中的机械系统提出如下要求：

（1）高精度。精度直接影响装备的质量，尤其是机电一体化装备，其技术性能、工艺水平和功能比普通的机械装备都有很大的提高，因此机电一体化机械系统的高精度是其首要要求。如果机械系统的精度不能满足要求，则无论机电一体化装备的其他系统工作如何精确，也无法完成其预定的功能或操作。

（2）快速响应性。即要求机械系统从接到指令开始到开始执行指令指定的任务之间的时间间隔短，这样控制系统才能及时根据机械系统的运行状态信息，下达指令，使其准确地完成任务。

（3）良好的稳定性。即要求机械系统的工作性能不受外界环境的影响，抗干扰能力强。此外，还要求机械系统具有较大的刚度，良好的耐磨、减摩性和可靠性，消震和低噪声，质量轻，体积小、寿命长。

3.2　机械传动机构

机电一体化机械系统应具有良好的伺服性能，从而要求传动机构满足以下几个方面的要求：转动惯量小、刚度大、阻尼合适，此外还要求摩擦小、抗震性好、间隙小，特别是其动态性与伺服电动机、电液伺服阀或电液比例阀等其他环节的动态特性相匹配。

常用的机械传动部件有齿轮传动、带传动、链传动、螺旋传动及各种非线性传动部件等。其主要功能是传递扭矩和转速。因此，它实质上是一种转矩、转速变换器。

3.2.1　齿轮传动

齿轮传动是应用非常广泛的一种机械传动，各种机床、机械车辆与装备中的传动装置几乎都离不开齿轮传动。在数控伺服机床进给系统中采用齿轮传动装置的目的有两个：一是将高转速的伺服电动机（如步进电动机、直流或交流伺服电动机等）的输出，改变为低转速大转矩的执行元件的输出；二是使滚珠丝杠和工作台的转动惯量在系统中占有较小的比重。此外，开环系统还可以保证所要求的精度。

提高传动精度的结构措施有以下几种：

（1）适当提高零部件本身的精度。

（2）合理设计传动链，减少零部件制造、装配误差对传动精度的影响。首先，合理选择传动形式；其次，合理确定级数和分配各级传动比；最后，合理布置传动链。

（3）采用消隙机构，以减少或消除空程。

由于武器装备尤其是地面行驶装备变速系统或自动驾驶车辆装备的方向控制系统中，齿轮传动经常出现变向状况，反向时如果驱动链中的齿轮等传动副存在间隙，就会使进给运动的反向滞后于指令信号，从而影响其传动精度。因此必须采取措施消除齿轮传动中的间隙，以提高装备变速系统或转向系统的执行精度。

由于齿轮在制造中不可能达到理想齿面的要求，总是存在着一定的误差，因此两个啮合着的齿轮，应有微量的齿侧间隙才能使齿轮正常地工作。以下介绍的几种消除齿轮传动中侧隙的措施，都是在实践中行之有效的。

3.2.1.1　圆柱齿轮传动

A　偏心轴套调整法

图 3-1 所示为简单的偏心轴套式间隙结构。将相互啮合的一对齿轮中的一个齿轮 4 装在电动机输出轴上，并将电动机安装在偏心套 1（或偏心轴）上，通过转动偏心套（偏心轴）的转角，就可调节两啮合齿轮的中心距，从而消除圆柱齿轮正、反转时的齿侧间隙。特点是结构简单，但其侧隙不能自动补偿。

B　轴向垫片调整法

图 3-2 所示为用带有锥度的齿轮来消除间隙的机构。齿轮 1 和齿轮 2 相啮合，其分度圆弧齿厚沿轴线方向略有锥度，这样就可以用轴向垫片 3 使齿轮 2 沿轴向移动，从而消除两齿轮的齿侧间隙。装配时轴向垫片 3 的厚度应使得齿轮 1 和齿轮 2 之间齿侧间隙小，又保证运转灵活。特点与偏心套（轴）调整法类似。

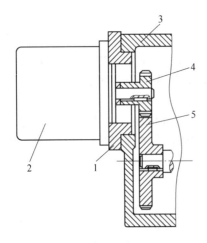

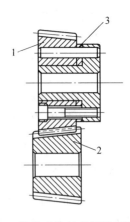

图 3-1　偏心轴套式间隙消除机构　　　　图 3-2　带锥度齿轮的消隙间隙结构

1—偏心轴套；2—电动机；3—减速箱；4，5—减速齿轮　　　1，2—齿轮；3—轴向垫片

C 双向薄齿轮错齿调整法

采用这种消除齿侧隙结构的一对啮合齿轮中，其中一个是宽齿轮，另一个是由两相同齿数的薄片齿轮套装而成，两薄片齿轮可相对回转。装配后，应使一个薄片齿轮的左侧和另一个薄片齿轮的右侧分别紧贴在宽齿轮的齿槽左、右两侧，这样错齿后就消除了齿侧间隙，反向时不会出现死区。图 3-3 所示为圆柱薄片齿轮可调拉簧错齿调整结构。

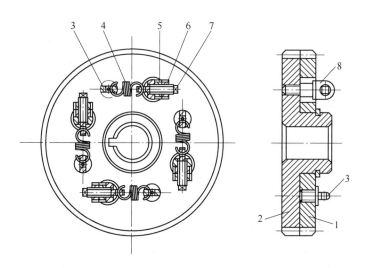

图 3-3 圆柱薄片齿轮可调拉簧错齿调整法
1，2—齿轮；3，8—凸耳；4—弹簧；5，6—螺母；7—螺钉

在两个薄片齿轮 1 和齿轮 2 的端面均匀分布着 4 个螺孔，分别装上凸耳 3 和凸耳 8。齿轮 1 的端面还有另外 4 个通孔，凸耳 8 可以在其中穿过。弹簧 4 的两端分别钩在凸耳 3 和调整螺钉 7 上，通过螺母 5 调节弹簧 4 的拉力，调节完毕用螺母 6 锁紧。弹簧的拉力使薄片齿轮错位，即两个薄片齿轮的左右齿面分别紧贴在宽齿轮齿槽的左右齿面上，从而消除了齿侧间隙。

3.2.1.2 斜齿轮传动

斜齿轮传动齿侧隙的消除方法基本上与上述错齿调整法相同，也是用两个薄片齿轮和一个宽齿轮啮合，只是在两个薄片斜齿轮的中间隔开一小段距离，这样它的螺旋线便错开了。图 3-4 所示为垫片错齿调整法，薄片齿轮由平键和轴连接，互相不能相对回转。斜齿轮 1 和斜齿轮 2 的齿形拼装在一起加工。装配时，将垫片厚度增加或减少 Δt，然后再用螺母拧紧。这时两齿轮的螺纹线就产生了错位，其左右两齿面分别与宽齿轮的齿面贴紧，从而消除了间隙。垫片厚度的增减量 $\Delta t = \Delta \cos\beta$（其中 Δ 为齿侧间隙，β 为斜齿轮的螺旋角）。

垫片的厚度通常由试测法确定，一般要经过几次修磨才能调整好，因而调整较费时间，且齿侧间隙不能自动补偿。

图 3-5 所示为轴向压簧错齿调整法，其特点是齿侧间隙可以自动补偿，但轴向尺寸较大，结构不紧凑。

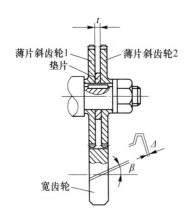

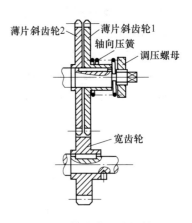

图 3-4　斜齿薄片齿轮垫片　　　　　　　图 3-5　斜齿薄片齿轮轴向
错齿调整法　　　　　　　　　　　　　压簧错齿调整法

3.2.2　带传动

3.2.2.1　普通带传动

带传动是利用张紧在带轮上的带，靠它们之间的摩擦或啮合，在两轴（或多轴）间传递运动或动力，如图 3-6 所示。根据传动原理不同，带传动可分为摩擦型和啮合型两大类，常见的是摩擦带传动。摩擦带传动根据带的截面形状分为平带、V 带、多楔带和圆带等。

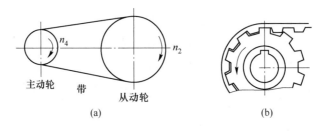

图 3-6　带传动的形式
（a）摩擦型带传动；（b）啮合型带传动

靠摩擦工作的带传动，其优点为：（1）因带是弹性体，能缓和载荷冲击，运行平稳无噪声；（2）过载时将引起带在带轮上打滑，因而可防止其他零件损坏；（3）制造和安装精度不像啮合齿轮那样严格；（4）可增加带长以适应中心距较大的工作条件（可达 15 m）。其缺点为：（1）带与带轮的弹性滑动使传动比不准确，效率较低，寿命较短；（2）传递同样大的圆周力时，外廓尺寸和轴上的压力都比啮合传动大；（3）不易用于高温、易燃等场合。

由于传动带的材料不是完全的弹性体，因此带在工作一段时间后会发生伸长松弛，张紧力降低。因此，带传动应设置张紧装置，以保持正常工作。常用的张紧装置有三种。

（1）定期张紧装置：调节中心距使带重新张紧。图3-7（a）所示为移动式定期张紧装置。将装有带轮的电动机安装在滑轨1上，需调节带的拉力时，松开螺母2，旋转调节螺钉改变电动机位置，然后固定。这种装置适合两轴处于水平或倾斜不大的传动。图3-7（b）所示为摆动架和调节螺杆定期张紧装置。将装有带轮的电动机固定在可以摆动的机座上，通过机座绕图示左下角轴心位置固定的轴旋转使带张紧。这种装置适合垂直的或接近垂直的传动。

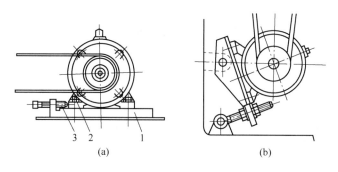

图3-7 带的定期张紧装置

（a）移动式；（b）摆动式

1—滑轨；2—螺母；3—螺钉

（2）自动张紧装置：常用于中小功率的传动。图3-8所示为将装有带轮的电动机安装在摆架上，而利用电动机和摆架的自重，自动保持张紧力。

（3）使用张紧轮的张紧装置：当中心距不能调节时，可使用张紧轮把带张紧，如图3-9所示。张紧轮一般应安装在松边内侧，使带只受单向弯曲，以减少寿命的损失；同时张紧轮还应尽量靠近大带轮，以减少包角的影响。张紧轮的使用会降低带轮的传动能力，在设计时应适当考虑。

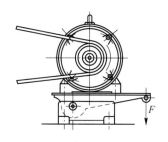

图3-8　电动机的自动张紧装置

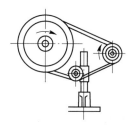

图3-9　张紧轮装置

3.2.2.2　同步齿形带传动

同步齿形带传动是一种新型的带传动，如图3-10所示，它利用齿形带的齿形与带轮的轮齿相啮合传递运动和动力，因而兼有带传动、齿轮传动及链传动的优点，即无相对滑动，平均传动比准确，传动精度高，而且齿形带的强度高、厚度小、质量轻，因此可用于高速传动；齿形带无需特别张紧，作用在轴和轴承上的载荷小，传动效率高，在数控机床和发动机正时系统上都有应用。

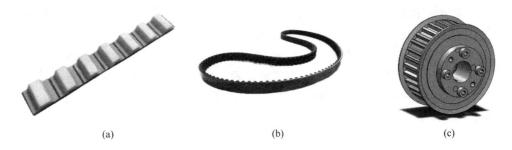

(a)　　　　　　　　　　　　　(b)　　　　　　　　　　　　　(c)

图 3-10　同步齿形带与带轮

（a）聚氨酯同步齿形带；（b）橡胶环形同步带；（c）同步齿形带轮

3.2.3　齿轮齿条传动

在机电一体化系统或装备中，对于大行程传动机构往往采用齿轮齿条传动，因为其刚度、精度和工作性能不会因行程增大而明显降低，但它与其他齿轮传动一样也存在齿侧间隙，应采取消隙措施。

当传动负载小时，可采用双片薄齿轮错齿调整法，使两片薄齿轮的齿侧分别紧贴齿条的齿槽两相应侧面，以消除齿侧间隙。

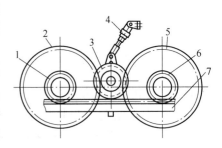

当传动负载大时，可采用双齿轮调整法。如图 3-11 所示，小齿轮 1、小齿轮 6 分别与齿条 7 啮合，与小齿轮 1、小齿轮 6 同轴的大齿轮 2、大齿轮 5 分别与齿轮 3 啮合，通过预载装置 4 向齿轮 3 上预加负载，使大齿轮 2、大齿轮 5 同时向两个相反方向转动，从而带动小齿轮 1、小齿轮 6 转动，其齿便分别紧贴在齿条 7 上齿槽的左、右侧，消除了齿侧间隙。

图 3-11　齿轮齿条的双齿轮调隙结构

1，6—小齿轮；2，5—大齿轮；3—齿轮；

4—预载装置；7—齿条

3.2.4　螺旋传动

螺旋传动机构又称为丝杠螺母传动机构，是机电一体化系统中常用的一种传动形式，根据运动方式，螺旋传动可以分为两大类：一类是滑动摩擦式螺旋传动，它是将联结件的旋转运动转化为被执行机构的直线运动，如机床的丝杠和与工作台连接的螺母；另一类是滚动摩擦式螺旋传动机构，它是将滑动摩擦转换为滚动摩擦完成旋转运动，如滚珠丝杠螺母副。

3.2.4.1　滑动螺旋传动机构

螺旋传动利用螺杆与螺母的相对运动，将旋转运动转换为直线运动。滑动螺旋具有传动比大、驱动负载能力强和自锁等特点。主要特点见表 3-1。

A　滑动螺旋传动的形式

根据滑动螺旋传动机构中螺杆与螺母相对运动的组合情况，其基本传动形式有如图 3-12 所示的 4 种类型。

表 3-1　滑动螺旋传动机构的主要特点

特　点	说　明
降速传动比大	螺杆（或螺母）转动一转，螺母（或螺杆）移动一个螺距（单头螺纹）。因为螺距一般很小，所以在转角很大的情况下，能获得很小的直线位移量，可以大大缩短机构的传动链，因而螺旋传动结构简单、紧凑，传动精度高、工作平稳
具有增力作用	只要给主动件（螺杆）一个较小的输入转矩，从动件即能得到较大的轴向力输出，因此带负载能力强
能自锁	当螺旋线升角小于摩擦角时，螺旋传动具有自锁作用
效率低、磨损快	由于螺旋工作面为滑动摩擦，致其传动效率低（30%～40%），磨损快，因此不适用高速和大功率传动

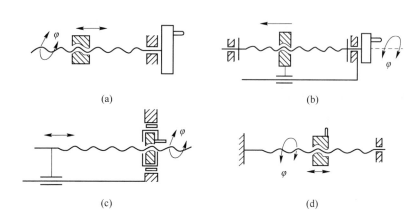

图 3-12　滑动螺旋传动的基本形式
（a）螺母固定、螺杆转动并移动；（b）螺杆转动、螺母移动；
（c）螺母转动、螺杆移动；（d）螺杆固定、螺母转动并移动

（1）螺母固定、螺杆转动并移动。如图 3-12（a）所示，这种传动形式因螺母本身起着支撑作用，因而消除了螺杆轴承可能产生的附加轴向窜动，结构比较简单，可获得较高的传动精度。但其轴向尺寸不宜太长，刚性较差，只适用于行程较小的场合。

（2）螺杆转动、螺母移动。如图 3-12（b）所示，这种传动形式需要限制螺母的转动，故需导向装置。其特点是结构紧凑、螺杆刚性较好，适用于工作行程较大的场合。

（3）螺母转动、螺杆移动。如图 3-12（c）所示，这种传动形式需要限制螺母移动和螺杆转动，由于结构较复杂且占用轴向空间较大，因此应用较少。

（4）螺杆固定、螺母转动并移动。如图 3-12（d）所示，这种传动方式结构简单、紧凑，但在多数情况下使用极不方便，因此很少应用。

此外还有差动旋转传动方式，如图 3-13 所示。这种方式的螺杆上有基本导程（或螺距）不同的（如 l_{01}、l_{02}）两段螺纹，其旋向相同。当螺杆 2 转动时，可动螺母 1 的移动距离为 $S = n \times (l_{01} - l_{02})$，如果两基本导程的大小相差较小，即可获得较小的位移 S。因此这种传动方式多用于各种微动机构中。

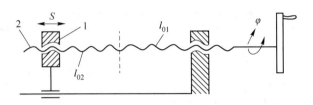

图 3-13　差动螺旋传动机构

1—螺母；2—螺杆

B　螺旋副零件与滑板连接结构的确定

螺旋副零件与滑板的连接结构对螺旋副的磨损有直接影响，设计时应注意。常见的连接结构有如下几种：

（1）刚性连接结构。图 3-14 所示为刚性连接结构，这种连接结构的特点是牢固可靠，但当螺杆轴线与滑板运动方向不平行时，螺纹工作面的压力增大，磨损加剧，严重（α、β 较大）时还会发生卡住现象，刚性连接结构多用于受力较大的螺旋传动中。

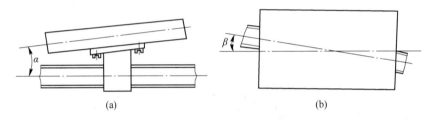

图 3-14　刚性连接结构

（a）垂直不平行；（b）水平不平行

（2）弹性连接结构。图 3-15 所示的装置中，螺旋传动采用了弹性连接结构。片簧 7 的一端在工作台（滑板）8 上，另一端套在螺母的锥形销上。为了消除两者之间的间隙，片簧以一定的预紧力压向螺母（或用螺钉压紧）。当工作台运动方向与螺杆轴线偏斜如

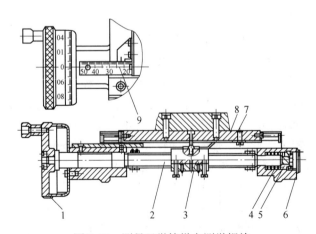

图 3-15　测量显微镜纵向测微螺旋

1—转动手轮；2—丝杠；3—活动螺母；4—弹簧；5—支承钢珠；6—端盖；

7—片簧；8—工作台；9—梳形尺

图 3-14(a)所示，角度为 α 时，可以通过片簧变形进行调节。如果类似于图 3-14(b) 偏斜角度 β 时，螺母可绕轴线自由转动而不会引起过大的应力。弹性连接结构适用于受力较小的精密螺旋传动。

（3）活动连接结构。图 3-16 所示为活动连接结构的原理图。恢复力 F（一般为弹簧力）使连接部分保持经常接触。当滑板 1 的运动方向与螺杆 2 的轴线不平行时，通过螺杆端部的球面与滑板在接触处自由滑动，如图 3-16(a) 所示，或中间杆 3 自由偏斜，如图 3-16(b)所示，从而可以避免螺旋副中产生过大的应力。

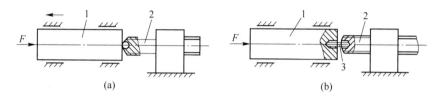

(a)　　　　　　　　　　　　　(b)

图 3-16　活动连接结构

1—滑板；2—螺杆；3—中间杆

C　影响螺旋传动精度的因素及提高传动精度的措施

螺旋传动的传动精度是指螺杆与螺母间实际相对运动保持理论值的准确程度。影响螺旋传动精度的因素主要有以下几项。

（1）螺纹参数误差。螺纹的各项参数误差中，主要影响传动精度的是螺距误差、中径误差及牙型半角误差。具体内容见表 3-2。

表 3-2　滑动螺旋传动机构的主要特点

螺距误差	螺距的实际值与理论值之差称为螺距误差。螺距误差分为单个螺距误差和螺距累积误差。单个螺距误差是指螺纹全长上，任意单个实际螺距对基本螺距的偏差的最大代数差，它与螺纹的长度无关。而螺距累积误差是指在规定的螺纹长度内，任意两同侧螺纹面间实际距离对公称尺寸的偏差
中径误差	螺杆和螺母在大径、小径和中径都会有制造误差。大径和小径处有较大间隙，互不接触，中径是配合尺寸，为了使螺杆和螺母转动灵活及储存润滑油，配合处需要有一定的均匀间隙，因此对螺杆全长上中径尺寸变动量的公差应予以控制。此外，对长径比（系指螺杆全长与螺纹公称直径之比）较大的螺杆，由于其细而长，刚性差、易弯曲，使螺母在螺杆上各段的配合产生偏心，这也会引起螺杆螺距误差，因此应控制其中径跳动公差
牙型半角误差	螺纹实际牙型半角与理论牙型半角之差称为牙型半角误差（见图 3-17）。当螺纹各牙之间的牙型角有差异（牙型半角误差各不相等）时，将会引起螺距变化，从而影响传动精度。但是，如果螺纹全长是在一次装刀切削出来的，所以牙型半角误差在螺纹全长上变化不大，对传动精度影响很小

（2）螺杆轴向窜动误差。如图 3-18 所示，若螺杆轴肩的端面与轴承的止推面不垂直于螺杆轴线而有 α_1 和 α_2 的偏差，则当螺杆转动时，将引起螺杆的轴向窜动误差，并转化为螺母位移误差。螺杆的轴向窜动误差是周期性变化的，以螺杆转动一转为一个循环。

（3）偏斜误差。在螺旋传动机构中，如果螺杆的轴线方向与移动件的运行方向不平行，而有

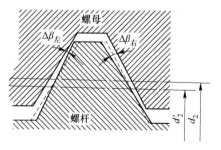

图 3-17　牙型半角误差

一个斜角 θ（见图 3-19）时，就会发生偏斜误差。偏斜角对偏斜误差有很大影响，应对偏斜角加以控制。

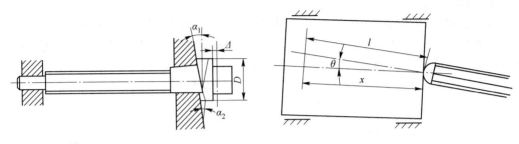

图 3-18　螺杆轴向窜动误差　　　　　　　　图 3-19　偏斜误差

（4）温度误差。当螺旋传动机构的工作温度与制造温度不同时，将引起螺杆长度和螺距发生变化，从而产生传动误差，这种误差称为温度误差。

上面分析了影响螺旋传动精度的各种误差，为了提高传动精度，应尽可能减小或消除这些误差。为此，可以通过提高螺旋副零件的制造精度来达到，但单纯提高制造精度会使成本提高。因此，对于传动精度要求较高的精密螺旋传动，除了根据有关标准或具体情况规定合理的制造精度以外，也可采取某些结构措施提高其传动精度。

由于螺杆的螺距误差是造成传动误差的最主要因素，因此采用螺距误差校正装置是提高螺旋传动精度的有效措施之一。

D　消除螺旋传动空回的方法

由于螺旋传动中存在间隙，因此当螺杆的转动方向改变，螺母不能立即产生反向运动，只有螺杆转动某一角度后才能使螺母开始反向运动，这种现象称为空回。对于在正反向条件下工作的精密螺旋传动，空回将直接引起传动误差，必须设法予以消除。消除空回的方法就是在保证螺旋副相对运动要求的前提下，消除螺杆与螺母之间的间隙。下面是几种常见的消除空回的方法。

（1）利用单向作用力。在螺旋传动中，利用弹簧产生单向恢复力，使螺杆和螺母螺纹的工作表面保持单面接触，从而消除了另一侧间隙对空回的影响。这种方法不仅可消除螺旋副中空隙对空回的影响外，还可消除轴承的轴向间隙和滑板连接处的间隙而产生的空回。同时，这种结构在螺母上无需开槽或剖分，因此螺杆与螺母接触情况较好，有利于提高螺旋副的寿命。

（2）利用调整螺母。径向调整法：利用不同的结构，使螺母产生径向收缩，以减小螺纹旋合处的间隙，从而减小空回。表 3-3 所列为径向调整法的典型示例。

表 3-3　径向调整法的典型示例

采用的结构形式	调整方法	简图
开槽螺母结构	拧动螺钉可以调整螺纹间隙	

续表 3-3

采用的结构形式	调 整 方 法	简 图
卡簧式螺母结构	其中主螺母 1 上铣出纵向槽，拧紧副螺母 2 时，靠主、副螺母的圆锥面，迫使主螺母径向收缩，以消除螺旋副的间隙	
对开螺母结构	为了便于调整，螺钉和螺母之间装置螺旋弹簧，这样可使压紧力均匀稳定	
紧定螺母结构	为了避免螺母直接压紧在螺杆上而增加摩擦力矩，加速螺纹磨损，可在此结构中装入紧定螺钉以调整其螺纹间隙	

　　轴向调整法：图 3-20 所示为轴向调整法的典型示例。图 3-20(a) 所示为开槽螺母结构。拧紧螺钉强迫螺母变形，使其左、右两半部分的螺纹分别压紧在螺杆螺纹相反的侧面上。从而消除了螺杆相对螺母轴向窜动的间隙。图 3-20(b) 所示为刚性双螺母结构。主

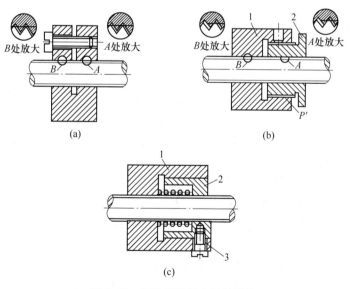

(a)　　　　　　　(b)

(c)

图 3-20　螺纹间隙轴向调整结构

(a) 开槽螺母结构；(b) 刚性双螺母结构；(c) 弹性双螺母结构

1—主螺母；2—副螺母；3—螺钉

螺母 1 和副螺母 2 之间用螺纹连接。连接螺纹的螺距 P' 不等于螺纹的螺距 P，因此当主、副螺母相对转动时，即可消除螺杆相对螺母轴向窜动的间隙。调整后再用紧定螺钉将其固定。图 3-20(c) 所示为弹性双螺母结构。它是利用弹簧的弹力来达到调整的目的。螺钉 3 的作用是防止主螺母 1 和副螺母 2 的相对转动。

（3）利用塑料螺母消除空回。图 3-21 所示为用聚乙烯或聚酰胺（尼龙）制作螺母，用金属压圈压紧，利用塑料的弹性能很好地消除螺旋副的间隙。

3.2.4.2　滚珠螺旋传动机构

A　工作原理与特点

滚珠螺旋传动是在螺杆和螺母间放入适量的滚珠，使滑动摩擦变为滚动摩擦的螺旋传动。滚珠螺旋传动是由螺杆、螺母、滚珠和滚珠循环返回装置四部分组成。如图 3-22 所示，当螺杆转动时，滚珠沿螺纹滚道滚动。为了防止滚珠沿滚道面掉出来，螺母上设有滚珠循环返回装置，构成了一个滚珠循环通道，滚珠从滚道的一端滚出后，沿着循环通道返回另一端，重新进入滚道，从而构成一闭合回路。

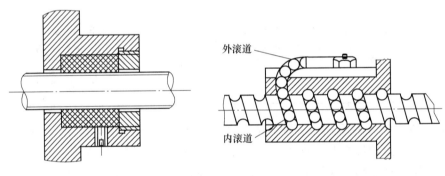

图 3-21　塑料螺母结构　　　　图 3-22　滚珠螺旋传动工作原理图

滚珠螺旋传动与滑动螺旋传动或其他直线运动副相比，有下列特点：

（1）传动效率高。一般滚珠丝杠副的传动效率达 90% ~ 95%，耗费能量仅为滑动丝杠副的 1/3。

（2）运动平稳。滚动摩擦系数接近常数，启动与工作摩擦力矩差别很小。启动时无冲击，预紧后可消除间隙产生过盈，提高接触刚度和传动精度。

（3）工作寿命长。滚珠丝杠螺母副的摩擦表面为高硬度（HRC 58 ~ 62）、高精度，具有较长的工作寿命和精度保持性。寿命为滑动丝杆副的 4 ~ 10 倍。

（4）定位精度和重复定位精度高。由于滚珠丝杆副摩擦小、温升小、无爬行、无间隙，通过预紧进行预拉伸以补偿热膨胀，因此可达到较高的定位精度和重复定位精度。

（5）同步性好。用几套相同的滚珠丝杠副同时传动几个相同的运动部件，可得到较好的同步运动。

（6）可靠性高。润滑密封装置结构简单，维修方便。

（7）不能自锁。用于垂直传动时，必须在系统中附加自锁或制动装置。

（8）制造工艺复杂。滚珠丝杠和螺母等零件加工精度、表面粗糙度要求高，因此制造成本较高。

B　结构形式与类型

按用途和制造工艺不同，滚珠螺旋传动的结构形式有多种，它们的主要区别在于螺纹滚道法向截形、滚珠循环方式、消除轴向间隙的调整预紧方法等三方面。

a　螺纹滚道法向截形

螺纹滚道法向截形是指通过滚珠中心且垂直于滚道螺旋面的平面和滚道表面交线的形状。常用的截形有两种，单圆弧形式和双圆弧形式（见图 3-23）。滚珠与滚道表面在接触点处的公法线与过滚珠中心的螺杆直径线间的夹角 β 叫接触角。理想接触角 $\beta = 45°$。

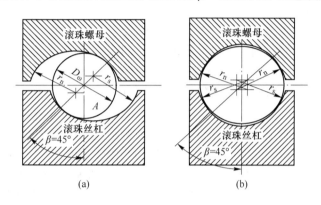

图 3-23　滚道法向截形图
（a）单圆弧形式；（b）双圆弧形式

滚道半径 r_s（或 r_n）与滚珠直径 D_ω 的比值，称为适应度 $f_{rs} = \dfrac{r_s}{D_\omega}$（或 $f_{rn} = r_n/D_\omega$）。适应度对承载能力的影响较大，一般取 f_{rs}（或 f_{rn}）$= 0.25 \sim 0.55$。

单圆弧形的特点是砂轮成型比较简单，易于得到较高的精度。但接触角随着初始间隙和轴向力大小而变化，因此，效率、承载能力和轴向刚度均不够稳定。而双圆弧形的接触角在工作过程中基本保持不变，效率、承载能力和轴向刚度稳定，并且滚道底部不与滚珠接触，可储存一定的润滑油和脏物，使磨损减小。但双圆弧形砂轮修整、加工、检验比较困难。

b　滚珠循环方式

按滚珠在整个循环过程中与螺杆表面的接触情况，滚珠的循环方式分为内循环和外循环两类。

内循环是指滚珠在循环过程中始终与螺杆保持接触的循环（见图 3-24）。在螺母 1 的侧孔内，装有接通相邻滚道的反向器。借助于反向器上的回珠槽，迫使滚珠 2 沿滚道滚动一圈后越过螺杆螺纹滚道顶部，重新返回起始的螺纹滚道，构成单圈内循环回路。在同一个螺母上，具有循环回路的数目称为列数，内循环的列数通常有 2 ～ 4 列（即一个螺母上装有 2 ～ 4 个反向器）。为了结构紧凑，这些反向器是沿螺母周围均匀分布的，即对应二列、三

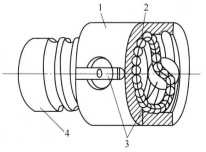

图 3-24　内循环
1—螺母；2—滚珠；3—反向器；4—螺杆

列、四列的滚珠螺旋的反向器分别沿螺母圆周方向互错 180°、120° 和 90°。反向器的轴向间隔视反向器的形式不同，分别为 $\frac{3P_h}{2}$、$\frac{4P_h}{3}$、$\frac{5P_h}{4}$ 或 $\frac{5P_h}{2}$、$\frac{7P_h}{3}$、$\frac{9P_h}{4}$，其中 P_h 为导程。

　　滚珠在每一循环中绕经螺纹滚道的圈数称为工作圈数。内循环的工作圈数是一列只有一圈，因而回路短，滚珠少，滚珠的流畅性好，效率高。此外，它的径向尺寸小，零件少，装配简单。内循环的缺点是反向器的回珠槽具有空间曲面，加工较复杂。

　　外循环是指滚珠在返回时与螺杆脱离接触的循环方式。按结构的不同，外循环分为螺旋槽式、插管式和端盖式三种。

　　螺旋槽式外循环如图 3-25 所示，是直接在螺母 1 外圆柱面上铣出螺旋线形的凹槽作为滚珠循环通道，凹槽的两端钻出两个通孔分别与螺纹滚道相切，同时用两个挡珠器 4 引导滚珠 3 通过该两通孔，用套筒 2 或螺母座内表面盖住凹槽，从而构成滚珠循环通道。螺旋槽式的优点是结构工艺简单，易于制造，螺母径向尺寸小。其缺点是挡珠器刚度较差，容易磨损。

　　插管式外循环如图 3-26 所示，是用弯管 2 代替螺旋槽中的凹槽，把弯管的两端插入螺母 3 上与螺纹滚道相切的两个通孔内，外压板 1 用螺钉固定，用弯管的端部或其他形式的挡珠器引导滚珠进出弯管，以构成循环通道。插管式的优点是结构简单，工艺性好，适于批量生产。其缺点是弯管突出在螺母的外部，径向尺寸较大，若用弯管端部作挡珠器，则耐磨性较差。

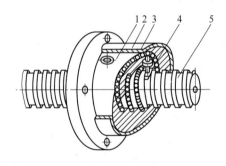

图 3-25　螺旋槽式外循环

1—螺母；2—套筒；3—滚珠；4—挡珠器；5—螺杆

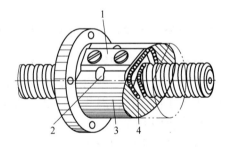

图 3-26　插管式外循环

1—外压板；2—弯管；3—螺母；4—滚珠

　　端盖式外循环如图 3-27 所示，是在螺母 1 上钻有一个纵向通孔作为滚珠返回通道，螺母两端装有铣出短槽的端盖 2，短槽端部与螺纹滚道相切，并引导滚珠返回通道，构成滚珠循环回路。端盖式的优点是结构紧凑，工艺性好。其缺点是滚珠通过短槽式容易卡住。

　　c　轴向间隙的调整和施加预紧力的方法

　　滚珠丝杠副除了对本身单一方向的传动精度有要求外，对其轴向间隙也有严格要求，以保证其反向传动精度。滚珠丝杠副的轴向间隙是承载时在滚珠与滚道型面接触点的弹性变形所引起的螺母位移量和螺母原有间隙的总和。通常采用双螺母预紧或单螺母（大滚珠、大导程）的方法，把弹性变

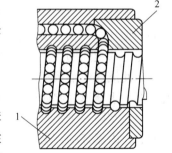

图 3-27　端盖式外循环

1—螺母；2—端盖

形控制在最小限度内，以减小或消除轴向间隙，并可以提高滚珠丝杠副的刚度。

（1）双螺母预紧原理。双螺母预紧原理如图 3-28 所示，是在两个螺母之间加垫片来消除丝杠和螺母之间的间隙。根据垫片厚度不同分成两种形式，当垫片厚度较厚时即产生"预拉应力"，而垫片厚度较薄时即产生"预压应力"以消除轴向间隙。

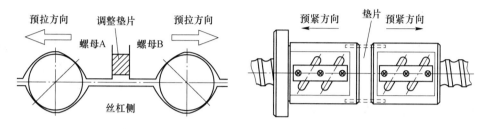

图 3-28　双螺母预紧原理

（2）单螺母预紧原理（增大滚珠直径法）。增大滚珠直径法原理如图 3-29 所示，为了补偿滚道的间隙，设计时将滚珠的尺寸适当增大，使其 4 点接触，产生预紧力。为了提高工作性能，可以在承载滚珠之间加入间隔钢球。

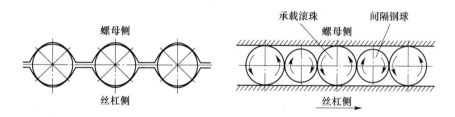

图 3-29　单螺母预紧原理（增大滚珠直径法）

（3）单螺母预紧原理（偏置导程法）。偏置导程法原理如图 3-30 所示，是在螺母中将其导程增加一个预压量 Δ，以达到预紧的目的。

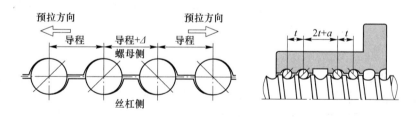

图 3-30 单螺母预紧原理（偏置导程法）

3.3　机械导向机构

机电系统的支承部件包括导向支承部件、旋转支承部件和机座机架。导向支承部件的作用是支承的限制运动部件按给定的运动要求和规定的运动方向运动。这样的部件通常被标为导轨。

　　导轨副主要由定导轨、动导轨、辅助导轨、间隙调整元件及工作介质/元件等组成。按运动方式分为直线运动导轨（滑动摩擦导轨）和回转运动导轨（滚动摩擦导轨）。按接触表面的摩擦性质可分为滑动导轨、滚动导轨、流体介质摩擦导轨等。

3.3.1　滑动摩擦导轨

3.3.1.1　常见的滑动摩擦导轨副及其特点

　　常见的导轨截面形状有三角形（对称、不对称两类）、矩形、燕尾形及圆形等四种，每种又分为凸形和凹形两类。凸形导轨不易积存切屑等脏物，也不易储存润滑油，宜在低速下工作。凹形导轨则相反，可用于高速，但必须有良好的防护装置，以防切屑等脏物落入导轨。上述导轨的具体截面形状如图 3-31 所示。

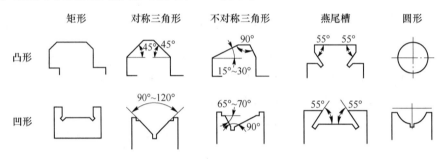

图 3-31　常见滑动导轨的截面形状

　　A　三角形导轨（分对称型和不对称型三角形）

　　三角形导轨的特点是：在垂直荷载作用下，具有磨损量自动补偿功能，无间隙工作，导向精度高。为防止因振动或倾翻载荷引起两导向面长时间脱离接触，应有辅助导向面并具备间隙调整能力。但存在导轨水平与垂直误差的相互影响，为保证高的导向精度（直线度），导轨面加工、检验、维修困难。

　　对称型导轨——随顶角增大，导轨承载能力增大，但导向精度降低。

　　非对称导轨——主要用在载荷不对称的时候，通过调整不对称角度，使导轨左右面水平分力相互抵消，提高导轨刚度。

　　B　矩形导轨

　　矩形导轨的特点为结构简单，制造、检验、维修方便，导轨面宽、承载能力大，刚度高，但无磨损量自动补偿功能。由于导轨在水平和垂直面位置互不影响，因而在水平和垂直两方向均需间隙调整装置，安装调整方便。

　　C　燕尾形导轨

　　燕尾形导轨特点为无磨损量自动补偿功能，需间隙调整装置，燕尾起压板作用，镶条可调整水平垂直两方向的间隙，可承受颠覆载荷，结构紧凑，但刚度差、摩擦阻力大，制造、检验、维修不方便。

　　D　圆形导轨

　　圆形导轨的特点为结构简单，制造、检验、配合方便，精度易于保证，但摩擦后很难调整，结构刚度较差。

3.3.1.2 导轨的基本要求

A 导向精度高

导向精度是指运动件按给定方向做直线运动的准确程度，它主要取决于导轨本身的几何精度及导轨配合间隙。导轨的几何精度可用线值或角值表示。

（1）导轨在垂直平面和水平平面内的直线度。如图 3-32（a）和（b）所示，理想的导轨面与垂直平面 *A—A* 或水平面 *B—B* 的交线均应为一条理想直线，但由于存在制造误差，交线的实际轮廓偏离理想直线，其最大偏差量 Δ 即为导轨全长在垂直平面（见图 3-32（a））和水平平面（见图 3-32（b））内的直线度误差。

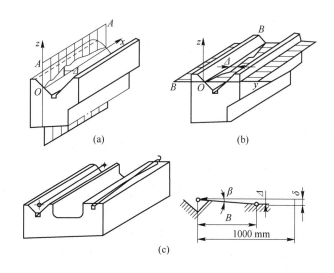

图 3-32　导轨的几何角度
（a）导轨垂直平面直线度；（b）导轨水平平面直线度；（c）导轨面间平行度误差

（2）导轨面间的平行度。图 3-32（c）所示为导轨面间的平行度误差。高 V 形导轨没有误差，平面导轨纵向有倾斜，由此产生的误差 Δ 即为导轨间的平行度误差。导轨间的平行度误差一般以角度值表示，这项误差会使运动件运动时发生"扭曲"。

B 运动轻便、平稳、低速时无爬行现象

导轨运动的不平稳性主要表现在低速运动时导轨速度的不均匀，使运动件出现时快时慢、时动时停的爬行现象。爬行现象主要取决于导轨副中摩擦力的大小及其稳定性。为此，设计时应合理选择导轨的类型、材料、配合间隙、配合表面的几何形状精度及润滑方式。

C 耐磨性好

导轨的初始精度由制造保证，而导轨在使用过程中的精度保持性则与导轨面的耐磨性密切相关。导轨的耐磨性主要取决于导轨的类型、材料，导轨表面的粗糙度及硬度、润滑状况和导轨表面压强的大小。

D 对温度变化的不敏感性

导轨在温度变化的情况下仍能正常工作。导轨对温度变化的不敏感性主要取决于导轨类型、材料及导轨配合间隙等。

E 足够的刚度

在载荷的作用下，导轨的变形不应超过允许值。刚度不足不仅会降低导向精度，还会加快导轨面的磨损。刚度主要与导轨的类型、尺寸及导轨材料等有关。

F 结构工艺性好

导轨的结构应力求简单，便于制造、检验和调整，从而降低成本。

3.3.1.3 常见导轨副组合及其特点

A 圆柱面导轨

圆柱面导轨的优点是导轨面的加工和检验比较简单，易于达到较高的精度；其缺点是对温度变化比较敏感，间隙不能调整。在如图 3-33 所示的结构中，支臂 3 和立柱 5 构成圆柱面导轨。立柱 5 的圆柱面上加工有螺母槽，转动螺母 1 即可带动支臂 3 上下移动，螺钉 2 用于锁紧，垫块 4 用于防止螺钉 2 压伤圆柱表面。

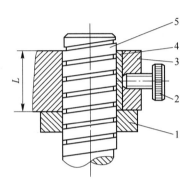

图 3-33 圆柱面导轨
1—螺母；2—螺钉；3—支臂；
4—垫块；5—立柱

在多数情况下，圆柱面导轨的运动件不允许转动，为此，可采用各种防转结构。最简单的防转结构是在运动件和承导件的接触表面上做出平面、凸起或凹槽。图 3-34 显示了几种防转结构的例子。利用辅助导向面可以更好地限制运动件的转动（见图 3-34（d）），适当增大辅助导向面与基本导向面之间的距离，可减小由导轨间的间隙所引起的转角误差。当辅助导向面也为圆柱面时，即构成双圆柱面导轨（见图 3-34（e）），这样既能保证较高的导向精度，又能保证较大的承载能力。

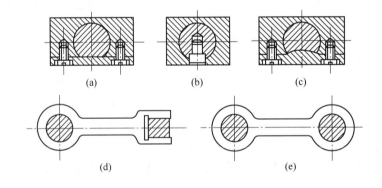

图 3-34 有防转结构的圆柱面导轨
（a）运动件上加工平面；（b）运动件上加工螺孔；（c）运动件上加工凹槽；
（d）辅助导向面；（e）双圆柱面导轨

导轨的表面粗糙度可根据相应的精度等级决定，通常被包容零件外表面的粗糙度小于包容件内表面的粗糙度。

B 棱柱面导轨

常用的棱柱面导轨有三角形导轨、矩形导轨、燕尾形导轨及它们的组合式导轨。

（1）双三角导轨如图 3-35（a）所示，其两条导轨同时起着支承和导向作用，因此导轨的导向精度高，承载能力大，两条导轨磨损均匀，磨损后能自动补偿间隙，精度保持性好。但这种导轨的制造、检验和维修都比较困难，因其要求四个导轨面都均匀接触，刮研工作量较大。此外，这种导轨对温度变化比较敏感。

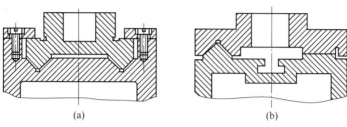

图 3-35　三角形导轨

（a）双三角导轨；（b）三角形-平面导轨

（2）三角形–平面导轨如图 3-35（b）所示，这种导轨保持了双三角导轨导向精度高、承载能力大的优点，避免了由于热变形所引起的配合状况的变化，且工艺性比双三角导轨大为改善，因而应用广泛。其缺点是两条导轨磨损不均匀，磨损后不能自动调整间隙。

（3）矩形导轨。矩形导轨可以做得较宽，因而承载能力和刚度较大。其优点是结构简单，制造、检验、修理较容易。其缺点是磨损后不能自动补偿间隙，导向精度不如三角形导轨。

图 3-36 所示结构为将矩形导轨的导向面 A 与承载面 B、承载面 C 分开，从而减小导向面的磨损，有利于保持导向精度。图 3-36（a）中的导向面 A 是同一导轨的内外侧，两者之间的距离较小，热膨胀变形较小，可使导轨的间隙相应减小，导向精度较高。但此时两导轨面的摩擦力将不相同，因此应合理布置驱动元件的位置，以避免工作台倾斜或被卡住。图 3-36（b）所示结构以两导轨面的外侧作为导向面，克服了上述缺点，但因导向面间距离较大，容易受热膨胀的影响，要求间隙不宜过小，从而影响导向精度。

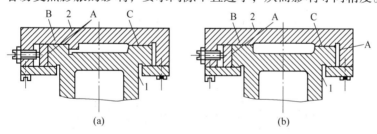

图 3-36　矩形导轨

（a）运动件上加工平面；（b）运动件上加工螺孔

1—外导轨；2—内导轨

（4）燕尾导轨。燕尾导轨的主要优点是结构紧凑、调整间隙方便。其缺点是几何形状比较复杂，难以达到很高的配合精度，并且导轨中的摩擦力较大，运动灵活性较差，因此，通过用在结构尺寸较小及导向精度与运动灵便性要求不高的场合。图 3-37 所示为燕尾导轨的应用举例，其中图 3-37（c）所示结构的特点是把燕尾槽分成几块，便于制造、装配和调整。

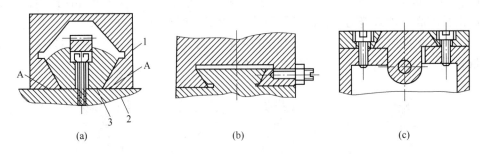

图 3-37 燕尾导轨

1, 2—零件；3—垫片

3.3.1.4 导轨间隙的调整

为保证导轨正常工作，导轨滑动表面之间应保持适当的间隙。间隙过小会增大摩擦阻力，间隙过大又会降低导向精度。为此常采用以下方法，以获得必要的间隙。

（1）采用磨、刮相应的结合面或加垫片的方法，以获得合适的间隙。如图 3-37（a）所示的燕尾导轨，为了获得合适的间隙，可在零件 1 与零件 2 之间加上垫片 3 或采取直接铲刮承导件与运动件的结合面 A 的办法达到。

（2）采用平镶条调整间隙。平镶条为一平行六面体，其截面形状为矩形（见图 3-38（a））或平行四边形见图 3-38（b）。调整时，只要拧动沿镶条全长均布的几个螺钉，便能调整导轨的侧向间隙，调整后再用螺母锁紧。平镶条制造容易，但在全长上只有几个受力点，容易变形，因此常用于受力较小的导轨。缩短螺钉间的距离加大镶条厚度（h）有利于镶条压力的均匀分布，当 $l/h = 3 \sim 4$ 时，镶条压力基本上均布见图 3-38（c）。

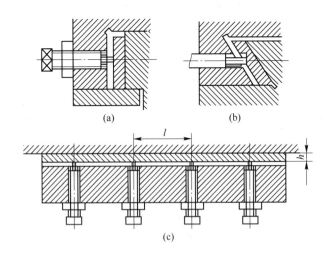

图 3-38 平镶条调整导轨间隙

（a）矩形平镶条；（b）平行四边形平镶条；（c）镶条压力均布时的螺钉间距与镶条厚度情况

（3）采用斜镶条调整间隙。斜镶条的侧面磨成斜度很小的斜面，导轨间隙是用镶条的纵向移动来调整的，为了缩短镶条，一般将其放在运动件上。

图 3-39(a) 所示的结构简单，但螺钉凸肩与斜镶条的缺口间不可避免地存在间隙，可能使镶条产生窜动。图 3-39(b) 所示的结构较为完善，但轴向尺寸较长，调整也比较麻烦。图 3-39(c) 是由斜镶条两端的螺钉进行调整，镶条的形状简单，便于制造。图 3-39(d)是用斜镶条调整燕尾导轨间隙的实例。

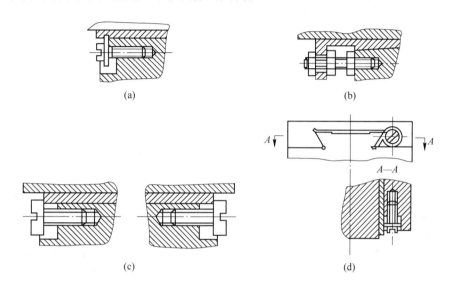

图 3-39　用斜镶条调整导轨间隙

(a) 镶条与螺钉凸肩存在缺口；(b) 镶条尺寸长；(c) 镶条结构简单；(d) 斜镶条调整燕尾导轨

3.3.2　滚动摩擦导轨

滚动摩擦导轨是在运动件和承导件之间放置滚动体（滚珠、滚柱、滚动轴承等），使导轨运动时处于滑动摩擦状态。

与滑动摩擦导轨相比，滚动导轨具有如下特点：

(1) 摩擦系数小，并且静、动摩擦系统之差很小，因此运动灵便，不易出现爬行现象。

(2) 定位精度高，一般滚动导轨的重复定位误差为 $0.1 \sim 0.2\ \mu m$，而滑动导轨的定位误差一般为 $10 \sim 20\ \mu m$。因此，当要求运动件产生精确微量的移动时，通常采用滚动导轨。

(3) 磨损较小，寿命长，润滑简便。

(4) 结构较为复杂，加工比较困难，成本较高。

(5) 对脏物及导轨面的误差比较敏感。

3.3.2.1　滚珠导轨

图 3-40 和图 3-41 所示为滚珠导轨的两种典型结构形式。在 V 形槽（V 形角一般为90°）中安置着滚珠，隔离架 1 用来保持各个滚珠的相对位置，固定在承导件上的限动销 2 与隔离架上的限动槽构成限动装置，用来限制运动件的位移，以免运动件从承导件上滑脱。

V 形滚珠导轨的优点是工艺性较好，容易达到较高的加工精度，但由于滚珠和导轨面是点接触，接触应力较大，容易压出沟槽，如果沟槽的深度不均匀，将会降低导轨的精度。为了改善这种情况，可采用如下措施。

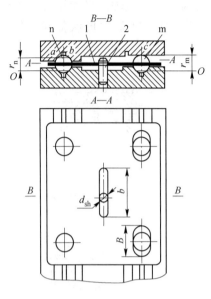

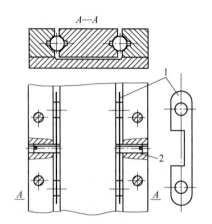

图 3-40　力封式滚珠导轨

1—隔离架；2—限动销；d_{sh}—限动销直径；

a—球形座；b—限动槽长度；m，n—滚珠

图 3-41　自封式滚珠导轨

1—隔离架；2—限动销

（1）预先在 V 形槽与滚珠接触处研磨出一窄条圆弧面的浅槽，从而增加了滚珠与滚道的接触面积，提高了承载能力和耐磨性，但这时导轨中的摩擦力略有增加。

（2）采用双圆弧导轨，如图 3-42（a）所示。这种导轨是把 V 形导轨的 V 形滚道改为圆弧形滚道，以增大滚动体与滚道接触点的综合曲率半径，从而提高导轨的承载能力、刚度和使用寿命。双圆弧导轨的缺点是形状复杂，工艺性较差，摩擦力较大，当精度要求很高时不易满足使用要求。

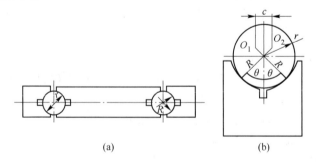

(a)　　　　　　　　　(b)

图 3-42　双圆弧导轨

（a）双圆弧 V 形滚道；（b）双圆弧滚道参数

为使双圆弧导轨既能发挥接触面积较大、变形较小的优点，又不至于过分增大摩擦力，应合理确定双圆弧导轨的主要参数，如图 3-42(b)所示。根据使用经验，滚珠半径 $\dfrac{r}{R}$ = 0.90 ~ 0.95，接触角 $\theta = 40°$，导轨两圆弧的中心距 $c = 2(R-2)\sin\theta$。

当要求运动件的行程很大或需要简化导轨的设计与制造时，可采用滚珠循环式滚动导轨。图3-43所示为滚珠循环式导轨的结构简图，它由运动件1、滚珠2、承导件3和返回器4组成。运动件上有工作滚道5和返回滚道6，与两端返回器的圆弧槽面滚道接通，滚珠在滚道中循环滚动，行程不受限制。

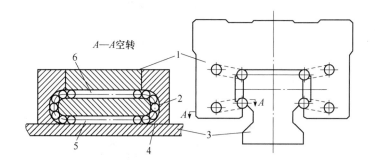

图3-43 滚珠循环式滚动导轨的结构简图
1—运动件；2—滚珠；3—承导件；4—返回器；5—工作滚道；6—返回滚道

3.3.2.2 滚珠导轨和滚动轴承导轨

为了提高滚动导轨的承载能力和刚度，可采用滚柱导轨或滚动轴承导轨。这类导轨的结构尺寸较大，常用在比较大型的精密机械上。

（1）交叉滚柱V形导轨。如图3-44(a)所示，在V形空腔中交叉排列着滚柱，这些滚柱的直径d略大于长度b，相邻滚柱的轴线互相垂直交错，单数号滚柱在AA_1面间滚动（与B_1面不接触），双数号滚柱在BB_1面间滚动（与A_1面不接触），右边的滚柱则在平面导轨上运动。这种导轨不用保持架，可增加滚动体数目，提高导轨刚度。

（2）V形平滚柱导轨。如图3-44(b)所示，这种导轨加工比较容易，V形滚柱直径d与平面导轨滚柱直径d_1之间的关系$d = d_1 \sin \dfrac{\alpha}{2}$，其中$\alpha$为V形导轨的V形角。

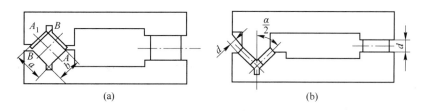

图3-44 滚柱导轨
（a）交叉滚柱V形导轨；（b）V形平滚柱导轨

3.4 机械执行机构

机电一体化装备的执行机构是实现其主功能的重要环节，它应能快速地完成预期的动作，并具有响应速度快、动态特性好、动静态精度高、动作灵敏度高等特点。另外，为便于集中控制，它还应满足效率高、体积小、质量轻、自控性强、可靠性高等要求。

3.4.1　微动机构

微动机构是一种能在一定范围内精确、微量地移动到给定位置或实现特定的进给运动的机构。在机电一体化装备或机械中，它一般用于精确、微量地调节某些部件的相对位置。如在仪器的计数系统中，利用微动机构调整刻度尺的零位；在军事装备的火控系统中，用微动机构调整火炮等的瞄准动作；在磨床中，用螺旋微动机构调整砂轮架的微量进给；在医学领域中各种微型手机器械均采用微动机构。

图3-45所示为磁致伸缩式微动机构原理图。该类机构利用某些材料在磁场作用下具有改变尺寸的磁致伸缩效应来实现微量位移。磁致伸缩棒1左端固定在机座上，右端与运动件2相连。绕在伸缩棒外的磁致线圈通电励磁后，在磁场作用下，棒1产生伸缩变形而使运动件2实现微量移动。通过改变线圈的通电电流来改变磁场强度，使棒1产

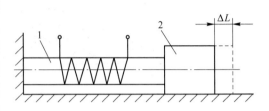

图3-45　磁致伸缩式执行机构原理
1—磁致伸缩棒；2—运动件

生不同的伸缩变形，从而运动件可以得到不同的位移量。在磁场作用下，伸缩棒的变形量为

$$\Delta L = \pm \lambda L$$

式中，λ为材料磁致伸缩系数，$\mu m/m$；L为伸缩棒被磁化部分的长度，m。

当伸缩棒变形时产生的力能克服运动件导轨副的摩擦时，运动件产生位移，其最小位移量为

$$\Delta L_{min} > \frac{F_0}{K}$$

最大位移量为

$$\Delta L_{max} < \lambda_s L - \frac{F_d}{K}$$

式中，F_0为导轨副的静摩擦力；F_d为导轨副的动摩擦力；K为伸缩棒的纵向刚度；λ_s为磁饱和时伸缩棒的相对磁致伸缩系数。

磁致伸缩式微动机构的特征为重复精度高，无间隙，刚度好，转动惯量小，工作稳定性好，结构简单、紧凑；但由于工程材料的磁致伸缩量有限，该类机构所提供的位移量很小，如100 mm长的铁钴矾棒，磁致伸缩只能伸长7 μm，因而该类机构适用于精确位移调整、切削刀具的磨损补偿及自动调节系统。

3.4.2　工业机械手末端执行器

工业机械手是一种自动控制、可重复编程、多自由度的操作机，是能搬运物料、工件、操作工具及完成其他各种作业的机电一体化设备。工业机械手末端执行器装在操作机械手腕的前端，是直接执行操作功能的机构。

末端执行器因用途不同而结构各异，包括机械夹持器、特种末端执行器、万能手（或灵巧手）等。

3.4.2.1 机械夹持器

机械夹持器是工业机械手中最常用的一种末端执行器。

A 机械夹持器应具备的基本功能

首先机械夹持器应具有夹持和松开的功能。夹持器夹持工件时，应有一定的力约束和形状约束，以保证被夹工件在移动、停留和装入过程中不改变姿态。当需要松开工件时，应完全松开。另外，它还应保证工件夹持姿态再现几何偏差在给定的公差带内。

B 机械夹持器的分类和结构形式

机械夹持器常用压缩空气作动力源，经传动机构实现手指的运动。根据手指夹持工件时的运动轨迹的不同，机械夹持器可分为圆弧开合型、圆弧平行开合型和直线平行开合型。

（1）圆弧开合型。在传动机构带动下，手指指端的运动轨迹为圆弧。图 3-46（a）采用凸轮机构作为传动件，图 3-46（b）采用连杆机构作为传动件。夹持器工作时，两手指绕支点做圆弧运动，同时对工件进行夹紧和定心。这类夹持器对工件被夹持部位的尺寸有严格要求，否则可能造成工件状态失常。

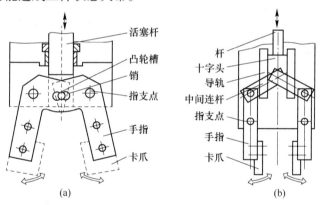

图 3-46 圆弧开合型夹持器

（a）凸轮机构传动件；（b）连杆机构传动件

（2）圆弧平行开合型。这类夹持器两手指工作时做平行开合运动，而指端运动轨迹为一圆弧。图 3-47 所示的夹持器是采用平行四边形传动机构带动手指的平行开合的两种情况，其中图 3-47（a）所示的机构在夹持时指端前进，图 3-47（b）所示的机构在夹持时指端后退。

（3）直线平行开合型。这类夹持器两手指的运动轨迹为直线，且两指夹持面始终保持平行，如图 3-48 所示。图 3-48（a）采用凸轮机构实现两手指的平行开合，在各指的滑动轮上开有斜形凸轮槽，当活塞杆上下运行时，通过装在其末端的滚子在凸轮槽中运动实现手指的平行夹持运动。图 3-48（b）采用齿轮齿条机构，当活塞杆末端的齿条带动齿轮旋转时，手指上的齿条做直线运动，从而使两手指平行开合，以夹持工件。

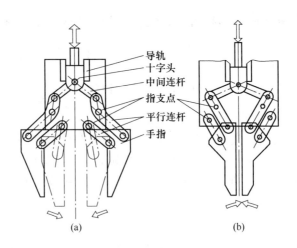

图 3-47　圆弧平行开合型夹持器

（a）指端前进式；（b）指端后退式

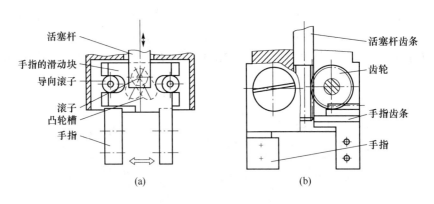

图 3-48　直线平行开合型夹持器

（a）凸轮机构；（b）齿轮齿条机构

3.4.2.2　特种末端执行器

特种末端执行器供工业机器人完成某类特定的作业，下面介绍电磁吸附手这种末端执行器。

电磁吸附手利用通电线圈的磁场对可磁化材料的作用力来实现对工件的吸附作用。具有结构简单、价格低廉等特点，但其最特殊的是，其吸附工件的过程是从不接触工件开始的，工件与吸附手接触之前处于漂浮状态，即吸附过程由极大的柔顺状态突变到低的柔顺状态。这种吸附手的吸附力是由通电线圈的磁场提供的，因此可用于搬运较大的可磁化材料的工作。

吸附手的形式根据被吸附工件表面形状来设计，用于吸附平坦表面工件的应用场合较多。图 3-49 所示的电磁吸附手可用于吸附不同的曲

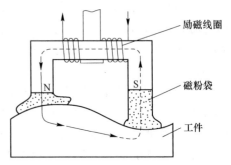

图 3-49　具有磁粉袋的电磁吸附手

面工件，这种吸附手在吸附部位装有磁粉袋，线圈通电前将可变形的磁粉袋贴在工件表面上，当线圈通电励磁后，在磁场作用下，磁粉袋端部外形固定成被吸附工件的表面形状，从而达到吸附不同表面形状工件的目的。

3.4.2.3 万能手（灵巧手）

万能手是一种模仿人手制作的多指多关节的机器人末端执行器。它可适应物体外形的变化，对物体任意方向、任意大小的夹持力，可满足对任意形状、不同材质的物体操作和抓持要求，但其控制、操作系统技术难度较大。

3.4.3 定位机构

定位机构是机电一体化机械/装备中一种确保移动件占据准确位置的执行机构，通常采用分度机构和锁紧机构组合的形式来实现精确定位的要求。

图 3-50 所示为某装备发射装置方位和高低方向定位控制原理图，定位机构的功能是保证发射系统根据设定的参数在水平方向和高低方向的准确定位，保证发射的精度与准确性。作业时由操作控制台输入相关参数（也可由火控计算机通过无线方式获取指控系统下达的发射参数），经火控计算机处理后，由电控箱将方位和高低驱动电流输入至方位交流伺服驱动和高低交流伺服驱动电路中，由其通过动力线将驱动信号传送至伺服电动机，驱动发射装备水平和高低方向的转动，水平和高低旋转角度由方位旋变和高低旋变采集后反馈至火控计算机，构成闭环控制系统，实现发射装置方位和高低方向的精确定位。

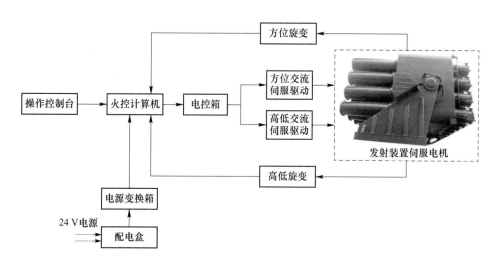

图 3-50 某装备方位和高低定位的控制原理框图

思考与习题

3-1 提高齿轮传动精度的结构措施有哪些？齿轮传动的间隙调整方法有哪些？

3-2 滑动螺旋传动的形式有哪些？各具有什么特点？

3-3　简述滚珠丝杠副的工作原理与特点，说明滚珠循环方式及滚珠丝杠副轴向间隙的调整方法。

3-4　简述滚珠丝杠副的主要尺寸参数及含义。

3-5　简述导轨的截面形状及特点有哪些？

3-6　试述机电一体化系统的执行机构有哪些？各有什么特点？

4 机电一体化传感检测技术

4.1 概　　述

随着现代测量、控制及自动化技术的发展，传感器技术越来越受到人们的重视，应用也越来越普遍。凡是用到传感器的地方，必须伴随着相应的检测系统。传感器与检测系统可对各种材料、机件、现场等进行无损探伤、测量和计量；对自动化系统中各种参数进行自动检测和控制。尤其是在装备机电一体化系统中，传感器及其检测系统不仅是一个必不可少的组成部分，而且已成为机电有机结合的一个重要纽带。

传感器是整个装备的感觉器官，主要用于检测位移、速度、加速度、运动轨迹及机器操作、加工过程、装备作业过程等参数，监测整个装备的全过程，使装备保持最佳工作状况，同时还可用做作业显示装置。在闭环伺服系统中，传感器又用作控制环的检测反馈元件，其性能好坏直接影响到装备的运动性能、控制精度、作业效能和智能水平。因此要求所选择的传感器灵敏度高、动态特性好，特别要求其稳定、可靠、抗干扰性强且能适应不同环境。

4.2 传感器组成与分类

传感器（transducer 或 sensor）是能够感受规定的被测量，并按照一定的规律转换成可用输出信号的器件或装置，通常由敏感元件和转换元件组成。其中，敏感元件是指传感器中能直接感受或响应被测量的部分；转换元件是指传感器中能将敏感元件的输出转换为适于传输或测量的电信号部分。

实际上，武器装备上的很多传感器是难以严格区分敏感元件与转换元件的，它们都是将感受的被测量直接转换为电信号。例如半导体气体传感器、测量温度的热电偶等，都是将敏感元件和转换元件合二为一了。

传感器在某些领域又被称为变换器、检测器或探测器。传感器输出的电信号的形式很多，如电阻、电容、电感、电压、电流、频率及脉冲等。

4.2.1 传感器的组成

传感器一般由敏感元件、转换元件和其他辅助部件组成。但是随着传感器集成技术、微机电技术的发展，传感器的信号调理电路也会安装在传感器的壳体内或者与敏感元件集成在同一个芯片上。因此，信号调理电路及所需电源都应作为传感器组成的一部分，如图 4-1 所示。

（1）敏感元件是一种能够将被测量转换成易于测量的物理量的预变换装置，而输入、输出间具有确定的数学关系（最好为线性）。如弹性敏感元件将力转换为位移或应变输出。

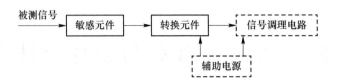

图 4-1　传感器的组成框图

（2）转换元件是将敏感元件输出的非电量物理量转换成电信号（如电阻、电感、电容等）形式。如将温度转换成电阻变化，位移转换为电感或电容等传感元件状态的变化。

（3）信号调理电路是对转换元件输出的微弱的电信号或其他信号进行低通滤波、放大、变换，使其转换为便于测量的电量，如电压、电流、频率等。

有些传感器（如热电偶）只有敏感元件，被测量时直接输出电动势。有些传感器由敏感元件和转换元件构成，无需信号调理电路，如压电式加速度传感器等。还有些传感器由敏感元件和预调理电路组成，如电容式位移传感器。有些传感器，转换元件不止一个，要经过多次转换才能输出电量。大多数传感器是开环系统，但也有个别的是带反馈的闭环系统。

4.2.2　传感器的分类

由于机电一体化装备上的被测物理量的范围广泛，种类多样，而用于构成传感器的物理现象和物理定律又很多，因此传感器的种类、规格十分繁杂。为了对传感器进行系统的研究，有必要对传感器进行适当的科学分类。传感器的分类方法很多，常用的方法有按被测物理量进行分类，如测量力的称为力传感器，测量速度的称为速度传感器，测量温度的则称为温度传感器等。也可按传感器的工作原理或传感过程中信号转换的原理来分类，又可分为结构型和物性型传感器。结构型传感器是指根据传感器的结构变化来实现信号的传感，如电容传感器是依靠改变电容极板的间距或作用面积来实现电容的变化；可变电阻传感器是利用电刷的移动来改变作用电阻丝的长度从而改变电阻值的大小。物性型传感器是根据传感器敏感元件材料本身物理特性的变化来实现信号的转换。如压电加速度计是利用了传感器中石英晶体的压电效应；光敏电阻则是利用材料在受光照作用下改变电阻的效应等。

传感器也是一种换能元件，它把被测的量转换成一种具有规定准确度的其他量或同种量的其他值，因此把传感器称为换能器含义更为广泛。另外，也可根据传感器与被测对象之间的能量转换关系将传感器分为能量转换型和能量控制型传感器。能量转换型传感器（又称无源传感器）是直接由被测对象输入能量使传感器工作的，属于此类传感器的例子有热电偶温度计、弹性压力计等。能量控制型传感器（又称有源传感器）则依靠外部提供辅助能源来工作，由被测量来控制该能量的变化。如电桥电阻应变仪，其中电桥电路的能源由外部提供，应变片的变化由被测量所引起，从而也导致电桥输出的变化。

表 4-1 列出了常用传感器的一些基本类型。

表 4-1 传感器的分类

分类方法	传感器种类	说　　明
按传感器机理分类	物理型、化学型、生物型	传感器以其工作机理方式进行分类
按输入量分类	力传感器、位移传感器、速度传感器、温度传感器、压力传感器	传感器以被测物理量来命名，在应用传感器时常用此分类
按工作原理分类	电阻式、电容式、电感式、压电式、磁电式、光电式等	传感器以其工作原理分类，在研究学习传感器时常用此方法分类
按构成原理分类	结构型传感器	利用物理学中场的定律构成，传感器依赖其结构参数变化实现信息转换。传感器性能与其结构材料关系不大
	物性型传感器	利用物质定律构成，传感器依赖其敏感元件的物理性质变化
按能量关系分类	能量控制型传感器	由外部供给传感器能量，而由被测量来控制输出的能量，这类传感器往往需要电源，但对被测量的影响较小
	能量转换型传感器	传感器直接将被测量的能量转换成输出量的能量，这类传感器多由能量转换元件构成，不需要外接电源
按输出信号分类	模拟式传感器	传感器输出量为模拟量
	数字式传感器	传感器输出量为数字量

当前，传感器技术发展的速度很快。随着各行各业对测量任务的需求不断增长，新型的传感器层出不穷。同时随着现代信息技术的高速发展，传感器也朝着小型化、集成化和智能化的方向发展。传感器已不再是传统概念上的传感器。一些现代传感器常常将传感器和处理电路集成在一起，甚至和一个微处理器相结合，构成所谓的"智能传感器"。另外利用微电子技术或微米/纳米技术可在硅片上制造出微型传感器，使传感器的应用范围更加扩大。可以预见，随着科学技术的发展，传感器技术也将得到更进一步的发展。

4.2.3　传感器的基本特性

在机电一体化系统中有各种不同的物理量需要监测和控制，要求传感器能感受被测非电量并将其转换成与被测量有一定函数关系的电量。传感器所测量的非电量是处于不断变化之中的，传感器能否将这些非电量的变化不失真地转换成相应的电量，取决于传感器的输入/输出特性。传感器的这一特性可用静态特性和动态特性来描述。

4.2.3.1　传感器的静态特性

传感器静态特性是指当被测量处于稳定状态下，传感器的输入值与输出值之间的关系。传感器静态特性的主要指标包括线性度、灵敏度、迟滞和重复性等。

A　线性度

传感器的线性度是指传感器实际输出/输入特性曲线与理论直线之间的最大偏差与输出满量程值之比，即

$$\gamma_L = \pm \frac{\Delta_{max}}{y_{FS}} \times 100\%$$

式中，γ_L 为线性度；Δ_{max} 为最大非线性绝对误差；y_{FS} 为输出满量程值。

B   灵敏度

传感器的灵敏度是指传感器在稳定标准条件下，输出量的变化与输入量的变化量之比，即

$$S_0 = \frac{\Delta_y}{\Delta_x}$$

式中，S_0 为灵敏度；Δ_y 为输出量的变化量；Δ_x 为输入量的变化量。对于线性传感器来说，其灵敏度是常数。

C   迟滞

传感器在正（输入量增大）反（输入量减小）行程中，输出/输入特性曲线不重合的程度称为迟滞，迟滞误差一般以满量程输出 y_{FS} 的百分数表示：

$$\gamma_H = \pm \frac{\Delta H_m}{y_{FS}} \times 100\%$$

式中，ΔH_m 为输出值在正、反行程间的最大差值。迟滞特性一般由实验方法确定。

D   重复性

传感器在同一条件下，被测输入量按同一方向做全量程连续多次重复测量时，所得输出/输入曲线的不一致程度，称为重复性。重复性误差用满量程输出的百分数表示，即

（1）近似计算：

$$\gamma_R = \pm \frac{\Delta R_m}{y_{FS}} \times 100\%$$

（2）精确计算：

$$\gamma_R = \pm \frac{2 \sim 3}{y_{FS}} \sqrt{\frac{\sum (y_i - \bar{y})^2}{n-1}}$$

式中，ΔR_m 为输出最大重复性误差；y_i 为第 i 次测量值；$\bar{y}$ 为测量值的算术平均值；n 为测量次数。重复性特性也用实验方法确定，常用绝对误差表示。

E   分辨率

传感器能检测到的最小输入增量称分辨率，在输入零点附近的分辨率称为阈值。

F   零漂

传感器在零输入状态下输出值的变化称为零漂，零漂可用相对误差表示，也可以用绝对误差表示。

4.2.3.2   传感器的动态特性

传感器测量静态信号时，由于被测量不随时间变化，测量和记录过程不受时间限制。而实际中大量的被测量是随时间变化的动态信号，传感器的输出不仅需要精确地采集被测量的大小，还要反映被测量随时间变化的规律，即被测量的波形，传感器能测量动态信号的能力用动态特性表示。动态特性是指传感器测量动态信号时输出对输入的响应特性。传感器动态特性的性能指标可以通过时域、频域及试验分析的方法确定，其动态特性参数很多，如最大超调量、上升时间、调整时间、频率响应范围和临界频率等。

理想动态特性的传感器，其输出量随时间的变化规律将再现输入量随时间的变化规律，即它们具有同一时间函数。但是，在实际情况下传感器输出信号与输入信号不会具有相同的时间函数，由此引起动态误差。

4.3 机电一体化中常用的传感器

武器装备尤其是机电一体化中常用的传感器，根据其被测参数的不同，可分为位置（位移）检测传感器，速度、加速度检测传感器，力、压力、力矩检测传感器，温度、湿度、光度检测传感器等。

4.3.1 位置检测传感器

武器装备若要实现自动化、无人化操作运行，位置传感器是必不可少的，特别是工程装备中的舟桥与桥梁装置、布扫雷装备、工程机械，以及其他装备等，在对其进行作业控制时，位置传感器起着非常重要的作用。

按照是否为接触检测，位置传感器可分为接触式开关和非接触式开关。接触式开关包括行程开关、微动开关、精密式等极限开关；非接触式开关又分为接近开关、光电开关等。其中接近开关在工程装备中的应用非常广泛。

4.3.1.1 行程开关

行程开关是位置开关（也称为限位开关）的一种，是一种常用的小电流主令电器，如图4-2所示。利用机械或机构运动部件的碰撞使其触头动作来实现接通或分断控制电路，达到一定的控制目的。通常，这类开关被用来限制机构（部件）运动的位置或行程，使运动机件按一定位置或行程自动停止、反向运动、变速运动或自动往返运动等。

在机电一体化系统中，位置开关的作用是实现顺序控制、定位控制和位置状态的检测。用于控制装备中运动部件的行程及限位保护。典型的行程开关构造由滚轮、杠杆、转轴、复位弹簧、撞块、微动开关、凸轮和调节螺母等构成，其结构、原理和图形符号如图4-3所示。

图 4-2　行程开关

这种行程开关具有以下特点：

（1）能够实现大容量（10 A、250 V（AC）或 5 A、9～36 V（DC））的开闭；

（2）寿命长（机械寿命2000万次以上，电气寿命50万次以上（10 A、250 V（AC）或 5 A、9～36 V（DC）））；

（3）具有优良的动作位置精度，动作位置精度可达 ±0.4 mm；

（4）取得各国安全标准认证（UL、CSA、SEMKO）。

在机电一体化装备中，将行程开关安装在预先设定的位置，当装备上的运动机构部件上的模块撞击行程开关时，行程开关的触点动作，实现电路的切换和信号的采集。因此行程开关是一种根据运动部件的行程位置而切换电路的电路器件，其作用与按钮类似。

行程开关广泛应用于机床、起重机械和工程装备中，用以控制运动部件的行程、进行终端限位保护。如在桥梁装备中，可利用行程开关限定架设机构各部件的动作极限位置，

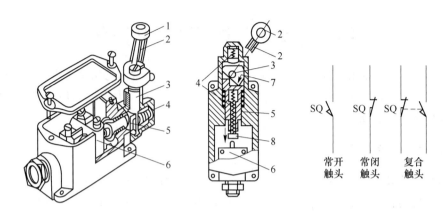

图 4-3　行程开关的结构、动作原理和图形符号

1—滚轮；2—杠杆；3—转轴；4—复位弹簧；5—撞块；6—微动开关；7—凸轮；8—调节螺钉

实现架设/撤收过程中的逻辑互锁，避免架设机构零部件的损坏。图 4-4 所示为某工程装备转臂油缸异常操作的保护原理图。由图 4-4 可见，作业控制 B2 电源从 CT92 航插输出，首先经油缸保护行程开关内的常闭触点至 CT92 的第 8 引脚再从第 7 引脚输出至液压系统的电磁截止阀（上装工作阀）线圈，最后返回至 CT92 的第 2 引脚至电源地构成回路，电磁截止阀通电后，其进出油口被隔断，这样来自液压系统多路阀的 LS 反馈压力油才能保持压力，使得液压系统的斜盘式轴向柱塞变量泵的 LS 油口建立压力，驱动液压泵的负载敏感阀和压力切断阀复位使得泵内的配油盘倾斜输出一定流量的压力油。行程开关安装在转臂油缸尾部的支架上，当转臂油缸由于误操作没有回收到位，此时架设机构中翻转架收回会导致转臂油缸尾部撞击其下部的底盘车的上甲板，造成油缸的损坏。为避免此种损坏，当油缸尾部运行至靠近车顶甲板时，油缸保护行程开关首先碰撞顶甲板，其内部常闭触点断开，电磁截止阀线圈断电导致阀芯复位，LS 油路通过截止阀的进出油口与油箱接通，LS 油路卸压，液压泵的压力切断阀和负载敏感因失去压力而切断输出压力油，使液压系统停止动作，保护了转臂液压缸。

　　行程开关（接触式极限开关）的优点是可以制成各种大小和形状来适应安装环境，以供用户选择，并且价格便宜。但其有两方面的缺点：（1）由于是接触方式，使用时故障率较高；（2）会产生电气与机械噪声，需要采取措施来防止噪声。

　　由于接触式极限开关存在上述不足之处，以及安装使用环境的限制，近年来普遍使用噪声较小的非接触式传感器。非接触式传感器主要有接近开关和光电开关等。

4.3.1.2　接近开关

　　接近开关是一种无需与运动部件进行机械直接接触而可以操作的位置开关，当物体接近开关的感应面到动作距离时，不需要机械接触及施加任何压力即可使开关动作，从而驱动直流电器或给计算机（PLC）装置提供控制指令。接近开关是开关型传感器（即无触点开关），它既有行程开关、微动开关的特性，同时具有传感性能，且动作可靠，性能稳定，频率响应快，应用寿命长，抗干扰能力强，并具有防水、防震、耐腐蚀等特点。产品有电感式、电容式、霍尔式、交流型、直流型。

　　接近开关又称无触点接近开关，是理想的电子开关量传感器。当金属检测体接近开关

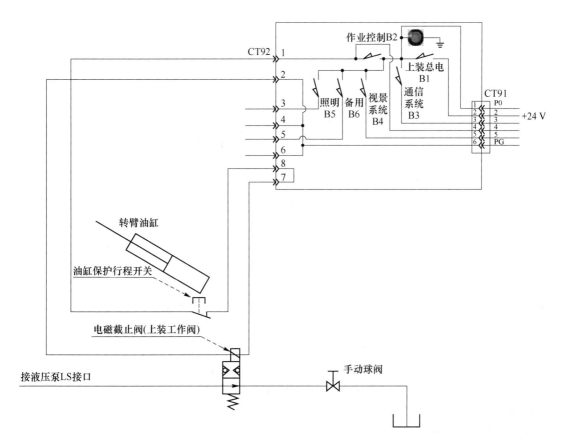

图 4-4 转臂油缸异常操作保护原理图

的感应区域，开关就能无接触，无压力、无火花迅速发出电气指令，准确反映出运动机构的位置和行程，即使用于一般的行程控制，其定位精度、操作频率、使用寿命、安装调整的方便性和对恶劣环境的适用能力，是一般机械式行程开关所不能相比的。它广泛地应用于机床、冶金、化工、轻纺和印刷等行业。在自动控制系统中可作为限位、计数、定位控制和自动保护环节等。

A 接近开关性能特点

在各类开关中，有一种对接近它物件有"感知"能力的元件——位移传感器。利用位移传感器对接近物体的敏感特性达到控制开关通或断的目的，这就是接近开关。

当有物体移向接近开关，并接近到一定距离时，位移传感器才有"感知"，开关才会动作。通常把这个距离称为"检出距离"。但不同的接近开关检出距离也不同。

有时被检测物体是按一定的时间间隔，一个接一个地移向接近开关，又一个一个地离开，这样不断地重复。不同的接近开关，对检测对象的响应能力是不同的。这种响应特性被称为"响应频率"。

B 接近开关分类

因为位移传感器可以根据不同的原理和不同的方法做成，而不同的位移传感器对物体的"感知"方法也不同，所以常见的接近开关有以下几种：

（1）无源接近开关。这种开关不需要电源，通过磁力感应控制开关的闭合状态。当磁或者铁质触发器靠近开关磁场时，和开关内部磁力作用控制闭合。其特点是不需要电源，非接触式，免维护，环保。

（2）涡流式接近开关。这种开关有时也称为电感式接近开关。它是利用导电物体在接近这个能产生电磁场接近开关时，使物体内部产生涡流。这个涡流反作用到接近开关，使开关内部电路参数发生变化，由此识别出有无导电物体移近，进而控制开关的通或断。这种接近开关所能检测的物体必须是导电体。涡流式接近开关如图 4-5 所示，其原理与特点为：由电感线圈和电容及晶体管组成振荡器，并产生一

图 4-5　涡流式接近开关

个交变磁场，当有金属物体接近这一磁场时就会在金属物体内产生涡流，从而导致振荡停止，这种变化被后极放大处理后转换成晶体管开关信号输出。这种开关的特点是抗干扰性能好，开关频率高，大于 200 Hz，且只能感应金属。一般应用于各种机械设备上做位置检测、计数信号拾取等。

（3）电容式接近开关。这种开关的测量通常是构成电容器的一个极板，而另一个极板是开关的外壳。这个外壳在测量过程中通常是接地或与设备的机壳相连接。当有物体移向接近开关时，不论它是否为导体，由于它的接近，总要使电容的介电常数发生变化，从而使电容量发生变化，使得和测量头相连的电路状态也随之发生变化，由此便可控制开关的接通或断开。这种接近开关检测的对象，不限于导体，可以是绝缘的液体或粉状物等。

（4）霍尔接近开关。霍尔元件是一种磁敏元件。利用霍尔元件做成的开关，叫做霍尔开关。当磁性物件移近霍尔开关时，开关检测面上的霍尔元件因产生霍尔效应而使开关内部电路状态发生变化，由此识别附近有磁性物体存在，进而控制开关的通或断。这种接近开关的检测对象必须是磁性物体。

（5）光电式接近开关。利用光电效应做成的开关叫光电开关。将发光器件与光电器件按一定方向装在同一个检测头内。当有反光面（被检测物体）接近时，光电器件接收到反射光后便在信号输出，由此便可"感知"有物体接近。

（6）其他型式。当观察者或系统对波源的距离发生改变时，接收到的波的频率会发生偏移，这种现象称为多普勒效应。声呐和雷达就是利用这个效应的原理制成的。利用多普勒效应可制成超声波接近开关、微波接近开关等。当有物体移近时，接近开关接收到的反射信号会产生多普勒频移，由此可以识别出有无物体接近。

4.3.2　位移检测传感器

位移检测传感器是线位移和角位移检测传感器的统称，位移测量在武器装备机电一体化领域中的应用十分广泛。

4.3.2.1　直线位移传感器

装备机电一体化系统中常用的直线位移传感器有电感传感器、电容传感器、光栅位移传感器、感应同步器、磁致伸缩式位移传感器等。由于磁致伸缩式位移传感器在武器装备

中可用于测量油箱液位、液压缸位移等参数，便于机电一体化执行机构的位移监测和动作控制，因此以下重点介绍磁致伸缩式位移传感器（见图4-6）。

磁致伸缩式位移传感器通过内部非接触式的测控技术精确地检测活动磁环的绝对位置来测量被检测产品的实际位移值；该传感器的高精度和高可靠性已被广泛应用于成千上万的实际案例中。

图4-6　磁致伸缩式位移传感器

由于作为确定位置的活动磁环和敏感元件并无直接接触，因此传感器可应用在极恶劣的工业环境中，不易受油渍、溶液、尘埃或其他污染的影响。此外，传感器采用了高科技材料和先进的电子处理技术，因而它能应用在高温、高压和高振荡的环境中。传感器输出信号为绝对位移值，即使电源中断、重接，数据也不会丢失，更无须重新归零。由于敏感元件是非接触的，就算不断重复检测，也不会对传感器造成任何磨损，可以大大地提高检测的可靠性和使用寿命。

A　磁致伸缩效应

众所周知，自然界的物质都有热胀冷缩现象。除了加热外，磁场和电场也会导致物体尺寸的伸长和缩短。铁磁性物质在外磁场的作用下，其尺寸伸长（或缩短），去掉外磁场后，其又恢复原来的长度，这种现象称为磁致伸缩现象（或效应）。此现象的机理是：铁磁或亚铁磁材料在居里点以下发生自发磁化，形成磁畴。在每个磁畴内，晶格都沿磁化强度方向发生形变。当施加外磁场时，材料内部随即取向的磁畴发生旋转，使各磁畴的磁化方向趋于一致，物体对外显示的宏观效应即沿磁场方向伸长或缩短。

磁致伸缩材料主要有三大类：即：磁致伸缩的金属与合金和铁氧体磁致伸缩材料。这两种称为传统磁致伸缩材料，它们并没有得到广泛的应用。后来人们发现了电致伸缩材料，其电致伸缩系数比金属与合金的大 0.02% ~ 0.04%，它很快得到广泛的应用；第三大类是发展的稀土金属间化合物磁致伸缩材料，称为稀土超磁致伸缩材料。它是可以提高一个国家竞争力的材料，是 21 世纪战略性功能材料。

磁致伸缩位移传感器适用于高温、高压和强振荡等极其恶劣的工况，其绝对式输出很好地解决了断电归零问题，由于敏感元件都是非接触式、无磨损运行，平均无故障时间长达 23 年。

B　工作原理

磁致伸缩位移（液位）传感器利用磁致伸缩原理，通过两个不同磁场相交产生一个应变脉冲信号来准确地测量位置，如图4-7所示。测量元件是一根波导管，波导管内的敏感元件由特殊的磁致伸缩材料制成的。测量过程是由传感器的电子室内产生电流脉冲，该电流脉冲在波导管内传输，从而在波导管外产生一个圆周磁场。当该磁场和套在波导管上作为位置变化的活动磁环产生的磁场相交时，由于磁致伸缩的作用，波导管内会产生一个应变机械波脉冲信号，这个应变机械波脉冲信号以固定的声音速度传输，并很快被电子室所检测到。

由于这个应变机械波脉冲信号在波导管内的传输时间和活动磁环与电子室之间的距离成正比，通过测量时间，就可以高度精确地确定这个距离。由于输出信号是一个真正的绝

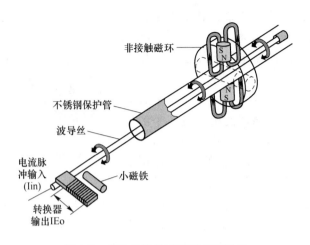

图 4-7 磁致伸缩传感器原理示意图

对值，而不是比例的或放大处理的信号，因此不存在信号漂移或变值的情况，更无需定期重标。

测量时，电子仓中的激励模块在敏感检测元件（磁致伸缩波导丝）两端施加一查询脉冲，该脉冲以光速在波导丝周围形成周向安培环形磁场，该环形磁场与游标磁环的偏置永磁磁场发生耦合作用时，会在波导丝的表面形成魏德曼效应扭转应力波，扭转波以声速由产生点向波导丝的两端传播，传向末端的扭转波被阻尼器件吸收，传向激励端的信号则被检波装置接收，电子仓中的控制模块计算出查询脉冲与接收信号间的时间差，再乘以扭转应力波在波导材料中的传播速度（约 2830 m/s），即可计算出扭转波发生位置与测量基准点间的距离，即游标磁环在该瞬时相对于测量基准点间的绝对距离，从而实现对游标磁环位置的实时精确测量。

C 技术参数

磁致伸缩传感器的主要技术参数见表 4-2。

表 4-2 磁致伸缩传感器规格参数

序号	名　称	规　格　参　数
1	测量对象	位置、速度（绝对速度），可测量 1~2 个位置
2	测量范围	50~8000 mm
3	零点可调范围	100% F. S.
4	输出方式	电流：4~20 mA，最大负载 600 Ω 电压：0~10 VDC，0~5 VDC，最低负载大于 5 kΩ 总线：RS422、PROFIBUS、CANopen 等
5	精度	分辨率：采用 16Bit D/A 转换，0.0015% F. S.（最小 1 μm） 非线性：< ±0.015% F. S.（最小 ±50 μm） 重复精度：< ±0.002% F. S.（最小 ±3 μm）
6	迟滞	<0.002% F. S.
7	温度系数	<0.007% F. S. /℃

续表4-2

序号	名　称	规　格　参　数
8	供电电源	电压：18～27 VDC（18～36 VDC 可选） 电流：典型 70 mA，80 mA（最大） 负载电阻：350 Ω（最大）
9	温度	工作温度：－40～＋85 ℃ 储存温度：－40～＋100 ℃
10	线性度	＜＋0.01% F. S.（最小＋50 μm）
11	重复精度	＜＋0.001% F. S.（最小＋2.5 μm）

注：F. S. 表示满度误差。

4.3.2.2 角位移检测传感器

装备机电一体化系统中常用的角位移检测传感器有旋转变压器、光电编码器和电容传感器等。

A　旋转变压器

旋转变压器是一种利用电磁感应原理将转角变换为电压信号的传感器。由于其结构简单、动作灵敏、对环境无特殊要求、输出信号大、抗干扰性好，因此被广泛应用于武器装备的机电一体化系统中。

a　旋转变压器的构造与工作原理

旋转变压器在结构上与两相绕组式异步电动机相似，由定子和转子组成。当以一定频率（频率通常为 400 Hz、500 Hz、1000 Hz 及 5000 Hz 等几种）的激磁电压加于定子绕组时，转子绕组的电压幅值与转子转角成正弦、余弦函数关系，或在一定转角范围内与转角成正比关系。前一种旋转变压器称为正余弦旋转变压器，适用于大角位移的绝对测量；后一种称为线性旋转变压器，适用于小角位移的相对测量。

如图 4-8 所示，旋转变压器一般做成两极电动机的形式。在定子上有激磁绕组和辅助绕组，它们的轴线相互成 90°。在转子上有两个输出绕组——正弦输出绕组和余弦输出绕组，这两个绕组的轴线也互成 90°，一般将其中一个绕组短接（如 $Z_1 Z_2$）。

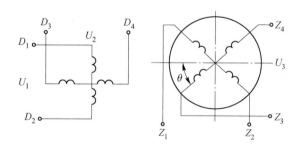

图 4-8　正余弦变压器原理图

$D_1 D_2$—激磁绕组；$D_3 D_4$—辅助绕组；$Z_1 Z_2$—余弦输出绕组；$Z_3 Z_4$—正弦输出绕组

b　旋转变压器的测量方式

当定子绕组分别通过幅值和频率相同、相位相差 90° 的交变激磁电压时，便可在转子绕组中得到感应电动势 U_3，根据线性叠加原理，U_3 为激磁电压 U_1 和 U_2 的感应电势之和，即

$$U_1 = U_m \sin\omega t \tag{4-1}$$

$$U_1 = U_m \cos\omega t \tag{4-2}$$

$$U_3 = kU_1\sin\theta + kU_2\sin(90° + \theta) = kU_m\cos(\omega t - \theta) \tag{4-3}$$

式中，$k = w_1/w_2$，为旋转变压器的变压比；w_1、w_2 分别为转子、定子绕组的匝数。

可见，测得转子绕组感应电压的幅值和相位，可间接测得转子转角 θ 的变化。

线性旋转变压器实际上也是正余弦旋转变压器，不同的是线性旋转变压器采用了特定的变压比 k 和接线方式，如图4-9所示，这样使得在一定转角范围内（一般为 $\pm 60°$），其输出电压和转子转角 θ 呈线性关系，此时输出电压为

$$U_3 = kU_1\frac{\sin\theta}{1 + k\cos\theta} \tag{4-4}$$

根据式（4-4），选定变压比 k 及允许的非线性度，则可推算出满足线性关系的转角范围（见图4-10）。例如，取 $k = 0.54$，非线性度不超过 $\pm 0.1\%$，则转子转角范围可达 $\pm 60°$。

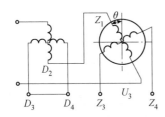

图4-9　线性旋转变压器原理图

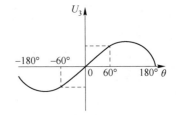

图4-10　转子转角 θ 与输出电压 U_3 的关系曲线

B　光电编码器

光电编码器是一种码盘式角度-数字检测元件。编码器如以信号原理来分，有增量式编码器和绝对式编码器两种。增量式编码器具有结构简单、价格低廉、精度易于保证等优点，所以目前在武器装备机电一体化系统中应用较多。绝对式编码器能直接给出对应于每个转角的数字信息，便于计算机处理，但当进给数大于1转时，需作特别处理，而且必须用减速齿轮将两个以上的编码器连接起来，构成多级检测装置，使其结构复杂、成本高。

a　增量式编码器

增量式旋转编码器通过内部两个光敏接受管转化其角度码盘的时序和相位关系，得到其角度码盘角度位移量增加（正方向）或减少（负方向）。在接合数字电路特别是单片机后，增量式旋转编码器在角度测量和角速度测量较绝对式旋转编码器更具有廉价和简易的优势。

图4-11所示为增量式编码的内部工作原理示意图。A、B 两点对应两个光敏接受管，A、B 两点间距为 $S2$，角度码盘的光栅间距分别为 $S0$ 和 $S1$。

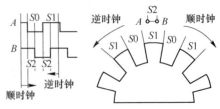

图4-11　增量式编码器工作原理图

当角度码盘以某个速度匀速转动时，那么可知，输出波形图中的 $S0$：$S1$：$S2$ 比值与实际图的 $S0$：$S1$：$S2$ 比值相同，同理角度码盘以其他的速度匀速转动时，输出波形图中的 $S0$：$S1$：$S2$ 比值与实际图的 $S0$：$S1$：$S2$ 比值仍相同。如果角度码盘做变速运动，把它看成为多个运动周期的组合，那么每个运动周期中输出波形图中的 $S0$：$S1$：$S2$ 比值与实际图的 $S0$：$S1$：$S2$ 比值仍相同。

通过输出波形图可知，每个运动周期的时序见表 4-3。

表 4-3　增量式编码器输出波形时序

顺时针运动		逆时针运动	
A	B	A	B
1	1	1	1
0	1	1	0
0	0	0	0
1	0	0	1

把当前的 A、B 输出值保存起来，与下一个 A、B 输出值做比较，就可以轻易地得出角度码盘的运动方向。

如果光栅格 $S0$ 等于 $S1$ 时，也就是 $S0$ 和 $S1$ 弧度夹角相同，且 $S2$ 等于 $S0$ 的 1/2，那么可得到此次角度码盘运动位移角度为 $S0$ 弧度夹角的 1/2，除以所消耗的时间，就得到此次角度码盘运动位移角速度。

$S0$ 等于 $S1$ 时，且 $S2$ 等于 $S0$ 的 1/2 时，1/4 个运动周期就可以得到运动方位和位移角度。如果 $S0$ 不等于 $S1$，$S2$ 不等于 $S0$ 的 1/2，那么要 1 个运动周期才可以得到运动方向位和位移角度。

b　绝对式编码器

绝对式编码器是直接输出数字量的传感器，在它的圆形码盘上沿径向有若干同心码道，每条道上由透光和不透光的扇形区相间组成，相邻码道的扇区数目是双倍关系，码盘上的码道数就是它的二进制数码的位数，在码盘的一侧是光源，另一侧对应每一码道有一光敏元件；当码盘处于不同位置时，各光敏元件根据受光照与否转换出相应的电平信号，形成二进制数。这种编码器的特点是不要计数器，在转轴的任意位置都可读出一个固定的与位置相对应的数字码。显然，码道越多，分辨率就越高，对于一个具有 N 位二进制分辨率的编码器，其码盘必须有 N 条码道。

绝对式编码器是利用自然二进制或循环二进制（葛莱码）方式进行光电转换的。绝对式编码器与增量式编码器不同之处在于圆盘上透光、不透光的线条图形，绝对编码器可有若干编码，根据读出码盘上的编码，检测绝对位置。编码的设计可采用二进制码、循环码、二进制补码等。其特点是：可以直接读出角度坐标的绝对值；没有累积误差；电源切除后位置信息不会丢失。但是分辨率是由二进制的位数来决定的，也就是说精度取决于位数，目前有 10 位、14 位和 16 位等多种。

光电式码盘是目前应用较多的一种，它是在透明材料的圆盘上精确地印制上二进制编码。图 4-12 所示为四位二进制的码盘，码盘上各圈圆环分别代表一位二进制的数字码道，在同一个码道上印制黑白等间隔图案，形成一套编码。黑色不透光区和白色透光区分别代

表二进制的"0"和"1"。在一个四位光电码盘上，有
四圈数字码道，每一个码道表示二进制的一位，里侧是
高位，外侧是低位，在360°范围内可编数码为 $2^4 = 16$
（个）。

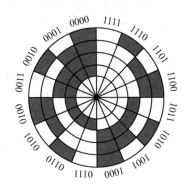

工作时，码盘的一侧放置电源，另一侧放置光电接
收装置，每个码道都对应有一个光电管及放大、整形电
路。码盘转到不同位置，光电元件接收光信号，并转成
相应的电信号，经放大整形后，成为相应数码电信号。
但由于制造和安装精度的影响，当码盘回转在两码段交
替的过程中，会产生读数误差。例如，当码盘顺时针方
向放置，由位置"0111"变为"1000"时，这四位数要

图 4-12　四位二进制的码盘

同时都变化，可能将数码误读成16种代码中的任意一种，如读成 1111、1011、1101、…、
0001 等，由此将产生无法估计的很大的数值误差，这种误差称非单值性误差。

为了消除非单值性误差，可采用循环码盘和带判位光电装置的二进制循环码盘来
实现。

4.3.2.3　速度检测传感器

A　直流测速发电机

直流测速发电机是一种测速元件，它实际上就是一台微型的直流发电机。根据定子磁
极激磁方式的不同，直流测速发电机可分为电磁式和永磁式两种。如以电枢的结构不同来
分，有无槽电枢、有槽电枢、空心杯电枢和圆盘电枢等。

直流测速发电机的结构有多种，但基本原理相同。图 4-13 所示为永磁式直流测速发
电机原理电路图。恒定磁通由定子产生，当转子在磁场中旋转时，电枢绕组中即产生交变
的电势，经换向器和电刷转换成与转速成正比的直流电势。

直流测速发电机的输出特性曲线如图 4-14 所示。从图中可以看出，当负载电阻 $R_L \to$
∞ 时，其输出电压 U_0 与转速 n 成正比。随着负载 R_L 变小，其输出电压下降，而且输出电
压与转速之间并不能严格保持线性关系。由此可见，对于要求精度比较高的直流测速发电
机，除采取其他措施外，负载电阻 R_L 应尽可能大。

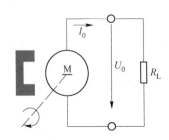

图 4-13　永磁式直流测速发电机原理图

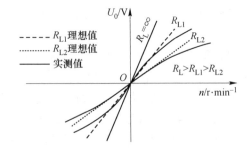

图 4-14　直流测速发电机输出特性

直流测速发电机的特点是输出特性曲线斜率大、线性好，但由于有电刷和换向器，其
构造和维护比较复杂，摩擦转矩较大。

在机电一体化控制系统中，直流测速发电机主要用于测速和校正元件。在使用中，为了提高检测灵敏度，尽可能把它直接连接到电动机轴上。有的电动机本身就已安装了直流测速发电机。

B　光电式速度传感器

光电式速度传感器工作原理如图 4-15 所示。物体以速度 v 经过光电池遮挡板时，光电池输出阶跃电压信号，经微分电路形成两个脉冲输出，测出两脉冲之间的时间间隔 Δt，则可测得速度为

$$v = \frac{\Delta x}{\Delta t} \tag{4-5}$$

式中，Δx 为光电池遮挡板上两孔间距，m。

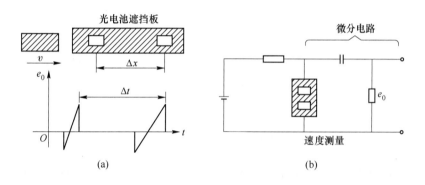

图 4-15　光电式速度传感器工作原理图

（a）阶跃脉冲产生示意图；（b）速度信号处理示意图

光电式转速传感器是由装在被测轴（或与被测轴相连的输入轴）上的带缝隙圆盘、光源、光电器件和指示缝隙圆盘组成，如图 4-16 所示。光源发出的光通过缝隙圆盘和指示缝隙盘照射到光电器件上，当缝隙圆盘随被测轴转动时，由于圆盘上的缝隙间距与指示缝隙的间距相同，因此圆盘每转一周，光电器件输出与圆盘缝隙数相等的电脉冲，根据测量时间 t 内的脉冲数 N，可测得转速为

$$n = \frac{60N}{Zt} \tag{4-6}$$

式中，Z 为圆盘上的缝隙数；n 为转速，r/min；t 为测量时间，s。

一般取 $Z = 60 \times 10^m$（$m = 0, 1, 2, \cdots$）。利用两组缝隙间距 W 相同，位置相关 $(i/2 + 1/4)W$（i 为正整数）的指示缝隙和两个光电器件，则可辨别出圆盘的旋转方向。

C　差动变压器式速度传感器

差动变压器式速度传感器除了可测量位移外，还可测量速度。其工作原理如图 4-17 所示。差动变压器的原边线圈同时供以直流和交流电流，即

$$i(t) = I_0 + I_m \sin\omega t \tag{4-7}$$

式中，I_0 为直流电流，A；I_m 为交流电流的最大值，A；ω 为交流电流的角频率，rad/s。

当差动变压器以被测速度 $v = \dfrac{\mathrm{d}x}{\mathrm{d}t}$ 移动时，在其副边两个线圈中产生感应电势，将它们

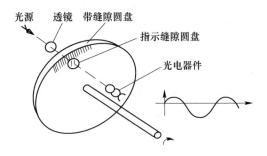

图 4-16   光电式转速传感器的结构原理图

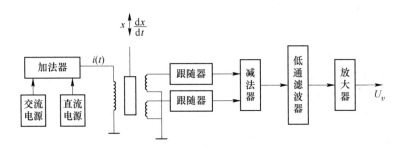

图 4-17   差动变压器测速原理

的差值通过低通滤波器滤除励磁高频角频率后，则可得到与速度 $v(\mathrm{m/s})$ 相对应的电压输出，即

$$U_v = 2kI_0 v \qquad (4\text{-}8)$$

式中，k 为磁芯单位位移互感系数的增量，$\mathrm{H/m}$。

4.3.3   加速度、力、力矩检测传感器

作为加速度检测元件的加速度传感器有多种形式，其工作原理大多是利用惯性质量受加速度所产生的惯性力而造成的各种物理效应，进一步转化成电量，间接度量被测加速度。最常用的有压电式、应变式、电磁感应式等。其中压电传感器是一种有源传感器，即发电型传感器。它利用某些材料的压电效应，这些材料在受到外力作用时，某些表面上会产生电荷。因此压电传感器常用来测量压力、应力、加速度等，在装备机电一体化技术中有着广泛的应用。

4.3.3.1   压电传感器工作原理与测量电路

为测量压电晶片的两工作面上产生的电荷，要在该两个面上做上电极，通常用金属蒸镀法蒸上一层金属薄膜，材料常为银或金，从而构成两个相应的电极，如图 4-18 所示。当晶片受外力作用而在两极上产生等量而极性相反的电荷时，便形成了相应的电场。因此压电传感器可视为一个电荷发生器，也是一个电容器，其形成的电容量

$$C = \frac{\varepsilon_0 \varepsilon A}{\delta} \qquad (4\text{-}9)$$

式中，ε_0 为真空介电常数，$\varepsilon_0 = 8.85 \times 10^{-12}$ F/m；ε 为压电材料的相对介电常数，石英 $\varepsilon = 4.5$；δ 为极板间距，m。

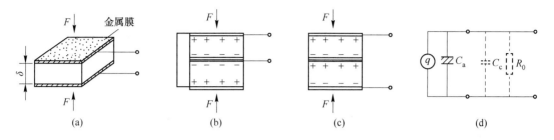

图 4-18 压电晶片及等效电路

（a）压电晶片；（b）并联；（c）串联；（d）等效电荷源

如果施加于晶片的外力不变，而积聚在极板上的电荷又无泄漏，则当外力持续作用时，电荷量保持不变，但当外力撤去时，电荷随之消失。

对于一个压电式力传感器来说，测量的力与传感器产生的电荷量成正比，因此通过测量电荷值便可求得所施加的力。测量中如能得到精确测量结果，必须采用不消耗极板上产生的电荷的措施，即所采用的测量手段不从信号源吸取能量，这在实际上是难以实现的。由于在测量动态交变力时，电荷量可不断地得以补充，因此可以供给测量电路一定的电流；但在作静态或准静态量的测量时，必须采取措施，使所产生的电荷因测量电路所引起的漏失减小到最低程度。从这点意义上看，压电传感器较适宜于作动态量的测量。

一个压电传感器可被等效为一个电荷源，如图 4-19(a) 所示。等效电路中电容器上的开路电压 e_a、电荷量 q 及电容 C_a 三者间的关系有

$$e_a = \frac{q}{C_a} \tag{4-10}$$

将压电传感器等效为一个电压源的电路图，如图 4-19(b) 所示。

若将压电传感器接入测量电路，则必须考虑电缆电容 C_c、后续电路的输入阻抗 R_i、输入电容 C_i 及压电传感器的漏电阻 R_a，此时压电传感器的等效电路如图 4-20 所示。

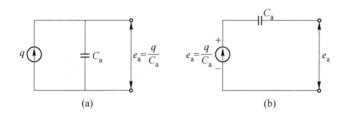

图 4-19 压电传感器的等效电路

（a）电荷源；（b）电压源

压电传感器本身所产生的电荷量很小，而传感器本身的内阻又很大，因此其输出信号十分微弱，这给后续测量电路提出了很高的要求。为了顺利地进行测量，要将压电传感器先接到高输入阻抗的前置放大器，经阻抗变换之后再采用一般的放大、检波电路处理，方可将输出信号提供给指示及记录仪表。

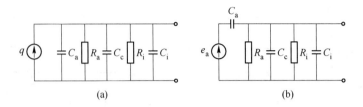

图 4-20　压电传感器的实际等效电路

(a) 电荷源；(b) 电压源

4.3.3.2　压电传感器的应用

压电传感器常用于测量力（力矩）、压力及振动（加速度）等物理量。从应用来分类可分为压电加速度传感器和压电力传感器两类。

A　压电加速度传感器

压电加速度传感器通常被广泛用于测震和测振。由于压电式运动传感器所固有的基本特征，压电加速度计对恒定的加速度输入并不给出响应输出。其主要特点是输出电压大、体积小及固有频率高，这些特点对测振都是十分必要的。压电加速度传感器材料的迟滞性是它唯一的能量损耗源，除此之外一般不再施加阻尼，因此传感器的阻尼比很小（约 0.01），但由于其固有频率十分高，这种小阻尼是可以接受的。

压电加速度传感器按其晶片受力状态的不同可分为压缩式和剪切式两种类型，图 4-21 示出其主要的几种结构形式。

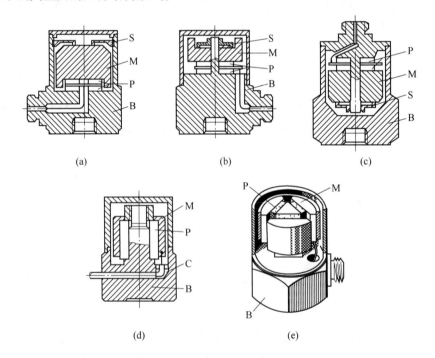

图 4-21　压电加速度传感器设计类型

(a) 周边压缩式；(b) 中心压缩式；(c) 倒置式中心压缩式；(d) 环形剪切式；(e) 三角剪切式；

S—弹簧；M—质量块；P—压电片；C—导线；B—基座

压缩式结构的压电变换部分由两片压电晶片并联而成。惯性质量借助于顶压弹簧紧压在晶片上，惯性接收部分将被测的加速度 x 接收为质量 m 相对于底座的相对振动位移 x_0，于是晶片受到动压力 $p = kx_0$，然后由压电效应转换为作用在晶片极面上的电荷 q。

周边压缩式结构的特点是简单且牢固，并具有很好的质量灵敏度比，但由于其壳体成了整个弹簧-质量系统的一部分（见图 4-21(a)），因此极易敏感温度、噪声、弯曲等造成的虚假输入。质量块上的弹簧通常被预加载，使压电材料能工作在其电荷-应变关系曲线中的线性部分。该预加载能使压电材料在不受张力作用的情况下也能测量正负加速度，即该预加载产生了一个具有一定极性的输出电压。但此电压很快便漏掉了，其后由加速度所引起的电压的极性则跟随运动的方向，这是因为此时电荷的极性取决于应变的变化而不是其总的值。该预加载值应足够大，使之即使在最大的输入加速度情况下也不会使弹簧变松弛。

为降低周边压缩式结构对虚假输入的响应，采用了中心压缩式结构（见图 4-21(b)和(c)），其中图 4-21(c)所示为倒置式中心压缩结构形式，它能减少结构对基座弯曲应变的灵敏度。

图 4-21(d)和(e)为剪切式结构，典型的剪切式结构为三角剪切式，它由三片晶体片和三块惯性质量组成，两者借助于预紧弹簧箍在三角形的中心柱上。当传感器接收轴向振动加速度时，每一晶体片侧面受到惯性质量作用的剪切力，其方向及产生的电荷如图 4-22 所示。

三角剪切式的优点是能在较长时间内保持传感器特性的稳定，较压缩结构具有更宽的动态范围和更好的线性度。

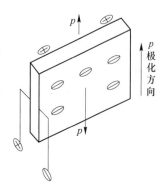

图 4-22　晶体片受剪切力
的压电效应

三角剪切式的另一优点是它对底座的弯曲变形不敏感。当传感器底座发生弯曲变形时，对三角剪切式结构来说，这种变形不会对晶片产生附加变形，但会对中心压缩式结构产生附加变形，使整个传感器产生附加电荷输出。

B　压电力传感器

压电力传感器具有与压电加速度传感器相同形式的传递函数，由于这种传感器具有使用频率上限高、动态范围大和体积小等优点，因此适合于动态力，尤其是冲击力的测量，尽管某些类型的力传感器（如石英传感器外加电荷放大器）具有足够大的时间常数 τ，也可用于对静态力的短时间测量和静态标定。典型的压电力传感器的非线性度为 1%，具有很高的刚度（$2 \times 10^7 \sim 2 \times 10^9$ N/m）和固有频率（$10 \sim 300$ kHz）。这些传感器通常是用石英晶体片制成的，因为石英具有很高的机械强度，所以能承受很大的冲击载荷。但在测量小的动态力时，为获得足够灵敏度，也可采用压电陶瓷。

压电力传感器对侧向负载敏感，易引起输出误差，因此使用者必须注意减小侧向负载。但厂家的技术指标中一般并不给出这种横向灵敏度值。通常推荐的横向灵敏度值应小于纵向（轴面）灵敏度值的 7%。

如前所述，压电效应是可逆的：施加电压使压电片产生伸缩，导致压电片几何尺寸的改变。利用这种逆压电效应可做成压电致动器。例如施加一高频交变电压，可将压电体做成一振动源，利用这一原理可制造高频振动台、超声发生器、扬声器、高频开关等；也可用于精密微位移装置，通过施加一定电压使之产生可控的微伸缩。若将两压电片粘在一起，施加电压使其中一个伸长、另一个缩短，则可形成薄片翘曲或弯曲，用于制成录像带头定位器、点阵式打印机头、继电器及压电风扇等。这方面的应用例子还可举出许多。

4.3.4　温度传感器

机电一体化系统中的温度测量与控制是非常重要的，无论是在电气设备中的温度检测与控制，还是在水位、温度、流速、压力等应用场合的计量与控制中，都广泛采用了各种温度传感器。按温度测量方式来分，温度传感器可分为接触式和非接触式。

接触式温度传感器是指温度传感器直接与被测对象接触的一种温度测量方式，这种方式应用广泛，传感器的结构简单。代表性的接触式温度传感器主要有热敏电阻、铂热电阻和热电偶等。而非接触式温度传感器是通过测定从发热物体放射出的红外线，从红外线的量来间接测定物体的温度。在这种测定方式下，传感器的结构比较复杂。有代表性的非接触式温度传感器主要有红外式温度传感器等。

4.3.4.1　电阻式温度传感器

纯金属及大多数合金的电阻率随温度的增加而增加，即它们具有正的温度系数。这些金属及合金的电阻值随温度的变化关系符合以下公式

$$R = R_1 [1 + \alpha (t_2 - t_1)] = R_1 [1 + \alpha \Delta t] \tag{4-11}$$

式中，R_1 为温度 t_1 时的电阻值；α 为金属材料在温度 t_1 时的温度系数；$\Delta t = t_2 - t_1$。

在一定的温度范围内，这种电阻-温度关系是线性的。表 4-4 给出了一些金属和合金以及非金属在 $0 \sim 100\ ℃$ 内的温度系数 α。但在更广泛的温度范围内，电阻—温度关系可能是非线性的，它们的一般表达式为：

$$R = R_0 (1 + \alpha_1 T + \alpha_2 T_2 + \cdots + \alpha_n T_n) \tag{4-12}$$

式中，R_0 为温度 $T = 0$ 时的电阻；α_1，α_2，$\cdots$，α_n 为不同的常数。

表 4-4　0 ~ 100 ℃温度范围内电阻的温度系数

材料	$\alpha/℃^{-1}$	材料	$\alpha/℃^{-1}$	材料	$\alpha/℃^{-1}$
铂	+ 0.00392	铝	+ 0.0045	碳	− 0.0007
金	+ 0.0040	钨	+ 0.0048	热敏电阻	− 0.015 ~ − 0.06
银	+ 0.0041	铁（合金）	+ 0.002 ~ + 0.006	电解质	− 0.02 ~ − 0.09
镍	+ 0.0068	锰铜	− 0.00002 ~ + 0.00002		
铜	+ 0.0043	康铜	− 0.00004 ~ + 0.00004		

根据上述公式可以制出金属电阻温度计，这种温度计常用的材料为铂、镍和铜。其中最知名的电阻温度计材料为铂。铂的温度系数 α 在 $0 \sim 100\ ℃$ 内为 $0.0039\ ℃^{-1}$。与其他金属相比，它的电阻率在高温时变化很小，且在不同环境条件下比较稳定。铂的电阻-温度关系在一个很广的范围内（$-263 \sim +545\ ℃$）保持着良好的线性。室温下铂电阻温度计可检测到 $10^{-4}\ ℃$ 量级的温度变化。对实际应用来说，室温附近的一般测量精度为 $(1 \sim 5) \times 10^{-3}\ ℃$，在 $45\ ℃$ 时其重复精度降至 $10^{-2}\ ℃$，到 $1000\ ℃$ 左右，则降至 $10^{-1}\ ℃$。

电阻温度计可做成不同的形式。如铂的电阻温度计通常将铂金属丝绕制成一个自由螺旋形式或绕在一绝缘支架上，然后根据不同的温度测量范围和不同的应用条件将温度计置

入一保护管中，管材料可以是玻璃、石英、陶瓷、不锈钢或镍。图 4-23 所示为几种不同形式的电阻温度计，图 4-23（a）所示为开口式线绕结构，可直接将绕组置入流体中测量温度，因此响应速度较快；图 4-23（b）所示为井式结构，金属丝绕组被装于一不锈钢管中，管头封死，因此可用于测量腐蚀性的液体或气体的温度，但其响应速度慢。有时为测量固体的表面温度，可采用扁平栅状绕组的结构形式，将该栅状金属丝结构粘贴、焊接或夹在被测表面上；同样也可采用淀积薄膜式铂电阻温度计替代绕线式结构。由于有干扰的应变量输入，因此这种连接到物体上的表面测温传感器会给出虚假输出，这些干扰应变是由结构载荷和温度热膨胀现象造成的，为此在设计时应仔细考虑，并采取相应措施加以消除。通常为了测量电阻，常将电阻温度计接入一电桥电路，而温度计中流过的交流或直流电流一般不大于 20 mA，用于限制温度计的自发热现象。电路引线的过长也会造成温度的变化，因此有时也采用补偿引线来补偿这种变化。这种温度计的电阻值一般为 10 Ω ~ 25 kΩ。一般来说，电阻温度计可达到的精度为 ±0.01%。

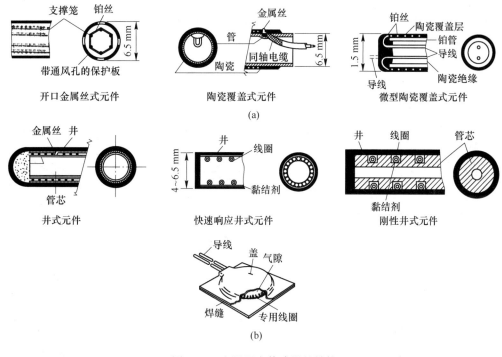

图 4-23 电阻温度传感器的结构

（a）开口式线绕结构；（b）井式结构

4.3.4.2 热敏电阻

热敏电阻为一种半导体温度传感器。与大多数半导体类传感器相比（它们都具有较小的正温度系数），热敏电阻具有很大的负温度系数，且它的特性曲线是非线性的。其电阻-温度关系通常由下式确定：

$$R = R_0 e^{\beta\left(\frac{1}{T} - \frac{1}{T_0}\right)} \tag{4-13}$$

式中，R 为温度 T 时的电阻，Ω；R_0 为温度 T_0 时的电阻，Ω；β 为材料的特征常数，K；T, T_0 为绝对温度，K。

参考温度 T_0 常取 298K(25 ℃)，而 β 则为 4000 左右，通过计算 $(dR/dT)/R$，最终可得电阻的温度系数为 $\dfrac{-\beta}{T^2}$（℃$^{-1}$）。若 β 取值为 4000，则室温（25 ℃）下的温度系数为 -0.045，与铂的温度系数 $+0.0039$ 相比，除了符号相反之外，其值也远大于铂的温度系数。电阻-温度间的精确关系随所用材料和元件的结构有所变化（见图 4-24）。

在热敏电阻的实际应用中，其特性的重复性是一个最困难的问题。由于半导体的导电率和温度系数可受到小于百万分之一杂质的影响，因此只有那些对杂质最不敏感的化合物才有实际的使用价值。生产中，通常将锰、镍和钴的氧化物粉末的混合物压成珠状、杆状或盘状，然后在高温下进行烧结而制成不同的热敏电阻。图 4-25 所示为几种典型的结构形式。其中微珠式热敏电阻的珠头直径可做到小于 0.1 mm，因而可测量微小区域的温度，且响应时间很短。盘式和杆式热敏电阻常用作温度补偿装置。热敏电阻在室温（25 ℃）下的阻值范围为 102 ~ 106 Ω，可测量的温度范围为 -200 ~ $+1000$ ℃。当把热敏电阻与计算机数据采集系统结合使用时，可根据下式来计算绝对温度 $T(\mathrm{K})$：

$$\frac{1}{T} = A + B\ln R + C\ln^3 R \tag{4-14}$$

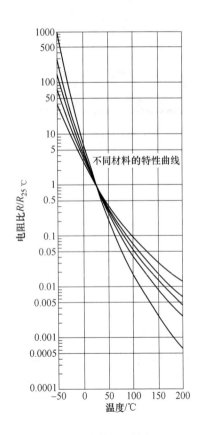

图 4-24　热敏电阻的电阻-
温度特性曲线

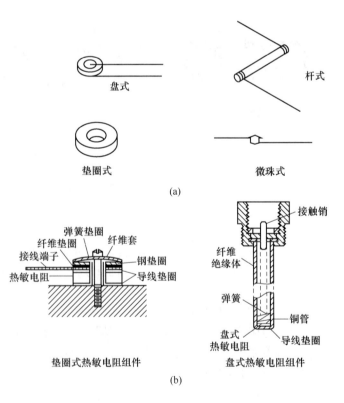

图 4-25　热敏电阻的结构形式
（a）热敏电阻的几种形式；（b）热敏电阻组件

在所需测量范围的高中低三端分别测量三组 R 和 T 值，将它们代入式（4-14）并解联立方程组，便可求得系数 A、B 和 C。

热敏电阻的电流值通常限制在毫安值量级，主要是为了不使它产生自发热现象，从而保证在所测量的温度范围内具有线性的电压-电流关系。此外还常采用线性化电路与热敏电阻相连，来扩大它们的测量范围。热敏电阻的灵敏度较高，一般为 ± 6 mV/℃ 及 $-150 \sim -20$ Ω/℃，比热电偶和电阻温度检测器的灵敏度高许多。其最大的非线性度为 $\pm 0.06 \sim \pm 0.5$ ℃。尽管热敏电阻不如铂电阻温度计那样具有十分好的长时间稳定性，但它们已足以满足大多数应用的要求。

4.3.5 固态图像传感器

固态图像传感器是一种固态集成元件，它的核心部分是电荷耦合器件（charge coupled device，CCD）。CCD 是以阵列形式排列在衬底材料上的金属-氧化物-半导体（metal oxide semiconductor，MOS）电容器件组成的，具有光生电荷、积蓄和转移电荷的功能，是 20 世纪 70 年代发展起来的一种新型光电元件。由于每个阵列单元电容排列整齐，尺寸与位置十分准确，因此具有光电转换与位置检测的功能。图 4-26(a) 所示为 MOS 光敏元的结构原理图。它是在 P 型（或 N 型）硅单晶的衬底上生长出一层很薄的二氧化硅，再在其上沉积一层金属电极，这样就形成了一个 MOS 结构元。从半导体原理知道，当在金属电极上施加一正偏压时，它所形成的电场排斥电极下面硅衬底中的多数载流子——空穴，形成一个耗尽区。这个耗尽区对带负电的电子而言是一个势能很低的区域，又称为"势阱"。金属电极上所加偏压越大，电极下面的"势阱"越深，捕获少数载流子的能力就越强。如果此时有光线入射到半导体硅片上，在光子的作用下，半导体硅片上就产生电子-空穴对，光生电子被附近的势阱所俘获，同时产生的空穴则被电场排斥出耗尽区。此时势阱所俘获的电子数量与入射到势阱附近的光强成正比。这样一个 MOS 结构元称为 MOS 光敏元或一个像素，把一个势阱所俘获的若干光生电荷称为一个"电荷包"。通常在半导体硅片上制有几百或几千个相互独立排列规则的 MOS 光敏元，称为光敏元阵列。在金属电极上施加一正偏压，在这半导体硅片上就形成几百或几千个相互独立的势阱。如果照射在这些光敏元上的是一幅明暗起伏的图像，那么这些光敏元就产生出一幅与光照强度相对应的光生电荷图像，这就是电荷耦合摄像器件的基本原理。由 CCD 组成的线阵和面阵摄像机能实现图像信息传输，因此在电视、传真、摄影、图像传输与处理等众多领域得到广泛应用。更由于 CCD 器件具有小型、高速、高灵敏、高稳定性及非接触等众多特点，在测试与检测技术的领域中也被广泛用来测量物体的形貌、尺寸、位置以及事件的计数等。同时它也被用于图像识别、自动监测和自动控制等方面。

固态图像传感器的工作原理如图 4-26 (b) 和 (c) 所示。被测物光图像被经过透镜照射到固态图像传感器上，该图像经传感器中排列在半导体衬底材料上的一系列感光单元转换为光电信号，每个单元称为一个像素点。采用时钟脉冲作控制信号来提取上述的光电信号。这种 CCD 器件不同于一般光导摄像管，它不需要外加扫描电子束，而是依靠一种自扫描（电荷转移）的方式来获取与各像素点对应的电信号。

按像素点排列的形式和传感器的构造方式，固态图像传感器一般分为线阵型和面阵型。其中线阵型目前一般有 1024、1728、2048 和 4096 个像素的传感器，图 4-26(b) 所

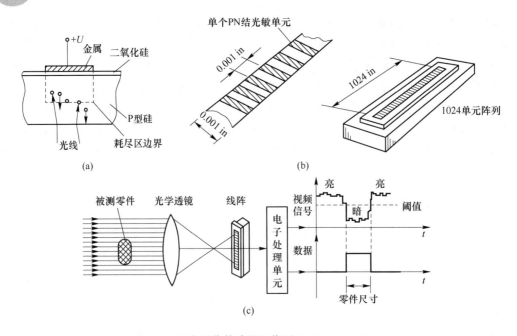

图 4-26   固态图像传感器工作原理（1 in＝2.54 cm）

（a）MOS 光敏单元；（b）1024 单元阵列；（c）线阵式摄像机

示为一种 1024 个像素的线阵式 CCD 图像传感器。面阵型的有从 512×512 一直到 512×768 个像素的，分辨力最高的可达 2048×2048 个像素。

图 4-27 所示为用 CCD 线阵型摄像机作流水线零件尺寸在线检测的应用实例。当零件在生产线上一个接一个地经过 CCD 摄像机镜头时，CCD 传感器逐行扫过零件的整个面积，将零件轮廓形状转换成逐行数据（黑白电平信号）进行存储，存储的数据再经过数据处理后最终可重构出零件的轮廓形状并计算出零件的各部分尺寸。这种方法的前提条件是传送带与零件（一般为金属材料）之间有明显的光照对比度，才能将零件轮廓从传送带背景图像中区分开来。

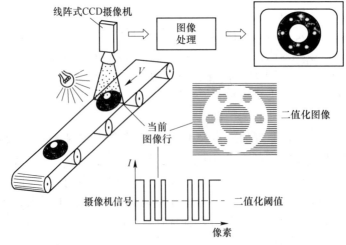

图 4-27   CCD 线阵摄像机作二维零件尺寸在线检测

4.4 传感器的选型与应用

传感器在原理与结构上差异很大，怎样合理选用传感器，是进行测量前首先应解决的问题。当传感器确定之后，配套的测量方法和测量设备也就可以确定。测量结果的成败，在很大程度上取决于传感器的选用是否合理。在选择传感器时，可按照下面步骤进行。

4.4.1 灵敏度的选择

通常，在传感器的线性范围内，希望传感器的灵敏度越高越好。因为只有灵敏度高时，与被测量变化对应的输出信号的值才比较大，有利于信号处理。但要注意的是，传感器的灵敏度高，与被测量无关的外界噪声也容易混入，同样也会被放大系统放大，影响测量精度。因此，要求传感器本身应具有较高的信噪比，尽量减少从外界引入的干扰信号。传感器的灵敏度是有方向性的。当被测量是单向量，而且对其方向性要求较高，则应选择其他方向灵敏度小的传感器；如果被测量是多维向量，则要求传感器的交叉灵敏度越小越好。

4.4.2 响应特性（反应时间）

传感器的频率响应特性决定了被测量的频率范围，必须在允许频率范围内保持不失真的测量条件，实际上传感器的响应总有一定延迟，希望延迟时间越短越好。传感器的频率响应高，可测的信号频率范围就宽，而由于受到结构特性的影响，机械系统的惯性较大，因而频率低的传感器可测信号的频率较低。在动态测量中，应根据信号的特点（稳态、瞬态、随机等）响应特性，以免产生过大的误差。

4.4.3 线性范围

传感器的线性范围是指输出与输入成正比的范围。理论上讲，在此范围内，灵敏度保持定值。传感器的线性范围越宽，则其量程越大，并且能保证一定的测量精度。在选择传感器时，当传感器的种类确定以后首先要看其量程是否满足要求。但实际上，任何传感器都不能保证绝对的线性，其线性度也是相对的。当所要求测量精度比较低时，在一定的范围内，可将非线性误差较小的传感器近似看作线性的，这会给测量带来极大的方便。

4.4.4 稳定性

传感器使用一段时间后，其性能保持不变化的能力称为稳定性。影响传感器长期稳定性的因素除传感器本身结构外，主要是传感器的使用环境。因此，要使传感器具有良好的稳定性，传感器必须要有较强的环境适应能力。在选择传感器之前，应对其使用环境进行调查，并根据具体的使用环境选择合适的传感器，或采取适当的措施，减小环境的影响。传感器的稳定性有定量指标，在超过使用期后，在使用前应重新进行标定，以确定传感器的性能是否发生变化。

在某些要求传感器能长期使用而又不能轻易更换或标定的场合，所选用的传感器稳定性要求更严格，要能够经受住长时间的考验。

4.4.5　精度

精度是传感器的一个重要性能指标，它是关系到整个测量系统测量精度的一个重要环节。传感器的精度越高，其价格越昂贵。因此，传感器的精度只要能满足整个测量系统的精度要求就可以，不必选得过高。这样就可以在满足同一测量目的的诸多传感器中选择比较便宜和简单的传感器。如果测量目的是定性分析的，选用重复精度高的传感器即可，不宜选用绝对量值精度高的；如果是为了定量分析，必须获得精确的测量值，就需选用精度等级能满足要求的传感器。

对某些特殊使用场合，无法选到合适的传感器，则需自行设计制造传感器。自制传感器的性能应满足使用要求。

4.5　传感器的数据采集

在机电一体化系统中，传感器获取系统的有关信息并通过检测系统进行处理，以实施系统的控制，传感器处于被测对象与检测系统的界面位置，是信号输入的主要窗口，为检测系统提供必需的原始信号。中间转换电路将传感器的敏感元件输入的电参数信号转换成易于测量或处理的电压或电流等信号。通常，这种电量信号很弱，需要由中间转换电路进行放大、调制解调、A/D、D/A 转换等处理以满足信号传输及计算机处理的要求，根据需要还必须进行阻抗匹配、线性化及温度补偿等处理。中间转换电路的种类和构成由传感器的类型决定，不同的传感器要求配用的中间转换电路经常具有自己的特色。

需要指出的是，在机电一体化系统设计中，所选用的传感器多数已由生产厂家配好转换放大控制电路而不需要用户设计，除非是现有传感器产品在精度或尺寸、性能等方面不能满足设计要求，才自己选用传感器的敏感元件并设计与此匹配的转换测量电路。

传感器输出信号（模拟信号、数字信号和开关信号）的不同，其测量电路也有模拟量、数字量和开关量测量电路之分，同时考虑到传感器输入信号与后级电路的匹配特性，电路中传感器的输入电路后通常设置有信号的调理与转换电路。

4.5.1　模拟量测量电路

模拟型测量电路适合于电阻式、电感式、电容式、电热式等输出模拟信号的传感器。当传感器为电参量式时，即被测量的变化引起敏感元件的电阻、电感或电容的参数变化时，则需通过基本转换电路将其转换成电量（电压、电流等）。

若传感器的输出已是电量，则不需基本转换电路。为了使测量信号具有区别于其他杂散信号的特征，以提高其抗干扰能力，采用中间转换电路对信号进行"调制"的方法，信号的调制一般在转换电路中进行。调制后的信号经放大再通过解调器将信号恢复原有形式，通过滤波器选取其有效信号。未调制的信号不需要解调，也不需要振荡器提供调制载波信号和解调参考信号。为适应不同测量范围的，还可以引入量程切换电路。为了获得数字显示或便于与计算机连接，常采用 A/D 转换电路将模拟信号转换为数字信号。

图 4-28 所示为某工程装备液压油箱油位测量传感器的信号转换电路，该传感器输出的是模拟量信号，信号幅值范围为 0～8 V 直流（DC）电压信号，对应 0～160 L 的油箱容量。而后级的计算机（PLC）的输入信号范围是 0～5V（DC），因此，通过信号调理电路将信号传感器的输出信号转换为适合 PLC 处理的信号。电路中电阻 R5 和电位器 RW 构成分压电路，LM224 集成运放负责信号的缓冲与隔离，稳压管 IN4773A 具有限幅保护功能，防止意外因素引起的干扰脉冲输入到计算机导致其损坏。

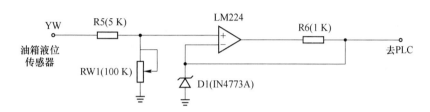

图 4-28   某装备液压油箱油位测量传感器信号转换电路

4.5.2   数字量测量电路

数字型测量电路有绝对码数字式和增量码数字式。绝对码数字式传感器输出的编码与被测量一一对应，每一码道的状态由相应的光电元件读出，经光电转换、放大整形后，得到与被测量相对应的编码。

输出信号为增量码数字信号的传感器，如光栅、磁栅、容栅、感应同步器、激光干涉仪等传感器均使用增码测量电路。为了提高传感器的分辨力，常采用细分的方法，使传感器的输出变化 $1/N$ 周期时计一个数，N 称为细分数。细分电路还常同时完成整形作用，有时为便于读出还需要进行脉冲当量变换。辨向电路用于辨别运动部件的运动方向，以正确进行加法或减法计算。经计算后的数值被传送到相关的器件（显示或控制器）显示或控制。

4.5.3   开关量测量电路

传感器的输出信号为开关量信号，如光电开关和电触点开关的通断信号等。这类信号的测量电路实质为功率放大电路。

4.5.4   调理与转换电路

中间转换电路的种类和构成由传感器的类型决定。这里对常用的转换电路，如电桥、放大电路、调制与解调电路、模/数（A/D）与数/模（D/A）转换电路等的作用做一简单说明，其工作原理及应用电路请参考相关资料。

（1）电桥。电桥是将电阻、电容、电感等参数的变化转换为电压或电流输出的一种测量电路。由于电桥电路简单可靠，且具有很高的精度和灵敏度，因此被广泛用作仪器测量电路。

电桥按其所采用的激励电源类型可分为直流电桥和交流电桥两类，按其工作原理又可分为归零法和偏值法两种，其中尤以偏值法的应用更为广泛。

电桥电路是常见的仪器电路，有着广泛的应用，尤其是在应变仪测量电路中。电桥电路有很高的灵敏度和精度，且结构形式多样，适合于不同的应用。但电桥电路也易受各种不同外界因素的影响，除了以上介绍的温度、电源电压及频率等因素之外，也会受到传感元件的连线等因素的影响。此外在不同的应用中需要调节电桥的灵敏度，以适应不同的测量精度。

（2）放大电路。放大电路通常由运算放大器、晶体管等组成，用来放大来自传感器的微弱信号。为得到高质量的模拟信号，要求放大电路具有抗干扰、高输入阻抗等性能。常用的抗干扰措施有屏蔽、滤波、正确的接地等方法。屏蔽是抑制场干扰的主要措施，而滤波则是抑制干扰最有效的手段，特别是抑制导线耦合到电路中的干扰。对于信号通道中的干扰，可根据测量中的有效信号频谱和干扰信号的频谱，设计滤波器，以保留有用信号，剔除干扰信号。接地的目的之一是给系统提供一个基准电位，若接地方法不正确，会引起干扰。

（3）调制与解调电路。所谓调制是指利用某种信号来控制或改变一般为高频振荡信号的某个参数（幅值、频率或相位）的过程。当被控制的量是高频振荡信号的幅值时，称为幅值调制或调幅；当被控制的量为高频振荡信号的频率时，称为频率调制或调频；而当被控制的量为高频振荡信号的相位时，则称为相位调制或调相。

在调制解调技术中，将控制高频振荡的低频信号称为调制波，载送低频信号的高频振荡信号称为载波，将经过调制过程所得的高频振荡波称为已调制波。根据被控制参数（如幅值、频率）的不同分别有调幅波、调频波等不同的称谓。从时域上讲，调制过程即是使载波的某一参量随调制波的变化而变化，而在频域上，调制过程则是一个移频的过程。

解调是从已调制波信号中恢复出原有低频调制信号的过程。调制与解调（MODEM）是一对信号变换过程，在工程上常常结合在一起使用。

调制与解调在工程上有着广泛的应用。测量过程中常常会碰到比如力、位移等一些变化缓慢的量，经传感器变换后所得的信号也是一些低频的电信号。如果直接采取直流放大常会带来零漂和级间耦合等问题，造成信号的失真。因此常常设法先将这些低频信号通过调制的手段变成为高频信号，然后再采取简单的交流放大器进行放大，从而可避免前述直流放大中所遇到的问题。对该放大的已调制信号再采取解调的手段便可最终获取原来的缓变被测量。又如在无线电技术中，为了防止所发射的信号（如各电台发射的无线电信号）间的相互串扰，常常要将发送的声频信号的频率移到各自被分配的高频、超高频频段上进行传输与接收，其中同样要使用调制解调技术。一般来说，调制一个载波信号幅值的信号可能具有任何的形式：正、余弦信号，一般周期信号，瞬态信号，随机信号等，而载波信号也可具有不同的形式，例如正弦信号、方波信号等。

（4）模/数（A/D）与数/模（D/A）转换电路。在机电一体化系统中，传感器输出的信号如果是连续变化的模拟量，为了满足系统信息的传输、运算处理、显示或控制的需要，应将模拟量转换为数字量，或再将数字量转换为模拟量，前者是模/数转换，后者就是数/模转换。图 4-29 所示为两种比较常用的 A/D 与 D/A 转换电路。

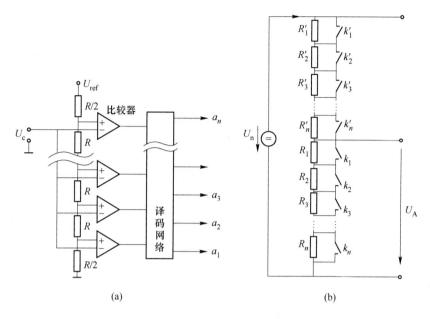

图 4-29　A/D 与 D/A 转换电路

（a）并行 A/D 转换电路；（b）多级分压式 D/A 转换电路

思考与习题

4-1　传感器的分类方法有哪些？

4-2　简述传感器的基本特点。

4-3　试述机电一体化装备中常用的传感器有哪些？各有什么特点？

4-4　列举常用的位置测量传感器，试说明其工作原理。

4-5　简述传感器的选择方法。

5 机电一体化伺服驱动技术

5.1 概 述

伺服驱动技术是指装备机电一体化系统中执行系统和机构中的相关技术问题。伺服（Servo）的意思即"伺服服侍"，是在控制指令的指挥下，控制驱动元件，使装备机械系统的运动部件按照指令要求进行运动。伺服系统主要用于装备机电一体化系统中位置和速度的动态控制，在工业机器人、数控机床、坐标测量机，以及武器装备中的火炮操瞄、桥梁装备的架设/撤收机构、无人作战装备等自动化制造、测量、作战、施工等设备或装备中已经获得非常广泛的应用。

5.1.1 伺服驱动系统的种类及特点

绝大部分机电一体化系统都具有伺服功能，机电一体化系统中的伺服控制是为执行机构按设计要求实现运动而提供控制和动力的重要环节。

伺服系统本身就是一个典型的机电一体化系统。无论多么复杂的伺服系统都是由若干功能元件组成的。图 5-1 所示为由各功能元件组成的伺服系统基本结构图。

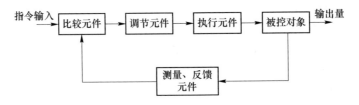

图 5-1　伺服系统基本结构图

（1）比较元件是将输入的指令信号与系统的反馈信号进行比较，以获得输出与输入间的偏差信号的环节，通常由专门的电路或计算机来实现。

（2）调节元件又称控制器，通常是计算机或 PID 控制电路，主要任务是对比较元件输出的偏差信号进行变换处理，以控制执行元件按要求动作。

（3）执行元件的作用是按控制信号的要求，将输入的各种形式的能量转化成机械能，驱动被控对象工作。机电一体化系统中的执行元件一般指各种电动机或液压、气动伺服机构等。

（4）被控对象是指被控制的机构或装置，是直接完成系统目的的主体。一般包括传动系统、执行装置和负载。

（5）测量、反馈元件是指能够对输出进行测量，并转换成比较元件所需要的量纲的装置。一般包括传感器和转换电路。无论采用何种控制方案，系统的控制精度总是低于检测装置的精度。

在实际的伺服控制系统中，上述每个环节在硬件特征上并不独立，可能几个环节在一个硬件中，如测速直流发电机既是执行元件又是检测元件。

伺服系统的种类很多，按其驱动元件的类型分类，可分为电气伺服系统、液压伺服系统、气动伺服系统。电气伺服系统根据电动机类型的不同又可分为直流伺服系统、交流伺服系统和步进电动机控制伺服系统。一般将驱动元件称为执行元件或执行器、执行机构。

按控制方式分类，伺服系统又可分为开环控制伺服系统、闭环控制伺服系统和半闭环控制伺服系统。开环控制伺服系统结构简单、成本低廉、易于维护，但由于没有检测环节，系统精度低、抗干扰能力差。闭环控制伺服系统能及时对输出进行检测，并根据输出与输入的偏差，实时调整执行过程，因此系统精度高，但成本也大幅提高。半闭环控制伺服系统的检测反馈环节位于执行机构的中间输出环节上，因此一定程度上提高了系统的性能。如位移控制伺服系统中，为了提高系统的动态性能，增设的电动机速度检测和控制就属于半闭环控制环节。

5.1.2　执行器及其选取依据

执行器通常又称为驱动器、调节器等，是驱动、传动、拖动、操纵等装置、机构或元器件的总称。目前，我国关于执行器的称谓还不尽一致。以往所指的电动、液动、气动执行器大多是按照采用动力源形式进行分类的器件，都是通过物体的结构要素实现对目的物的驱动和操作。与其相对应的则是物性型执行器，这种执行器主要是利用物体的物性效应（包括物理效应、化学效应、生物效应等）实现对目的物的驱动与操作。例如，利用逆压电效应的压电执行器，利用静电效应的静电执行器，利用电致与磁致伸缩效应的电与磁执行器，利用光化学效应的光化学执行器，利用金属的形状记忆效应的仿生执行器等。由此可见，这种利用物性效应的执行器与利用该效应的传感器一一对应且两者互为逆效应。此外，执行器还有更为广泛的概念：如果把工程实体看作一个系统，传感器担当信息采集，电子计算机担当信息处理，那么信息的执行就是执行器的任务了。如果把计算机称为"电脑"，传感器称为"电五官"，那么，执行器就是"电手足"了。只有三者有机结合才能构成完整的自动化、智能化系统。由此可见，执行器涵盖领域非常广泛。

在许多工业应用中，至少有一个阶段是利用执行器（如电动机）将原动能（主要是指电能）转化为机械运动。更为重要的是，在系统中有如液压和气动系统等中间转化环节的存在。这些环节大大影响着整部机器的总效率。例如，气缸用来对某一负载定位似乎是有效的手段，但在设计整个系统时，必须考虑到从电动机到空气压缩机各个阶段的损失，包括压缩过程、压缩空气传输系统及气缸本身的控制方法等因素。对于控制用的执行器，除能量转换效率外，更注重速度、位置精度等性能指标。

动力转换装置和运动转换装置是难以区分的，因为各种不同类型的转换装置能完成同一种功能。选用何种动力和运动转换装置，取决于考虑问题的角度和设计者的经验偏好，可以有多种行选择。

机电一体化系统中，无非控制以下几种物理量：

（1）在机械系统中，力、扭矩、位移、速度；

（2）在电气系统中，电压、电流、频率、相位；

（3）在液压系统中，流量、压力。

选择执行器时，首先应根据该机构所产生的运动和系统所需的运动之间的关系来考虑。执行器的输出由控制器的算法和计算过程决定，也与传感器测得的结果有关。但是，执行器的输出也受到控制器处理速度和系统饱和等因素的限制，如果需要的加速度超出系统本身的加速度能力，执行器的输出也会受到限制。执行器主要有旋转运动机构和直线运动机构两大类，再配以适当的运动转换机构，如伞齿轮、齿条和齿轮箱等。选用执行器不仅要先考虑被控参数的量程范围，还要考虑体积、质量、成本、精度、分辨率、响应速度等。

根据主要被控参数选择能量和运动转换装置的大致原则如下：

（1）直线运动能量转换装置，根据力和距离；

（2）旋转运动能量转换装置，根据扭矩和速度；

（3）运动转换机构，根据输入/输出速度大小和方向的变化。

5.1.3　输出接口装置

执行元件与负载之间的连接方式一般有两种形式：一种是与负载固连，直接驱动；另一种是通过不同的机械传动装置（如齿轮传动链、带传动）与负载相连。这些机械传动装置就是执行元件的输出接口装置。

执行元件选用直线运动的液压缸或气缸时，往往采用直接驱动方式；选用回转运动的电动机或液压电动机时，若负载惯量和负载力矩较小，宜采用低速电动机或采用低传动比的机械传动装置与负载相连，以得到较大的力矩惯量比，获得好的加速性能，而负载惯量较大时，宜采用高传动比的机械传动装置与负载相连，以便获得较高的驱动系统固有频率。

5.2　典型执行元件

执行元件是将控制信号转换成机械运动和机械能量的转换元件。机电一体化伺服系统要求执行元件具有转动惯量小、输出动力大、便于控制、可靠性高和安装维护简便等特点。电气式、液压式和气动式执行元件是三种最常用的执行元件，其具体特点见表 5-1，下面对这三种执行元件分别进行分析。

表 5-1　电气式、液压式和气动式执行元件的具体特点

执行元件种类	特　点	优　点	缺　点
电气式	可用商业电源；信号与动力传送方向相同；有交流直流之分；注意使用电压和功率	操作简便；编程容易；能实现定位伺服控制；响应快、易与计算机（PLC）连接；体积小、动力大、无污染	瞬时输出功率大；过载差；一旦卡死，会引起烧毁事故；受外界噪声影响大
气压式	气体压力源 5 ~ 7 MPa；要求操作人员技术熟练	气源方便、成本低；无泄漏，不污染环境；速度快、操作简便	功率小、体积大、难于小型化；动作不平稳、远距离传输困难；噪声大；难于伺服
液压式	液压压力源 20 ~ 80 MPa；要求操作人员技术熟练	输出功率大，速度快、动作平稳，可实现定位伺服；易与计算机（PLC）连接	设备难于小型化；液压源和液压油要求严格；易产生泄漏，污染环境

5.2.1 电气式执行元件

电气式执行元件是将电能转化成电磁力，并用电磁力驱动执行机构运动。如交流电动机、直流电动机、力矩电动机、步进电动机等。对控制用电动机性能除要求稳速运转外，还要求加速、减速性能和伺服性能，以及频繁使用时的适应性和便于维护性。

电气式执行元件的特点是操作简便、便于控制、能实现定位伺服、响应快、体积小、动力较大和无污染等优点，但过载能力差、易于烧毁线圈、容易受噪声干扰。

5.2.1.1 步进电动机及其控制系统

步进电动机伺服系统一般构成典型的开环伺服系统，其结构原理如图 5-2 所示。在开环伺服系统中，执行元件是步进电动机，它能将 CNC 装置输出的进给脉冲转换成机械角位移运动，并通过齿轮、丝杠带动工作台直线移动。步进电动机伺服系统中无位置、速度检测环节，其精度主要取决于步进电动机的步距角，以及与之传动链的精度。步进电动机的最高转速通常要比直流伺服电动机和交流伺服电动机低，且在低速时容易产生振动，影响加工精度。但步进电动机伺服系统的制造与控制比较容易，在速度和精度要求不太高的场合有一定的使用价值，特别适合于中、低精度的经济型数控机床和普通机床的数控化改造。

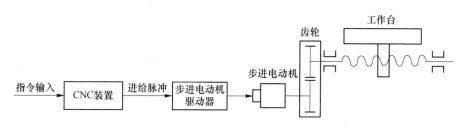

图 5-2 步进电动机伺服系统结构原理图

A 步进电动机的结构

我国使用的反应式步进电动机较多，图 5-3 所示为一典型的单定子、径向分相、反应式步进电动机的结构原理图。它与普通电机一样，也是由定子和转子构成，其中定子又分为定子铁芯和定子绕组。定子铁芯由硅钢片叠压而成，定子绕组是绕置在定子铁芯六个均匀分布的齿上的线圈，在径向上相对的两个齿上的线圈串联在一起，构成一相控制绕组。

图 5-3 所示的步进电动机可构成 A、B、C 三相控制绕组，故称三相步进电动机。若任一相绕组通电，便形成一组定子磁极，其方向即图中所示的 NS 极。在定子的每个磁极上，面向转子的部分，又均匀分布着 5 个小齿，这些小齿呈梳状排列，齿槽等宽，齿距角为 9°。转子上没有绕组，只有均匀分布的 40 个齿，其大小和间距与定子上的完全相同。此外，错开 1/3 齿距，即 3°，如图 5-4 所示。当 A 相磁极上的小齿与转子上

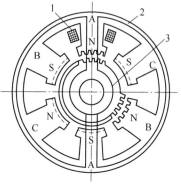

图 5-3 单定子、径向分相、
反应式步进电动机结构原理图
1—绕组；2—定子铁芯；3—转子铁芯

的小齿对齐时，B 相磁极上的齿刚好超前（或滞后）转子齿 1/3 齿距角，C 相磁极齿超前
（或滞后）转子齿 2/3 齿距角。步进电动机每走一步所转过的角度称为步距角，其大小等
于错齿的角度。错齿角度的大小取决于转子上的齿数，磁极数越多，转子上的齿数越多，
步距角越小，步进电动机的位置精度越高，其结构也越复杂。

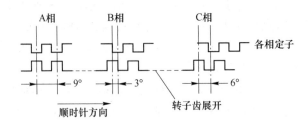

图 5-4　步进电动机的齿距

除上面介绍的反应式步进电动机之外，常见的步进电动机还有永磁式步进电动机和永
磁反应式步进电动机，它们的结构虽不相同，但工作原理相同。

B　步进电动机的工作原理

步进电动机的工作原理是：当某相定子绕组通电励磁后，吸引转子转动，使转子的齿
与该相定子磁极上的齿对齐，实际上就是电磁铁的作用原理。

现以图 5-5 所示的三相反应式步进电动机为例来说明步进电动机的工作原理。其定子
上有 A、B、C 三对磁极，在相应磁极上有 A、B、C 三相绕组，假设转子上有四个齿，相
邻两齿所对应的空间角度为齿距角，即齿距角为 90°。

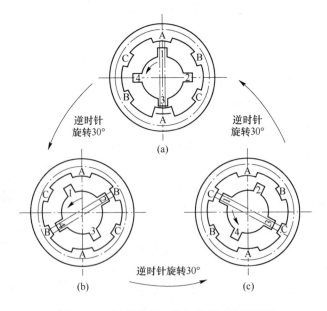

图 5-5　三相反应式步进电动机工作原理图

三相反应式步进电动机的工作方式有：三相单三拍、三相双三拍、三相单双六拍。
"三相"是指定子绕组数有 A、B、C 三相；"单"是指每次只有一相绕组通电（"双"是

指每次有两相绕组同时通电）；"拍"是指定子绕组的通电状态改变一次，例如"三拍"是指经过三次通电状态的改变，又重复以上通电变化规律。

（1）三相单三拍。当 A 相绕组通电时，转子的齿 1、齿 3 与定子 AA 上的齿对齐。若 A 相断电，B 相通电，由于磁力的作用，转子的齿与定子的齿就近转动对齐，转子的齿 2、齿 4 与定子 BB 上的齿对齐，转子沿逆时针方向转过 30°，如果控制线路不停地按 A→B→C→A→…的顺序控制步进电动机绕组的通断电，步进电动机的转子便不停地逆时针转动。若通电顺序改为 A→C→B→A→…，步进电动机的转子将顺时针转动。

在三相单三拍通电方式中，由于每次只有一相绕组通电，在相邻节拍转换瞬间失去自锁力矩，容易使转子在平衡位置附近产生振动，因此稳定性不好，实际中很少采用。同样的步进电动机可以采用双节拍或单双节拍工作方式。

（2）三相双三拍。当 A、B 相绕组同时通电时，转子的磁极将同时受到 A 相和 B 相磁极的吸引力，因此转子的磁极只好停在 A、B 相磁极吸引力作用平衡的位置。若改变成 A 相断电，B、C 相同时通电时，由于磁力的作用，转子就近转动，转子的磁极停在 B、C 相磁极吸引力作用平衡的位置，转子沿逆时针方向转过 30°，如果控制线路不停地按 AB→BC→CA→AB→…的顺序控制步进电动机绕组的通断电，步进电动机的转子便不停地逆时针转动，若通电顺序改为 AB→CA→BC→AB→…，步进电动机的转子将顺时针转动。

（3）三相单双六拍。首节拍只有 A 相绕组通电，转子与定子 AA 对齐；下一拍变成 A、B 相绕组同时通电，这时 A 相磁极吸引齿 1、齿 3，B 相磁极吸引齿 2、齿 4，转子逆时针转过 15°，此时转子所受 A、B 相磁极吸引力正好平衡，以此类推，单相绕组通电和双相绕组同时通电依次交替改变，其逆时针转动通电顺序为 A→AB→B→BC→C→CA→A→…，顺时针转动通电顺序为 A→AC→C→CB→B→BA→A→…，相应地，定子绕组的通电状态每改变一次，转子转过 15°。

C 步进电动机的特点

步进电动机是一种可将电脉冲信号转换为机械角位移的控制电动机，利用它可以组成一个简单实用的全数字化伺服系统，并且不需要反馈环节。概括起来它主要有如下特点。

（1）步进电动机定子绕组每接收一个脉冲信号，控制其通电状态改变一次，它的转子便转过一定角度，即步距角 α。

（2）改变步进电动机定子绕组的通电顺序，转子的旋转方向随之改变。

（3）步进电动机定子绕组通电状态的变化频率越高，转子的转速越高，但脉冲频率变化过快，会引起失步或过冲（即步进电动机少走或多走）。

（4）定子绕组所加电源要求是脉冲电流形式，也称为脉冲电动机。

（5）有脉冲就走，无脉冲就停，角位移随脉冲数的增加而增加。

（6）输出转角精度较高，一般只有相邻误差，但无累积误差。

（7）步距角 α 与定子绕组相数 m、转子齿数 z、通电方式 k 有关，可用下式表示：

$$\alpha = \frac{360°}{mzk} \qquad (5\text{-}1)$$

式中，m 相 m 拍时，$k=1$；m 相 2m 拍时，$k=2$。

对于图 5-5 所示的反应式步进电动机，当它以三相三拍通电方式工作时，其步距角为

$$\alpha = \frac{360°}{mzk} = \frac{360°}{3 \times 4 \times 1} = 30° \tag{5-2}$$

若按三相六拍通电方式工作，则步距角为

$$\alpha = \frac{360°}{mzk} = \frac{360°}{3 \times 4 \times 2} = 15° \tag{5-3}$$

D　步进电动机的分类

步进电动机根据不同的分类方式，可将步进电动机分为多种类型，见表5-2。

表5-2　步进电动机的分类

分 类 方 式	具 体 类 型
按力矩产生的原理	1. 反应式：定子、转子均是软磁性材料制成，转子无绕组且做成齿形，由被激磁的定子绕组产生反应力矩实现步进运行，其控制简单、步距角小、效率低、断电后无锁定力矩。 2. 永磁式：定子或转子的某一方有永久磁钢，另一方由软磁性材料制成，由电磁力矩实现步进运行，其步距角大、效率高，断电后有锁定力矩。 3. 永磁反应式（混合式）：定子、转子均是软磁性材料制成且其中一方具有永久磁钢，它综合了反应式和永磁式的优点，其步距角小、效率高，断电后有锁定力矩
按输出力矩大小	1. 伺服式：输出力矩存百分之几到十分之几（N·m），只能驱动较小的负载，要与液压扭矩放大器配用，才能驱动机床工作台等较大的负载； 2. 功率式：输出力矩在 5~50 N·m，可以直接驱动机床工作台等较大的负载
按运动方式	1. 旋转运动式； 2. 直线运动式； 3. 平面运动式； 4. 滚切运动式
按定子数	1. 单定子式； 2. 双定子式； 3. 二定子式； 4. 多定子式
按各相绕组分布	1. 径向分相式：电动机各相按圆周依次排列； 2. 轴向分相式：电动机各相按轴向依次排列

E　步进电动机的驱动控制

步进电动机的运行性能不仅与步进电动机本身和负载有关，而且和与其配套的驱动控制装置有着十分密切的关系。步进电动机驱动控制装置主要由环形脉冲分配器和功率放大驱动电路两大部分组成，如图5-6所示。

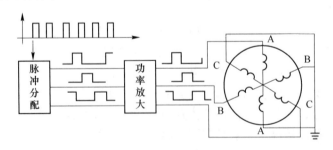

图5-6　步进电动机的控制框图

a　功率放大驱动电路

功率放大驱动电路完成由弱电到强电信号的转换和放大，也就是将逻辑电平信号变换成电动机绕组所需的具有一定功率的电流脉冲信号。

一般情况下，步进电动机对驱动电路的要求主要有：能提供足够幅值，前后沿较好的励磁电流；功耗小，变换效率高；能长时间稳定可靠运行；成本低且易于维护。

b 脉冲分配器

脉冲分配器完成步进电动机绕组中电流的通断顺序控制，即控制插补输出脉冲，按步进电动机所要求的通断电顺序规律分配给步进电动机驱动电路的各相输入端，例如三相单三拍驱动方式，供给脉冲的顺序为 A→B→C→A 或 A→C→B→A。由于电动机有正反转要求，因此脉冲分配器的输出既是周期性的，又是可逆性的，因此也称为环形脉冲分配。

脉冲分配有两种方式：一种是硬件脉冲分配（或称为脉冲分配器）；另一种是软件脉冲分配，通过计算机编程控制。

（1）硬件脉冲分配。硬件脉冲分配器由逻辑门电路和触发器构成，提供符合步进电动机控制指令所需的顺序脉冲。目前已经有很多可靠性高、尺寸小、使用方便的集成电路脉冲分配器供选择，按其电路结构不同，可分为 TTL 集成电路和 CMOS 集成电路。

目前市场上提供的国产 TTL 脉冲分配器有三相、四相、五相和六相，均为 18 个引脚的直插式封装。CMOS 集成脉冲分配器也有不同型号，例如 CH250 环形分配器用来驱动三相步进电动机（见图 5-7），封装形式为 16 脚直插式，它可工作于单三拍、双三拍、三相六拍等方式。

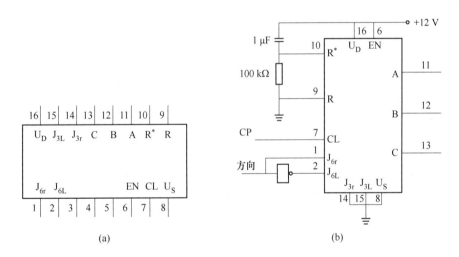

图 5-7 CH250 环形分配器

(a) 引脚图；(b) 三相六拍接线图

硬件脉冲分配器的工作方法基本相同，当各个引脚连接好之后，主要通过一个脉冲输入端控制步进的速度；一个输入端控制电动机的转向；并有与步进电动机相数同数目的输出端分别控制电动机的各相。图 5-7(b) 所示为三相六拍的接线图。当进给脉冲 CP 的上升沿有效，并且方向信号为"1"则正转，为"0"则反转。

（2）软件脉冲分配。在计算机控制的步进电动机驱动系统中，可以采用软件的方法实现环形脉冲分配。软件环形分配器的设计方法有很多，如查表法、比较法、移位法等。它们各有特点，其中常用的是查表法。

图 5-8 所示为 89S51 单片机控制的步进电动机驱动电路接口连接的框图。P1 口的三

个引脚经过光电隔离、功率放大之后，分别与电动机的 A、B、C 三相连接。当采用三相六拍方式时，电动机正转的通电顺序为 A→AB→B→BC→C→CA→A；电动机反转的顺序为 A→AC→C→CB→B→BA→A。它们的环形分配见表 5-3。把表中的数值按顺序存入内存的 EEPROM 中，并分别设定表头的地址为 2000H，表尾的地址为 2005H。计算机的 P1 口按从表头开始逐次加 1 的地址依次取出存储内容进行输出，电动机则正向旋转。如果按从 2005H，逐次减 1 的地址依次取出存储内容进行输出，电动机则反转。

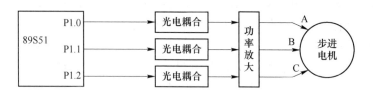

图 5-8   单片机控制的步进电动机驱动电路框图

表 5-3   三相六拍环形分配表

序号	通电顺序	C	B	A	存储单元		方向	
		P1.2	P1.1	P1.0	地址	内容	正转	反转
1	A	0	0	1	2000H	01H		
2	AB	0	1	1	2001H	03H		
3	B	0	1	0	2002H	02H		
4	BC	1	1	0	2003H	06H		
5	C	1	0	0	2004H	04H		
6	CA	1	0	1	2005H	05H		

采用软件进行脉冲分配虽然增加了软件编程的复杂程度，但它省去了硬件环形脉冲分配器，系统减少了器件，降低了成本，也提高了系统的可靠性。

（3）速度控制。对于任何一个驱动系统来讲，都要求能够对速度实行控制，特别在数控系统中，这种要求就更高。在开环进给系统中，对进给速度的控制就是对步进电动机速度的控制。

由前面步进电动机原理分析可知，通过控制步进电动机相邻两种励磁状态之间的时间间隔即可实现步进电动机速度的控制。对于硬件环形分配器来讲，只要控制 CP 的频率就可控制步进电动机的速度。对于软件环形分配器来讲，只要控制相邻两次输出状态之间的时间间隔，也就是控制相邻两节拍之间延时时间的长短。其中，实现延时的方法又分为两种：一种是纯软件延时；另一种是定时中断延时。从充分利用时间资源来看，后者更理想一些。

5.2.1.2   直流伺服电动机

A   直流伺服电动机的工作原理

直流伺服电动机的结构是由定子、转子、电刷与换向器等部分组成，在定子上有永久磁铁或有励磁绕组所形成的磁极，转子绕组（即电枢绕组）通过电刷供电。工作时转子绕组是载流导体，在定子磁场中受到电磁力的作用而形成电磁力矩使转子转动进而带动负载。如图 5-9 所示，N 极与 S 极为定子磁极，转子绕组的线圈两端分别连在换向片 1、换向片 2 上，换向片上压着电刷 A 和电刷 B，电刷是固定不动的，将直流电源加在两电刷之间。通过换向片，电流流入电枢绕组线圈，由于电刷的机械换向作用，N 极和 S 极相邻的线圈导体中电流方向不变，即所受到的电磁力矩方向不变。根据物理学中的理论，载流导体在磁场中受到电磁力，其方向由左手定则确定，图中载流导体受到逆时针方向的电磁力矩，形成逆时针转动。电动机的转动方向由电磁力矩的方向确定，改变直流电动机转向的方法是改变励磁电流的方向或改变电枢电流的方向。

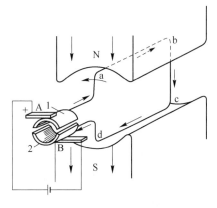

图 5-9 直流伺服电动机的工作原理示意图
1,2—换向片；A,B—电刷；a,b,c,d—转子线圈

B 直流伺服电动机的分类

a 小惯量直流伺服电动机

小惯量直流伺服电动机结构上与一般电动机的区别为：转子为光滑无槽的铁芯，线圈用绝缘黏合剂黏在铁芯表面上，电枢的长度与外径之比在 5 倍以上，气隙尺寸比一般直流电动机大 10 倍以上。目前，小惯量直流伺服电动机的输出功率在几十瓦至几千瓦，主要应用于要求快速动作、功率较大的数控系统。

b 大惯量宽调速直流伺服电动机

小惯量直流伺服电动机必须经齿轮减速才能与大惯量的数控设备相连接，因此其精度、低速性能都与齿轮有关，而且会带来机械噪声。而大惯量宽调速直流伺服电动机是用提高转矩的方法来改善其动态性能。其负载能力强，可与设备丝杠直接连接，其精度、低速性能不受齿轮等转动装置的影响，因此在要求较高的闭环数控系统中得到了广泛的应用。

c 无刷直流伺服电动机

无刷直流伺服电动机也叫无换向器直流电动机，它是由同步电动机和逆变器组成的，逆变器由装在转子上的转子位置传感器控制。它实际上就是一种交流调速电动机，由于其调整性能可达到直流伺服电动机的水平，又取消了换向装置和电刷部件，因而大大提高了电动机的使用寿命。

5.2.1.3 交流伺服电动机及其速度控制

由于直流伺服电动机具有良好的调速性能，因此长期以来，在要求调速性能较高的场合，直流电动机调速系统一直占据主导地位，但由于电刷和换向器易磨损，需要经常维护；并且有时换向器换向时产生火花，电动机的最高速度受到限制；且直流伺服电动机结构复杂，制造困难，所用铜铁材料消耗大，成本高，因此在使用上受到一定的限制。而交流伺服电动机无电刷，结构简单，转子的转动惯量较直流电动机小，动态响应好，且输出功率较大（较直流电动机提高 10%～70%）。从 20 世纪 80 年代中期以后，交流伺服系统在数控机床上得到了广泛的应用，目前已经取代了直流伺服系统而占据主导地位。

交流伺服电动机分为交流永磁式伺服电动机和交流感应式伺服电动机。交流永磁式电动机相当于交流同步电动机，其具有硬的力学性能及较宽的调速范围，常用于进给驱动系统；交流感应式相当于交流异步电动机，它与同容量的直流电动机相比，质量可轻 1/2，价格仅为直流电动机的 1/3，常用于主轴驱动系统。

A　交流永磁式同步电动机原理与特点

交流永磁式同步电动机主要由定子、转子和检测元件三部分组成，其结构示意如图 5-10 所示。其中定子内有三相绕组，转子由多块永久磁铁组成。交流永磁式同步电动机的工作原理如图 5-11 所示，当定子三相绕组通上交流电源后，产生一个旋转磁场，这个磁场将以同步转速 n_s 旋转。根据磁极的同性相斥、异性相吸的原理，定子旋转磁极吸引转子永磁磁极，并带动转子一起旋转，因此转子也将以同步转速 n_s 的速度旋转。当转子轴加上外部负载转矩后，转子磁极的轴线与定子磁极的轴线相差一个 θ 角。随着负载的增加，θ 角也随之增大，当负载减小时，θ 角也随之减小。当负载超过一定极限后，转子不再按同步转速 n_s 旋转，甚至可能不转，这就是同步电动机的失步现象，因此此负载极限称为最大同步转矩。只要外负载不超过最大同步转矩，转子就会与定子旋转磁场一起旋转，设转子转速为 n_τ，则

$$n_\tau = n_s = \frac{60f_1}{p} \tag{5-4}$$

式中，f_1 为定子交流供电电源频率；p 为定子和转子的磁极对数。

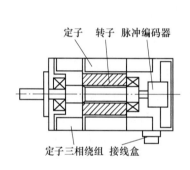

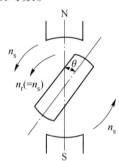

图 5-10　交流永磁式电动机的结构　　　图 5-11　交流永磁式电动机的工作原理

永磁式同步电动机的优点是结构简单、运行可靠、效率高；缺点是体积大、启动难。启动难是由于转子本身的惯量、定子与转子之间的转速差过大，使转子在启动时所受的电磁转矩的平均值为零所致，因此电动机难以启动。解决的办法是在设计时设法减小电动机的转动惯量，或在速度控制单元中采取先低速后高速的控制方法。若采用高剩磁感应、高矫顽力的稀土类磁铁材料后，电动机在外形尺寸、质量及转子惯量方面都比直流电动机大幅度减小。

B　交流伺服电动机的调速

交流伺服电动机的旋转原理都是由定子绕组产生旋转磁场使转子运转。不同点是交流永磁式伺服电动机的转速和外加电源频率存在严格的关系，所以电源频率不变时，它的转速是不变的；交流感应式伺服电动机由于需要转速差才能在转子上产生感应磁场，所以电动机的转速比其同步转速小，外加负载越大，转速差越大。旋转磁场的同步速度由交流电的频率来决定：频率低，转速低；频率高，转速高。因此，这两类交流电动机的调速方法主要是改变供电频率来实现。

a　变频器

对交流电动机实现变频调速的装置称为变频器，其功能是将电网电压提供的恒压恒频

交流电变换为变压变频交流电。如图 5-12 所示，变频器有交流-交流变频和交流-直流-交流变频两大类。交-交变频器也称作直接变频器，是用晶闸管整流器将工频交流电直接变成频率较低的脉动交流电，其正组输出正脉冲，反组输出负脉冲，这个脉动交流电的基波就是所需的变频电压。这种方法获得的交流电波动较大。交-直-交变频器也称作间接变频器，是先交流电整流成直流电，然后将直流电压变成矩形脉冲波动电压，这个脉动交流电的基波就是所需的变频电压。这种方法获得的交流电的波动小，调频范围宽，调节线性度好，因此数控机床常采用这种方法。

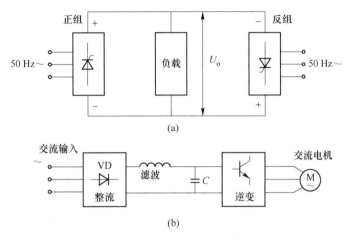

图 5-12　两种变频方式

（a）交-交变频；（b）交-直-交变频

交-直-交型变频器中交流-直流的变换是将交流电变成为直流电，而直流-交流变换是将直流变成为调频、调压的交流电，采用脉冲宽度调制逆变器来完成。逆变器分为晶闸管和晶体管逆变器，数控机床上的交流伺服系统多采用晶体管逆变器，它克服或改善了晶闸管相位控制中的一些缺点。

正弦波脉宽调制变频器（SPWM 变频器）是目前应用较为广泛的一种交-直-交变频器，不仅适合于交流永磁式伺服电动机，也适合于交流感应式伺服电动机。SPWM 变频器采用正弦规律脉宽调制原理，其调制的基本特点是等距、等幅，但不等宽。因其脉宽按正弦规律变化，具有功率因数高、输出波形好等优点，因而在交流调速系统中获得广泛应用。

b　三相 SPWM 原理

在直流电动机 PWM 调速系统中，PWM 输出电压是由三角载波调制电压得到的。同理，在交流 SPWM 中，输出电压是由三角载波调制的正弦电压得到。SPWM 的输出电压是幅值相等、宽度不等的方波信号。其各脉冲的面积与正弦波下的面积成比例，其脉宽基本上按正弦分布，其基波是等效正弦波。用这个输出脉冲信号经功率放大后作为交流伺服电动机的相电压（电流）。改变正弦基波的频率就可以改变电动机相电压（电流）的频率，实现调频、调整的目的。

在三相 SPWM 调制中，三角调制波 u_t 是共用的，而每一相有一个输入正弦波信号和一个 SPWM 调制器，如图 5-13 所示。图中输入的信号 u_a、u_b、u_c 是相位相差 120° 的正弦交流信号，其幅值和频率都是可调的。改变输出的等效正弦波的幅值和频率，即可实现对电动机的控制。

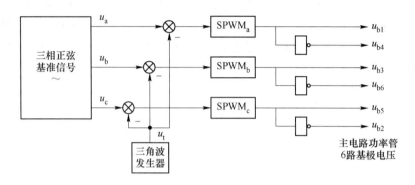

图 5-13　三相 SPWM 波调制原理框图

c　三相 SPWM 变频器的主回路

SPWM 调制波经功率放大后才可驱动电动机。在图 5-14 所示的双极性 SPWM 变频器主回路中，左边是桥式整流电路，其作用是将工频交流电变为直流电；右边是逆变器，用 $VT_1 \sim VT_6$ 六个大功率开关管将直流电变为脉宽按正弦规律变化的等效正弦交流电，用以驱动交流伺服电动机。图 5-13 中输出的 SPWM 调制波 $u_{b1} \sim u_{b6}$ 控制图 5-14 中 $VT_1 \sim VT_6$ 的基极，$VD_1 \sim VD_6$ 是续流二极管，用来导通电动机绕组产生的反电动势，功放的输出端（右端）接在电动机上。直流电源并联有大容量电容器件 C_d，由于存在这个大电容，直流输出电压具有电压源特性，内阻很小，这使逆变器的交流输出电压被钳位为矩形波，与负载性质无关，交流输出电流的波形与相位则由负载功率因数决定。在异步电动机变频调速系统中，这个大电容同时又是缓冲负载无功功率的储能元件。

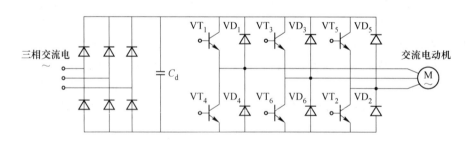

图 5-14　双极性 SPWM 变频器主回路

由 SPWM 的调制原理可知，调制主回路功率器件在输出电压的半周内要多次开关，而器件本身的开关能力与主回路的结构及其换流能力有关，因此开关频率和调制度对 SPWM 调制有重要的影响。

由于功率器件的开关损耗限制了脉宽调制的脉冲频率，且各种功率开关管的频率都有一定的限制，因此所调制的脉冲波有最小脉宽与最小间隙的限制，以保证脉冲宽度小于开关器件的导通时间和关断时间，这就要求输入参考信号的幅值小于三角波峰值。

5.2.2 液压式执行元件

液压式执行元件的广泛应用极大地加速了武器装备机电液一体化技术和系统的发展。目前液压系统在武器装备机电液一体化中起着非常重要的作用，除了对简单回路的控制，也实现了装备液压系统的伺服控制与电液比例控制。电液伺服系统通过引入电液伺服阀或比例阀等控制元件，实现对液压系统及作业装备的精确控制。一般来说，液压控制系统的主要组成部分包括执行元件（电动机、油缸）、控制元件（液压控制阀、伺服阀或比例阀）、负载。

通过液压管路和不同的阀、负载、液压附件等的组合连接，可以构成不同的液压控制系统。液压控制系统从控制目标的角度上讲，可以将其分为液压传动控制和液压伺服控制两类。

液压执行元件的功用是将液压系统中的压力能转化为机械能，以驱动外部工作部件。常用的液压执行元件有液压缸和液压电动机，它们的区别是：液压缸将液压能转换成直线运动（或往复直线运动）的机械能，而液压电动机则是将液压能转换成旋转运动的机械能。

5.2.2.1 液压电动机

在液压系统中，液压泵和液压电动机都是能量转换元件，从工作原理上讲，泵与电动机有可逆性，它们都是靠密封工作腔容积的变化来工作的，所以说液压泵可以作为液压电动机使用，反之也一样。但是，由于液压泵和液压电动机的使用目的和性能要求不同，同类型的液压泵和液压电动机在结构上还会存在一定差异，在实际使用中，大多并不能互换。

液压电动机同液压泵一样，都是容积式的，都是靠密封工作容腔的交替变化来实现能量转换的，同时都有配油机构。当向液压电动机的工作容腔输入液压油时，在液压油的作用下，工作容腔的容积增大，驱动转动部件旋转，输出转矩和转速，其回油腔的容腔随之减小而回油；当连续不断地输入液压油时，就可以使电动机的驱动转动部件连续不断地旋转。液压电动机的转向取决于输入油液的方向，因而电动机在工作过程中可以根据需要随时改变输入油液的方向，从而控制其转向，这也正是液压电动机与液压泵在使用上的不同点。

液压电动机的分类与液压泵相同，按其结构形式不同可分为齿轮电动机、叶片电动机和柱塞电动机；按排量是否可变可分为定量电动机和变量电动机。转速高于 500 r/min 的为高速小转矩电动机；转速低于 500 r/min 的为低速大转矩电动机。高速小转矩液压电动机的结构形式有：齿轮电动机、叶片电动机和柱塞电动机。它们的主要特点是：转速较高、转动惯量小、便于启动和制动、调节（调速和换向）灵敏度高，但输出转矩小。低速大转矩液压电动机的结构形式是径向柱塞式，常用的有曲轴连杆单作用式、无连杆静力平衡单作用式和内曲线多作用式等，其主要特点为：排量大、输出转矩大、转速低，可以直接与工作机连接，而不需要减速器，但体积大。本书重点介绍武器装备液压系统常用的柱塞电动机。

柱塞电动机靠柱塞在缸体中的往复运动形成密封工作容积变化来进行工作的。柱塞电动机可分为轴向式和径向式，轴向柱塞电动机又可分为斜盘式和斜轴式两类，其性能特点与同类型的柱塞泵相似，它们的工作原理也相似。

图 5-15 所示为某型工程装备回转电动机结构图，该电动机为斜盘式双向定量柱塞电动机，其型号为 MF151KF，最大工作压力为 24 MPa，排量为 151 mL/r。它与减速器连成一体，减速器采用二级行星齿轮式，减速比为 15.899，电动机内部还装有常闭式制动器。

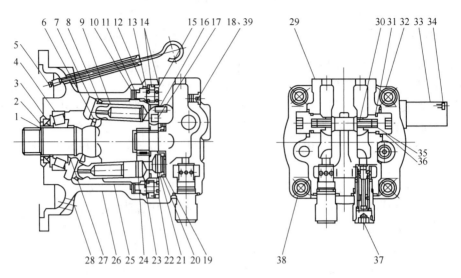

图 5-15   回转电动机

1—卡簧；2—轴承内圈；3—油封；4—锥轴承；5—油尺；6—球铰；7—斜盘；8—压盘；9—柱塞；
10，11—内外摩擦片；12，14，31，39—O 形密封圈；13—制动活塞；15—制动弹簧；16—定位销；
17—推力柱塞；18，28—螺塞；19—碟形弹簧；20—密封圈；21—环柱塞；22—配油盘；
23—滚针轴承；24—卡簧；25—柱塞缸体；26—电动机壳体；27—隔套；29—电动机盖；
30—阀芯；32—垫圈；33—制动解除控制阀；34，38—螺钉；35—弹簧；
36—补油单向阀；37—电动机安全阀

　　该电动机主要由电动机壳体、主轴、柱塞缸体、柱塞组件、配油盘、常闭式制动器组合件、电动机盖、电动机安全阀、电动机补油阀、回转制动解除控制阀等组成。

　　电动机壳体 26 和电动机盖 29 用 4 个螺钉连成一整体，电动机盖上开有进出油口、泄漏油口和补油油口并插装有电动机安全阀 37 和补油单向阀 36；电动机盖内开有四个圆形座孔并与进出油口相通，座孔内装有碟形弹簧 19 和环柱塞 21，环柱塞上装有密封圈 20；配油盘 22 通过定位销 16 与电动机盖配合，其上装有推力柱塞 17 可使配油盘与电动机盖有合适的间隙；柱塞缸体 25 与传动轴制成一体，通过锥轴承 4 和滚针轴承 23 支承，滚针轴承装在泵盖的中心短轴上，锥轴承则安装在泵体轴承孔当中；柱塞缸体圆周方向均匀分布有柱塞孔，柱塞 9 插入孔内，柱塞头部有滑靴并被压盘 8 压在斜盘 7 上滑动；柱塞缸体与电动机体之间装有内外摩擦片，制动弹簧 15 压迫制动活塞 13 使内外摩擦片压紧，柱塞缸体常处于机械制动状态，电动机体一侧安装有制动解除控制阀 33，用来控制缸体的制动解除。

　　当从电动机的一个口通入高压油，另一口接入低压油时，电动机即可带动负载旋转。以图 5-16 说明斜盘式轴向柱塞电动机的工作原理，当向电动机输入压力为 p 的液压油时，位于电动机进油腔的柱塞（图中左侧柱塞），在压力油作用下外伸压在斜盘上，而倾斜盘则对柱塞产生反向的作用力 N，方向垂直于斜盘，力 N 可分解为沿柱塞轴线方向的力 F 和垂直于柱塞直线方向的力 T，分力 F 与液压力平衡，分力 T 通过柱塞作用于缸体产生转矩，使缸体旋转，从而使输出轴输出转矩和转速。

　　若向电动机反向输入压力油，则电动机反向旋转。若改变倾斜盘倾角，则电动机的排量改变，从而可以调节电动机的转速和转矩。

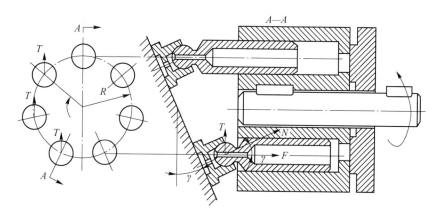

图 5-16　斜盘式轴向柱塞电动机工作原理

5.2.2.2　液压缸

液压缸是装备液压系统的执行元件之一，在液压传动系统中，利用液压缸可以将液体的压力能转换成机械能，实现往复直线运动或往复摆动。由于液压缸结构简单，工作可靠，制造容易，因而被广泛地应用于各种装备的液压系统中。

A　活塞式液压缸

活塞式液压缸可分为单杆活塞缸和双杆活塞缸两种。

活塞式液压缸的种类很多，各种类型液压缸的细部结构更是多种多样。图 5-17 所示为一常用的双作用单活塞杆液压缸。它是由缸底 20、缸筒 10、缸盖兼导向套 9、活塞 11 和活塞杆 18 组成。缸筒一端与缸底焊接，另一端缸盖（导向套）与缸筒用卡键 6、套 5 和弹簧挡圈 4 固定，以便拆装检修，两端设有油口 A 和 B。活塞 11 与活塞杆 18 利用卡键 15、卡键帽 16 和弹簧挡圈 17 连在一起。活塞与缸孔的密封采用的是一对 Y 形聚氨酯密封圈 12，由于活塞与缸孔有一定间隙，采用由尼龙制成的耐磨环（又叫支承环）13 定心导向。活塞杆 18 和活塞 11 的内孔由 O 形密封圈 14 密封。较长的缸盖兼导向套 9 则可保证活塞杆不偏离中心，导向套外径由 O 形密封圈 7 密封，而其内孔则由 Y 形密封圈 8 和防尘圈 3 分别防止油外漏和灰尘带入缸内。缸由杆端销孔与外界连接，销孔内有尼龙衬套抗磨。

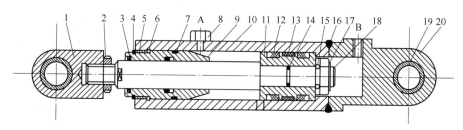

图 5-17　双作用单活塞杆液压缸

1—耳环；2—螺母；3—防尘圈；4，17—弹簧挡圈；5—套；6，15—卡键；
7，14—O 形密封圈；8，12—Y 形密封圈；9—缸盖兼导向套；10—缸筒；
11—活塞；13—耐磨环；16—卡键帽；18—活塞杆；19—衬套；20—缸底

根据图 5-17 所示液压缸各部分的结构特点及功用，可将其划分为缸体组件、活塞组件、液压缸的密封装置、液压缸的制动缓冲装置和排气装置等几个部件，其他种类的液压缸也不外乎是由这几个部件组成。

B　柱塞式液压缸

上述活塞缸中，缸的内孔与活塞有配合要求，因此要有较高的精度，当缸体较长时，加工就很困难，为了解决这个矛盾，可采用柱塞式液压缸，如图 5-18 所示。

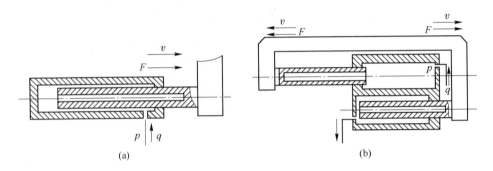

图 5-18　柱塞式液压缸

（a）单柱塞液压缸；（b）双柱塞液压缸

从图 5-18 看出，柱塞式液压缸的内壁与柱塞并不接触，没有配合要求，因此缸孔不需要精加工，柱塞仅与缸盖导向孔间有配合要求，这就大大简化了缸体加工和装配的工艺性。因此，柱塞缸特别适用于行程很长的场合。为了减轻柱塞的重量，减少柱塞的弯曲变形，柱塞一般被做成空心的。行程特别长的柱塞液压缸，还可以在缸筒内设置辅助支撑，以增强刚性。图 5-18（a）所示为单柱塞液压缸，柱塞和工作台连在一起，缸体固定不动。当压力油进入缸内时，柱塞在液压力作用下带动工作台向右移动；柱塞的返回要靠外力（如弹簧力或立式部件的重力等）来实现。图 5-18（b）所示为双柱塞液压缸，它是由两个单柱塞液压缸组合而成，因而可以实现两个方向的液压驱动。

柱塞液压缸的推力 F 和运动速度 v 的计算式为：

$$F = p_1 \frac{\pi}{4} d^2 \qquad (5\text{-}5)$$

$$v = \frac{q}{\frac{\pi}{4} d^2} \qquad (5\text{-}6)$$

式中，q 为输入到液压缸的流量；d 为柱塞的直径；p_1 为缸内油液压力。

C　组合液压缸

a　伸缩式套筒液压缸

图 5-19 所示为伸缩式套筒缸，各种自卸车的翻斗缸多

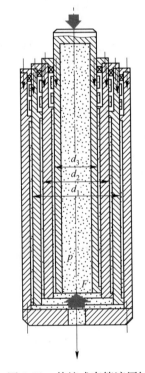

图 5-19　伸缩式套筒液压缸

采用这种结构形式。柱塞是靠机构的重力缩回，这种结构形式的液压缸由于柱塞不必与缸筒直接接触，因此对缸筒内壁的加工精度要求不高，因而制造简单，维修方便。对伸缩式套筒缸，若第一、二、三级缸筒柱塞的直径分别为 d_1、d_2、d_3，在通入液压油的压力 p 为一定值的情况下，三级柱塞产生的总推力大于第二、三级产生的推力，因而在克服较大的外负载动作时，总先是第一级（带着第二、三级一起）伸出，然后是第二级（带着第三级）伸出，最后是第三级伸出；在外力作用下各级柱塞缩回时，顺序相反。由此可见伸缩式套筒缸的工作特点是：通入压力油时，启动推力很大，移动速度很低，随着行程的增加，推力逐渐减小，速度逐渐增大，相当于一个三级变速箱。这种情况与自卸车车厢倾翻时翻斗缸的负载阻力变化正相适应。实际上液压系统的实际工作压力是由负载决定的，因而自卸车用伸缩式套筒缸作翻斗缸，在整个工作过程中，供油压力不会变化太大，始终较充分地利用液压泵的工作能力。此外这种缸工作时行程可以很长，而不工作时整个液压缸可以缩得很短，因此伸缩式套筒缸在结构上具有行程长、结构紧凑的特点。

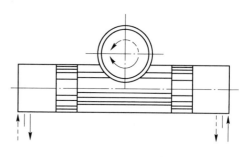

图 5-20　齿条活塞液压缸

b　齿条活塞液压缸

齿条活塞液压缸由两个活塞和一套齿条齿轮传动装置组成，如图 5-20 所示。压力油进入液压缸后，推动具有齿条的活塞做直线运动，齿条带动齿轮旋转，用来实现工作部件的往复摆动。这种液压缸常用在机床的回转工作台、液压机械手等机械设备上。齿条活塞液压缸又称为无杆液压缸。

5.3　执行元件功率驱动接口

在机电一体化系统中，执行元件往往是功率较大的机电设备，如电磁铁、电磁阀、各类电动机、液压缸、液压电动机等。微机控制系统后向通道输出的控制信号（数字量或模拟量）需要通过与执行元件相关的功率放大器才能对执行元件进行驱动，进而实现对机电系统的控制。在机电一体化系统中，功率放大器被称为功率驱动接口，其主要功能是把微机系统后向通道输出的弱电控制信号转换成能驱动执行元件动作的具有一定电压和电流的强电功率信号或液压气动信号。

5.3.1　功率驱动接口的分类和组成形式

功率驱动接口的组成原理及结构类型与控制方式、执行元件的机电特性及选用的电力电子器件密切相关，因此有不同的分类方式。

根据功率驱动接口选用的功率器件，功率驱动接口可分为功率晶体管、晶闸管、绝缘栅双极型晶体管、功率场效应管及专用功率驱动集成电路等多种类型。

根据控制方式，功率驱动接口分为锁相传动功率驱动接口、脉冲宽度调制型功率驱动接口、交流电动机调差调速功率驱动接口及变频调速功率驱动接口等。

　　根据负载的供电特性，功率驱动接口可分为直流输出和交流输出两类，其中交流输出功率驱动接口又分为单相交流输出和三相交流输出。

　　尽管功率驱动接口的类型繁多，特性各异，但它们在组成形式上却有共同的特点，图 5-21 所示为功率驱动接口的一般组成形式。图 5-21 中信号预处理部分直接接收控制器输出的控制信号，同时将控制信号进行调理变换、整形等处理生成符合控制要求的功率放大器控制信号，弱电-强电转换电路一般采用晶体管基极驱动电路。功率放大器按一定的控制形式直接驱动执行元件。功率放大电路的形式有多种，常用的有功率场效应管驱动电路和晶闸管驱动电路等，近年来绝缘栅场效应管及大功率集成电路也得到推广应用。

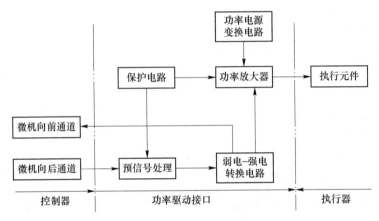

图 5-21　功率驱动接口的一般组成形式

　　功率电源变换电路为功率放大电路提供工作电源，其输出参数一般由执行元件参数而定。

　　由于功率接口的驱动级一般在高电压大电流状态下工作，当系统工作频率较高或失控时大功率器件往往会烧毁而使系统失效，利用保护电路对大功率器件工作参数进行在线采样，并反馈给控制器或信号预处理电路，使功率器件不致产生过流或过压，并使功率输出波形的失真度减少到最低程度。

　　为了更好地了解功率驱动接口的一般组成形式，图 5-22 给出了三相交流电动机变频驱动电路的一个例子。图 5-22 中，功率电源采用三相不可控桥式整流模块，供电电压为 380 V，滤波电路选用 3000 μF/50 V 的电解电容串联而成。因三相整流电压 $U = 1.35 \times 380 = 510$ V，功率放大电路采用额定电压不小于 1000 V 的大功率晶体管模块，每个晶体管模块并联一个 RC 网络作为电压保护电路。在接口中还设有过流、欠压检测电路，一旦出现故障，实现对电动机的保护。

　　根据执行元件的类型，功率驱动接口可分为开关功率接口、直流电动机功率驱动接口、交流电动机功率驱动接口、伺服电动机功率驱动接口及步进电动机功率驱动接口等。其中开关功率驱动接口又包括继电接触器、电磁铁及各类电磁阀等的驱动接口。

5.3.2　电力电子器件

　　传统的开关器件包括晶闸管（SCR）、电力晶体管（GTR）、可关断晶闸管（GTO）、

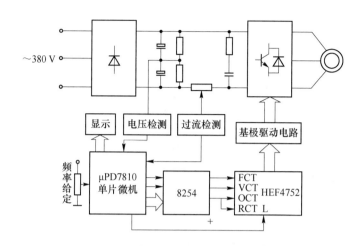

图 5-22 单片机控制变频调速框图

功率场效应晶体管（MOSFET）等。近年来，随着半导体制造技术和变流技术的发展，相继出现了绝缘栅极双极型晶体管（IGBT）、场控晶闸管（MCT）等新型电力电子器件。

电力电子器件的性能要求是大容量、高频率、易驱动和低损耗。因此，评价器件品质因素的主要标准是容量、开关速度、驱动功率、通态压降、芯片利用率。

开关器件分为晶闸管型和晶体管型，其共同特点是用正或负的信号施加于门极（或栅极或基极）上来控制器件的通与断。下面仅介绍几种驱动功率小、开关速度快、应用广泛的新型器件。

5.3.2.1 绝缘栅极双极型晶体管（IGBT）

IGBT（insulated gate bipolar transistor）是在 GTR 和 MOSFET 之间取其长、避其短而出现的新器件，它实际上是用 MOSFET 驱动双极型晶体管，兼有 MOSFET 的高输入阻抗和 GTR 的低导通压降两方面的优点。电力晶体管饱和压降低，载流密度大，但驱动电流较大。MOSFET 驱动功率很小，开关速度快，但导通压降大，载流密度小。IGBT 综合了以上两种器件的优点，驱动功率小而饱和压降低。

IGBT 是多元集成结构，每个 IGBT 元的结构如图 5-23（a）所示，图 5-23（b）所示为 IGBT 的等效电路，它由一个 MOSFET 和一个 PNP 晶体管构成，给栅极施加正偏信号后，MOSFET 导通，从而给 PNP 晶体管提供了基极电流使其导通。给栅极施加反偏信号后，MOSFET 关断，使 PNP 晶体管基极电流为零而截止。图 5-23（c）所示为 IGBT 的电气符号。

IGBT 的开关速度低于 MOSFET，但明显高于电力晶体管。IGBT 在关断时不需要负栅压来减少关断时间，但关断时间随栅极和发射极并联电阻的增加而增加。IGBT 的开启电压为 3~4 V，与 MOSFET 相当。IGBT 导通时的饱和压降比 MOSFET 低而和电力晶体管接近，饱和压降随栅极电压的增加而降低。

IGBT 的容量和 GTR 的容量属于一个等级，研制水平已达 1000 V/800 A。但 IGBT 比 GTR 驱动功率小，工作频率高，预计在中等功率容量范围将逐步取代 GTR。同时，也已实现了模块化，并且已占领了电力晶体管的很大一部分市场。

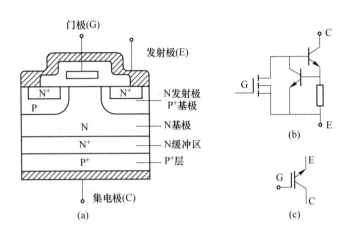

图 5-23　IGBT 的简化等效电路图

（a）结构简图；（b）等效电路图；（c）符号简图

5.3.2.2　场控晶闸管（MCT）

MCT（MOS controlled thyristor）是 MOSFET 驱动晶闸管的复合器件，集场效应晶体管与晶闸管的优点于一身，是双极型电力晶体管和 MOSFET 的复合。MCT 把 MOSFET 的高输入阻抗、低驱动功率和晶闸管的高电压、大电流、低导通压降的特点结合起来，成为非常理想的器件。

一个 MCT 器件由数以万计的 MCT 元组成，每个元的组成为 PNPN 晶闸管一个（可等效为 PNP 和 NPN 晶体管各一个）、控制 MCT 导通的 MOSFET（on-FET）和控制 MCT 关断的 MOSFET（off-FET）各一个。

MCT 阻断电压高，通态压降小，驱动功率低，开关速度快。虽然目前的容量水平仅为 1000 V/100 A，其通态压降只有 IGBT 或 GTR 的 1/3 左右，硅片的单位面积连续电流密度在各种器件中是最高的。另外，MCT 可承受极高的 $\dfrac{\mathrm{d}i}{\mathrm{d}t}$ 和 $\dfrac{\mathrm{d}v}{\mathrm{d}t}$，这使得保护电路可以简化。MCT 的开关速度超过 GTR，开关损耗也小。总之，MCT 被认为是一种最有发展前途的电力电子器件。

另外，可关断晶闸管（GTO）是目前各种自关断器件中容量最大的，在关断时需要很大的反向驱动电流；电力晶体管（GTR）目前在各种自关断器件中应用最广，其容量为中等，工作频率一般在 10 kHz 以下。电力晶体管是电流控制型器件，所需的驱动功率较大；电力 MOSFET 是电压控制型器件，所需驱动功率最小。在各种自关断器件中，其工作频率最高，可达 100 kHz 以上。其缺点是通态压降大、器件容量小。

5.3.3　开关型功率接口

在开关型功率接口中，微机输出的是开关量控制信号，执行元件工作于低频开关状态，如电磁阀、电磁铁、机器主电动机、电热器件、电光器件等。这类接口一般采用晶闸管触发驱动或继电器电路切换的方法。

5.3.3.1 晶闸管触发驱动电路

晶闸管是目前应用最广的半导体功率元件之一，具有弱电控制，强电输出的特点。它可用于电动机的开关控制、电磁阀控制及大功率继电器触发的控制，具有开关无噪声、可靠性高、体积小的特点。采用晶体管做成的各种固态继电器（SSR）已成为开关型功率接口优先选用的功率器件。晶闸管的型号和品种十分齐全，常用的有单向晶闸管 SCR、双向晶闸管和可关断晶闸管 GTO 三种结构类型。

晶闸管功率接口电路的设计要点是触发电路的设计，微机输出的开关控制信号通常经脉冲变压器或光电耦合后加到晶闸管上。

单向晶闸管又称可控硅整流器，其最大特点是有截止和导通两个稳定状态（开关作用），同时又具有单向导电的整流作用。通过它可以用小的功率信号控制大功率设备，因此在交直流电动机的调速、调功、伺服控制及无触点开关等方面均有广泛的应用。

图 5-24 所示为单片机控制单向晶闸管实现 220 V 交流开关的例子。当单片机 P1.0 输出为低电平时，光电耦合器发光二极管截止，晶闸管门极不触发而断开。P1.0 输出为高电平时，经反向驱动器后，使光电耦合器发光二极管导通，交流电的正负半周均以直流方式加在晶闸管的门极，触发晶闸管导通，这时整流桥路直流输出端被短路，负载即被接通。P1.0 回到低电平时，晶闸管门极无触发信号，而使其关断，负载失电。

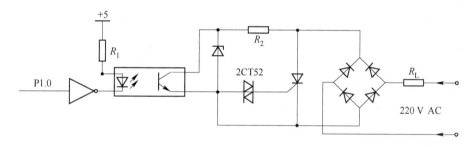

图 5-24　单片机与单向晶闸管接口电路

5.3.3.2 固态继电器接口

固态继电器 SSR 又称固态开关，是一种以弱电信号控制强电开关的无触点开关器件。它可用来代替各种继电接触控制器，实现功率设备的无触点、无火花、无噪声、高速开关。固态继电器为一个四端组件，它内部基本上由三个部分组成：输入受控部分、光电耦合部分及输出驱动部分，图 5-25 所示为固态继电器内部结构示意图。

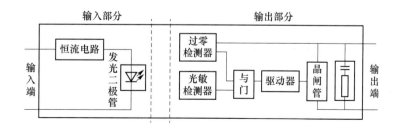

图 5-25　固态继电器内部结构示意图

固态继电器的输入端口可直接接收 TTL、CMOS 电路信号，其输出端按输出功能可分为直流输出型、非过零触发交流输出型（移相型）及过零触发交流输出型三种。这三种类型固态继电器的输入控制部分、隔离部分的工作原理基本相同，当无输入控制电压时没有电流通过发光二极管，输出驱动端不被触发；当输入直流电压为 3～14 V 时，发光二极管发光，光信号通过隔离部分传输给输出驱动部分。

5.3.3.3　继电器型驱动接口

由于固态继电器是通过改变金属触点的位置使动触点与定触点闭合或分开，因此具有接触电阻小、流过电流大及耐高压等优点，但在动作可靠性上不及晶闸管。

继电器有电压线圈与电流线圈两种工作类型，它们在本质上是相同的，都是在电能的作用下产生一定的磁势，电压继电器的电气参数包括线圈的电阻、电感或匝数、吸合电压、释放电压和最大允许工作电压。电流继电器的电气参数包括线圈匝数、吸合电流和最大允许工作电流。

继电器/接触器的供电系统分为直流电磁系统和交流电磁系统，工作电压也较大，因此从微机输出的开关信号需经过驱动电路进行转换，使输出的电能能够适应其线圈的要求。继电器/接触器动作时，对电源有一定的干扰，为了提高微机系统的可靠性，在驱动电路与微机之间一般用光电耦合器隔离。

常用的继电器大部分属于直流电磁式继电器，一般用功率接口集成电路或晶体管驱动。在驱动多个继电器的系统中，宜采用功率驱动集成电路，例如使用 SN75468 等，这种集成电路可以驱动 7 个继电器，驱动电流可达 500 mA，输出端最大工作电压为 100 V。图 5-26 所示为典型的直流继电器接口电路。交流电磁式继电器通常用双向晶闸管驱动或一个直流继电器作为中间继电器控制。

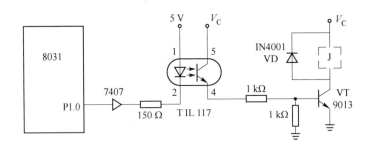

图 5-26　直流继电器接口电路

5.3.3.4　液压输入接口装置

A　电液伺服阀

电液伺服阀的输出流量或压力是由输入的电信号控制的，主要用于高速闭环液压系统，用来实现位置、速度和力的控制等；而比例阀多用于响应速度相对较低的开环控制系统。伺服阀具有精度高、响应快等优点，但其价格也较高，对过滤精度的要求也很高。目前，伺服阀广泛应用于高精度控制的自动控制设备中。

电液伺服阀多为两级阀，有压力型伺服阀和流量型伺服阀两种，绝大部分伺服阀为流量型伺服阀。在流量型伺服阀中，要求主阀芯的位移 x_p 与它的输入电流信号 I 成正比，为了保证主阀芯的定位控制，主阀和先导阀之间设有位置负反馈，位置反馈的形式主要有直接位置反馈和位置-力反馈两种。

电液伺服阀由于其高精度和快速控制能力，除了航空航天和军事装备普遍使用的领域外，在机床、塑料、轧钢机、车辆等各种工业设备的开环或闭环的电液控制系统中，特别是系统要求高的动态响应、大的输出功率的场合获得了广泛应用。

a 电液伺服阀的位置控制回路

图 5-27 所示为电液伺服阀控制的液压缸直线位置回路，其中图 5-27(a) 所示为其回路原理图，图 5-27(b) 所示为其职能方框图。当系统由指令电位器输入指令信号后，电液伺服阀 2 的电气-机械转换器动作，通过液压放大器（先导级和功率级）将能量转换放大后，液压源的压力油经电液伺服阀向液压缸 3 供油，驱动负载到预定位置，反馈电位器（位置传感器）检测到的反馈信号与输入指令信号经伺服放大器 1 比较，使执行器精确运动在所需位置上。

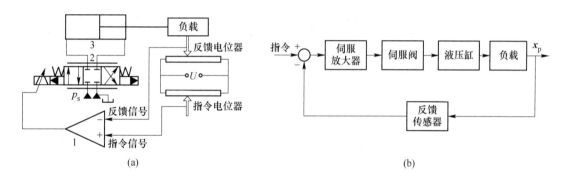

图 5-27 电液伺服阀控制的液压缸直线位置回路

（a）回路原理图；（b）职能方框图

1—伺服放大器；2—电液伺服阀；3—液压缸

图 5-28 所示为电液伺服阀控制的液压电动机直线位置回路，其中图 5-28(a) 所示为其回路原理图，图 5-28(b) 所示为其职能方框图。当系统输入指令信号后，由能量转换

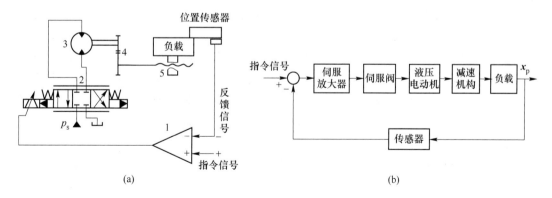

图 5-28 电液伺服阀控制的液压电动机直线位置回路

（a）回路原理图；（b）职能方框图

1—伺服功率放大器；2—电液伺服阀；3—液压电动机；4—齿轮减速器；5—丝杠螺母机构

放大，液压源的压力油经电液伺服阀 2 向液压电动机 3 供油，齿轮减速器 4 和丝杠螺母机构 5 将电动机的回转运动转换为负载的直线运动，位置传感器检测到的反馈信号与输入指令信号经伺服功率放大器 1 比较，使负载精确运动在所需位置上。

    b   电液伺服阀的速度控制回路

图 5-29 所示为利用电液伺服阀控制双向定量电动机回转速度保持一定值的回路，图 5-29(a) 所示为其回路原理图，图 5-29(b) 所示为其职能方框图。当系统输入指令信号后，电液伺服阀 2 的电气-机械转换器动作，通过液压放大器（先导级和功率级）将能量放大转换后，液压源的压力油经电液伺服阀向双向液压电动机 3 供油，使液压电动机驱动负载以一定转速工作；同时，测速电动机（速度传感器）4 的检测反馈信号 u_i 与输入指令信号经伺服放大器 1 比较，得到的误差信号控制电液伺服阀的阀口开度变化，从而使执行器转速保持在设定值附近。

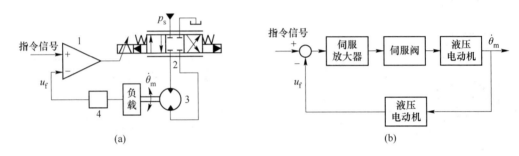

图 5-29   电液伺服控制的双向定量泵液压电动机回转速度定值回路

（a）回路原理图；（b）职能方框图

1—伺服放大器；2—电液伺服阀；3—双向液压电动机；4—测速电动机

    B   电液比例阀

电液比例控制阀简称比例阀，是一种把输入的电信号按比例地转换成力或位移，从而对压力流量等参数进行连续控制的一种液压阀。它的产生有两种情况：一种是由电液伺服阀简化结构、降低精度发展而来的；另一种是以比例电磁铁取代普通液压阀的手调装置或普通电磁铁而发展起来的。当今比例阀大多是后一种，与普通液压阀可以互换。

比例阀由直流比例电磁铁与液压阀两部分组成。其液压阀部分与一般液压阀差别不大，而直流比例电磁铁和一般电磁阀所用的电磁铁不同，采用比例电磁铁可得到与给定电流成比例的位移输出和吸力输出。输入信号在通入比例电磁铁之前，要先经放大器放大和处理。电放大器多制成插接式装置与比例阀配套使用。比例阀按其控制的参量可分为比例压力阀、比例流量阀和比例方向阀。

电液比例控制系统以液压泵输出的大功率液压动力为能源、以电信号为控制指令，由液压控制元件（电液比例阀）将电信号转换为液压信号，利用液压执行机构（液压缸、电动机等）来驱动，其工作原理如图 5-30 所示。

图 5-31 所示为无缝钢管生产线穿孔机芯棒送入机构的电液比例控制系统原理，芯棒送入液压缸行程为 1.59 m，最大行驶速度为 1.987 m/s，启动和制动时的最大加（减）速

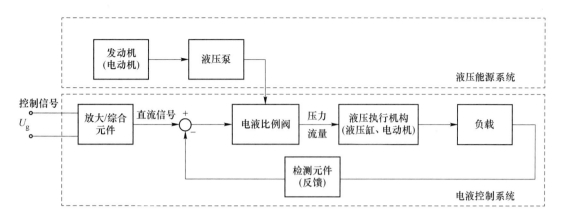

图 5-30　电液比例控制系统工作原理

度均为 30 m/s², 在两个运动方向运行所需流量分别为 937 L/min 和 168 L/min。采用通径 10 的定值控制压力阀作为先导控制级, 通径 50 的二通插装阀为功率输出级, 组合成先导控制式定值压力阀, 以满足大流量和快速动作的要求。采用进油节流阀调节速度和加 (减) 速度以适应阻力负载; 采用液控插装式锥阀锁定液压缸活塞, 采用接近开关、比例放大器、方向节流阀等的配合控制, 控制加 (减) 速度或斜坡时间, 控制工作速度。

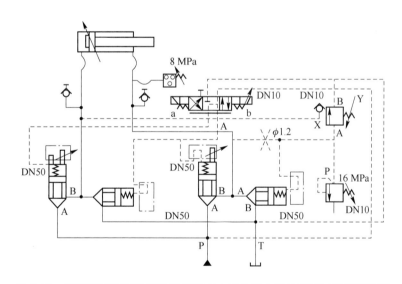

图 5-31　无缝钢管生产线穿孔机芯棒送入机构的电液比例控制系统原理图

思考与习题

5-1　步进电动机的工作原理是什么, 其主要特点有哪些?

5-2　简述步进电动机的驱动控制电路的基本组成。

5-3　交流伺服电动机的调速原理是什么, SPWM 型变频调速的工作原理是什么?

5-4 简述交流伺服电动机的主要分类，分别说明其特点。

5-5 步进电动机的驱动控制电路主要有哪些部分组成，各组成部分的功能是什么？

5-6 气压系统与电气、液压系统比较有哪些优缺点？

5-7 功能驱动接口的分类和组成有哪些？

6 机电一体化控制与接口技术

机电一体化控制是在以微型计算机为代表的微电子技术、信息技术迅速发展向机械工业领域迅猛渗透并与机械电子技术深度结合的现代工业的基础上，综合应用机械技术、微电子技术、信息技术、自动控制技术、传感测试技术、电力电子技术、接口技术及软件编程技术等群体技术。本章重点讲述机电系统控制技术；常用控制器 PLC 工作原理及人机接口、机电接口工作原理和总线技术。

6.1 控制技术概述

机电一体化控制是一门理论性很强的工程技术，通常称为"自动控制技术"，把实现这种技术的理论称为自动控制理论。而由各种部件组成以实现具体生产对象的自动控制的系统，则称为自动控制系统。自动控制所使用的技术可以是电气、液压、气动、机电及电液等诸多方法，而采用计算机实现自动控制是机电一体化控制技术中最为常见的手段。

6.1.1 机电一体化系统的控制形式

机电一体化控制本质上就是自动控制，机电一体化系统的控制形式就是自动控制系统的不同分类方式。自动控制是指在无人直接参与的情况下，利用控制装置，使被控对象的被控量准确地按照预期的规律变化。自动控制理论是研究自动控制过程共同规律的技术学科，是研究自动控制系统组成，进行系统分析设计的一般性理论。根据它的不同发展阶段与内容，可将其分为经典控制理论、现代控制理论及智能控制理论三个阶段。

按照输出量对控制作用的影响不同，机电一体化系统可分为开环控制系统和闭环控制系统。

（1）开环系统。开环控制的机电一体化系统是没有反馈的控制系统，这种系统的输入直接送给控制器，并通过控制器对受控对象产生控制作用。有些家用电器、简易 NC 机床和精度要求高的机电一体化产品都采用开环控制方式。开环控制的机电一体化系统的优点是结构简单、成本低、维修方便，缺点是精度较低，对输出和干扰没有诊断能力。

（2）闭环系统。闭环控制的机电一体化系统的输出结果经传感器和反馈环节与系统的输入信号比较产生输出偏差，输出偏差经控制器处理再作用到受控对象，对输出进行补偿，实现更高精度的系统输出。现在的许多制造设备和具有智能的机电一体化产品都选择闭环控制方式，如数控机床、加工中心、机器人、雷达、汽车等。闭环控制的机电一体化系统具有高精度、动态性能好、抗干扰能力强等优点。它的缺点是结构复杂、成本高、维修难度较大。

按输出量的形式，控制系统可分为位置、速度、加速度、力和力矩等类型。按输入信号的变化规律，可将控制系统分为恒值系统和随动系统。若系统给定值为一定值，而控制任务就是克服扰动，使被控量保持恒值，此类系统称为恒值系统。随动系统又可分为跟踪系统和程序控制系统，若系统给定值按照事先不知道的时间函数变化，并要求被控量跟随给定值变化，则此类系统称为跟踪系统；若系统的给定值按照一定的时间函数变化，并要求被控量随之变化，则此类系统称为程序控制系统。恒温调节系统、自动火炮系统、机床的数控系统则分别是恒值、跟踪及程序控制系统的一个实例。

按系统中所处理信号的形式，控制系统又可分为连续控制系统和离散控制系统。若系统各部分的信号都是时间的连续函数即模拟量，则称为连续系统。若系统中有一处或多处信号为时间的离散函数，如脉冲或数码信号，则称为离散系统。如果离散系统中既有离散信号又有模拟量，也称为采样系统。

6.1.2　控制系统的基本要求和一般设计方法

为了使被控量按照预定的规律变化，对自动控制系统提出了稳（稳定性）、快（快速性）、准（准确性）的基本要求。

稳定性是保证控制系统正常工作的先决条件，这是对控制系统的一个基本要求。系统的稳定性有两层含义：一是系统稳定，称为绝对稳定性，通常所讲的稳定性就是这个含义；二是输出量振荡的强烈程度，称为相对稳定性。线性控制系统的稳定性是由系统本身的结构与参数所决定的，与外部条件无关。

快速性是系统在稳定的条件下，衡量系统过渡过程的方式和快慢，通常称为系统动态性能。在实际的控制系统中，不仅要求系统稳定，而且要求被控量能迅速地按照输入信号所规定的形式变化，即要求系统具有一定的响应速度。

准确性是在系统过渡过程结束后，衡量系统输出（被控量）达到的稳态值与系统输出期望值之间的接近程度。除了要求控制系统稳定性好、响应速度快以外，还要求控制系统的控制精度高。

"稳"与"快"是说明系统动态（过渡过程）品质。系统的过渡过程产生的原因是系统中储能元件的能量不可能突变。"准"是说明系统的稳态（静态）品质。

在传统的控制系统设计中，把控制对象不作为设计内容，设计任务只是采用控制器来调节已经给定的被控对象的状态。而在机电一体化控制系统设计中，控制系统和被控对象是有机结合的，两者都在设计范畴之内，这就使得设计的选择性和灵活性更大。控制系统设计的基本方法是把系统中的各个环节先抽象成数学模型进行分析和研究，不论具有何种量纲，都在模型中以相同的形式表达，用相同的方法分析，因而各环节的特性可按系统整体要求进行匹配和统筹设计。

控制系统设计一般可按下面4个步骤来进行：

（1）准备阶段。对设计对象进行机理分析和理论分析，明确被控对象的特点及要求；限定控制系统的工作条件及环境，确定安全保护措施及等级；明确控制方案的特殊要求；确定技术经济指标；制定试验项目及指标。

（2）理论设计。建立被控对象的数学模型，把被控对象的控制特性用数学表达式加以描述，作为控制方案选择及控制器设计的依据；确定控制算法及控制器结构，选择中央处理单元、存储器等，主要硬、软件设计及各种接口的选择和设计；确定系统的初步结构及参数，进行系统性能分析和优化。

（3）设计实施。模块组装，系统仿真、测试。

（4）设计定型。整理出设计图样、电子元器件明细表、系统操作程序及说明书、维修及故障诊断说明书和使用说明书等，形成相应技术文件。

6.1.3　计算机控制系统的组成及常用类型

6.1.3.1　计算机控制系统的组成

计算机以其运算速度快，可靠性高，价格便宜，被广泛地应用于工业、农业、国防及日常生活的各个领域。计算机技术已成为机电一体化技术发展和变革最活跃的因素。

简单地说，计算机控制系统就是采用计算机来实现的自动控制系统。自动控制系统根据系统中信号相对于时间的连续性，分为连续时间系统和离散时间系统。计算机控制系统本质上讲是一种离散控制系统，图 6-1 给出了一个典型计算机控制系统的原理图。

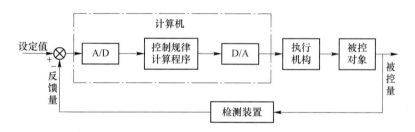

图 6-1　计算机控制系统原理图

在控制系统中引入计算机，可以充分利用计算机的运算、逻辑判断和记忆等功能完成多种控制任务。在系统中，由于计算机只能处理数字信号，因而给定值和反馈量要先经过A/D 转换器将其转换为数字量，才能输入计算机。当计算机接收了给定量和反馈量后，依照偏差值，按某种控制规律进行运算（如 PID 运算），计算结果（数字信号）再经过D/A 转换器，将数字信号转换成模拟控制信号输出到执行机构，便完成了对系统的控制作用。

机电一体化系统中的计算机控制系统由硬件和软件两部分组成。典型的机电一体化控制系统结构如图 6-2 所示。

硬件是指计算机本身及其外围设备，一般包括中央处理器、内存储器、磁盘、驱动器、各种接口电路、以 A/D 转换和 D/A 转换为核心的模拟量 I/O 通道、数字量 I/O 通道以及各种显示、记录设备、运行操作台等。就计算机本体而言，随着微处理器技术的快速发展，针对工业领域相继开发出一系列的工业控制计算机，如单片微型计算机、可编程序控制器、总线式工业控制机、分散计算机控制系统等。这些工业控制设备弥补了商用计算机的缺点，大大推动了机电一体化控制系统的自动化程度，计算机是整个控制系统的核心。它接收从控制台或输入设备传送的命令，对系统各参数进行巡回检测，执行数据处理、计算和逻辑判断、报警处理等，并根据计算的结果通过接口发出输出命令。

接口与输入/输出（I/O）通道是计算机与被控对象进行信息交换的桥梁。常用的 I/O接口有并行接口和串行接口。由于计算机处理的只能是数字量，而被控对象的参数既有数字量又有模拟量，因此 I/O 通道又分为模拟量 I/O 通道和数字量 I/O 通道。

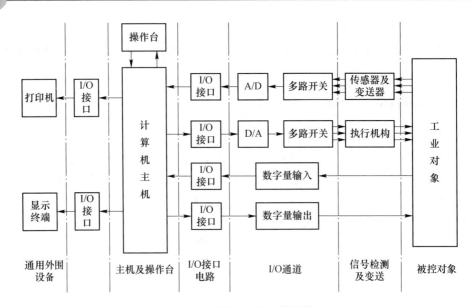

图 6-2　计算机控制系统结构

　　计算机控制系统中最基本的外部设备是操作台或其他输入设备。它是人机对话的联系纽带，操作人员可通过操作台向计算机输入和修改控制参数，发出各种操作命令；计算机可向操作人员显示系统运行状况，发出报警信号。操作台一般包括各种控制开关、数字键、功能键、指示灯、声讯器、数字显示器或 CRT 显示器等。

　　传感器的主要功能是将被检测的非电学量参数转变成电学量，变送器的作用是将传感器得到的电信号转变成适用于计算机接口使用的标准的电信号，如 0 ~ 5 V（DC）。计算机控制系统需要把各种被测参数转变为电量信号送到计算机中，同时也需要各种执行机构按计算机的输出命令去控制对象。常用的执行机构有各种电动、液动、气动开关，电液伺服阀，交、直流电动机，步进电动机等。

　　软件是指计算机控制系统中具有各种功能的计算机程序的总和，如完成操作、监控、管理、控制、计算和自诊断等功能的程序。整个系统在软件指挥下协调工作。从功能区分，软件可分为系统软件和应用软件。

　　系统软件是由计算机的制造厂商提供的，用来管理计算机本身的资源和方便用户使用计算机的软件。常用的有操作系统、开发系统等，它们一般不需用户自行设计编程，只需掌握使用方法或根据实际需要加以适当改造即可。

　　应用软件是用户根据要解决的控制问题而编写的各种程序，比如各种数据采集、滤波程序、控制量计算程序、生产过程监控程序等。

　　在计算机控制系统中，软件和硬件不是独立存在的，在设计时必须注意两者之间的有机配合和协调，只有这样才能研制出满足生产要求的高质量的控制系统。

6.1.3.2　计算机控制系统的类型

　　由于微型计算机的迅速发展，机电一体化系统大多采用计算机作为控制器，目前常用的有基于单片机、单板机、普通 PC 机、工业 PC 机和可编程控制器（PLC）等多种类型的控制系统。表6-1 给出了各种计算机控制系统性能比较。其中，由于 PLC 及单片机控制系统具有一系列优点而被越来越多地应用于装备机电一体化系统中。

表 6-1　各种计算机控制系统性能指标

比较项目	普通计算机系统		工业控制计算机		可编程控制器	
	单片(单板)系统	PC扩展系统	STD总线系统	工业PC系统	中小型PLC	大型PLC
控制系统的组成	自行研制(非标准化)	配备各类功能接口板	选购标准化STD模块	整机已成系统,外部另行配置	按使用要求选购相应的产品	
系统功能	简单的逻辑控制或模拟量控制	数据处理功能强,可组成功能强的完整系统	可组成从简单到复杂的各种测控系统	本身已具备完整的控制功能,软件丰富,执行速度快	逻辑控制为主,也组成模拟控制系统	大型复杂的多点控制系统
通信功能	按需要自行配置	已备一个串行口,再多可另行配置	选用通用模板	产品已提供串行口	选择RS232通信模块	选取相应的模块
硬件制作工作量	多	稍少	少	少	很少	很少
程序语言	汇编语言及C语言为主	汇编和高级语言均可	汇编和高级语言均可	高级语言为主	梯形图编程、专用编程软件或CoDeSys	多种编程语言
软件工作开发量	很多	多	较多	较多	少	较多
执行速度	快	较快	快	较快	稍慢	很快
输出带载能力	差	较差	较强	较强	强	强
抗干扰能力	差	较差	好	好	很好	很好
可靠性	较差	较差	好	好	很好	很好
环境适应性	较差	差	较好	一般	很好	较好
应用场合	智能仪器、简单控制	实验室环境的信号采集	一般工业现场控制	较大规模的现场控制	一般工业现场控制	大规模的现场控制,可组成监控网络
价格	最低	较高	稍高	高	高	很高

6.2　可编程控制技术

　　可编程控制器是一种专为在工业环境下应用而设计的数字运算操作的电子系统。采用一种可编程序的存储器,在其内部存储执行逻辑运算、顺序控制、定时、计数和算术运算等操作的指令,通过数字式或模拟式的输入输出来控制各种类型的装备及机电一体化系统。可编程控制器自诞生以来已发展到很高的水平，目前市场上生产 PLC 的厂家很多，产品种类丰富，既有几个 I/O 点的微型可编程控制器，也有上千点 I/O 的大型可编程控制器。

6.2.1　PLC 技术基础

6.2.1.1　PLC 的分类

可编程序控制器（programmable logic controller，PLC），是以微处理器为基础，综合了计算机技术、自动控制技术和通信技术而发展起来的一种新型、通用的自动控制装置。

可编程序控制器发展到今天，已经有多种形式，而且功能也不尽相同，按不同的原则可有不同的分类。

A　根据结构分类

根据结构分类如下：

（1）整体式（箱体式）。整体式结构的特点是将 PLC 的基本部件，如 CPU 板、输入板、输出板、电源板等紧凑地安装在一个标准机壳内，构成一个整体，组成 PLC 的一个基本单元（主机）或扩展单元。基本单元上没有扩展端口，通过扩展电缆与扩展单元相连，以构成 PLC 不同的配置。整体式结构的 PLC 体积小，成本低，安装方便。微型和小型 PLC 一般为整体式结构。整体式 PLC 的基本组成框图如图 6-3 所示。

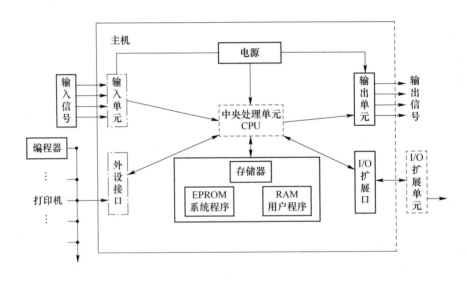

图 6-3　整体式 PLC 的基本组成框图

（2）组合式（机架模块式）。组合式结构的 PLC 为总线结构，其总线做成总线板。它是由标准模块单元（如 CPU 模块、输入模块、输出模块、电源模块和各种功能模块等）构成，将这些模块插在框架上或总线板上即可。各模块功能是独立的，外形尺寸是统一的，插入什么模块可根据需要灵活配置。目前，中、大型 PLC 多采用这种结构形式。

组合式 PLC 的基本组成框图如图 6-4 所示。

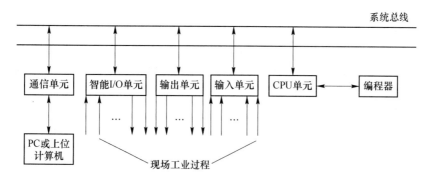

图 6-4 组合式 PLC 的基本组成框图

B 按控制规模分类

一般而言，处理的 I/O 点数越多，则控制关系越复杂，用户要求的程序存储器容量越大，PLC 指令及其他功能也越多，指令执行的速度也越快，按 PLC 的 I/O 点数可将 PLC 分为以下三类。

（1）小型 PLC。小型 PLC 的 I/O 总点数在 256 点以下，用户程序存储容量在 4 kB 以下。小型 PLC 的功能一般以开关量控制为主，现在的高性能小型 PLC 还具有一定的通信能力和少量的模拟量处理能力。这类 PLC 的特点是价格低廉，体积小巧，适合于控制单台设备，开发机电一体化产品。

典型的小型机有 SIEMENS 公司的 S7-200 系列、通用公司的 GE Faunc90 系列、Rockwell（AB）公司的 SLC500 系列、MITSUBISHI 公司的 FX 系列、OMRON 公司的 CPM1A 系列，以及其新近推出的具有高度扩展性的小型一体化可编程控制器 CP1H 系列等产品。

（2）中型 PLC。中型 PLC 的 I/O 总点数在 256 ~ 2048 点之间，用户程序存储容量在 8 kB 左右。中型 PLC 不仅具有开关量和模拟量的控制功能，还具有更强的数字计算能力，它的通信功能和模拟量处理能力更强大。中型机的指令比小型机更丰富，中型机适用于复杂的逻辑控制系统以及连续生产过程控制场合。

典型的中型机有 SIEMENS 公司的 S7-300 系列、Rockwell（AB）公司的 ControlLogix 系列、OMRON 公司的 C200H 系列等产品。

（3）大型 PLC。大型 PLC 的 I/O 总点数在 2048 点以上，用户程序存储容量在 16 kB 以上。大型 PLC 的性能已经与工业控制计算机相当，它具有计算、控制和调节的功能，还具有强大的网络结构和通信联网能力。它可以连接 HMI 作为系统监视或操作界面，能够表示过程的动态流程，记录各种曲线，PID 调节参数选择图，可配备多种智能模块，构成一个多功能系统。这种系统还可以和其他型号的控制器互联，和上位机相连，组成一个集中分散的生产过程和产品质量控制系统。大型机适用于设备自动化控制、过程自动化控制和过程监控系统。

典型的大型 PLC 有 SIEMENS 公司的 S7-400、OMRON 公司的 CVM1 和 CS1 系列、Rockwell（AB）公司的 ControlLogix 和 PLC5/05 系列等产品。

6.2.1.2　PLC 的硬件组成

PLC 种类繁多，但其组成结构和工作原理基本相同。由于 PLC 是专为工业现场应用而设计，因此在其设计中采用了一定的抗干扰技术。PLC 按照结构形式的不同可分为整体式（见图 6-3）和组合式（见图 6-4）两类。但不论哪种结构形式，都采用了典型的计算机结构，主要由 CPU、电源、存储器和专门设计的输入输出接口电路等组成。

下面具体介绍 PLC 各部分组成及其作用。

（1）中央处理器。中央处理单元（CPU）一般由控制器、运算器和寄存器组成，这些电路都集成在一个芯片内。CPU 通过数据总线、地址总线和控制总线与存储单元、输入输出接口电路相连接。与一般计算机一样，CPU 是 PLC 的核心，它按 PLC 中系统程序赋予的功能指挥 PLC 有条不紊地工作。用户程序和数据事先存入存储器中，当 PLC 处于运行方式时，CPU 按循环扫描方式执行用户程序。

CPU 的主要任务有：控制用户程序和数据的接收与存储；用扫描的方式通过 I/O 部件接收现场的状态或数据，并存入输入映像寄存器或数据存储器中；诊断 PLC 内部电路的工作故障和编程中的语法错误等；PLC 进入运行状态后，从存储器逐条读取用户指令，经过命令解释后按指令规定的任务进行数据传送、逻辑或算术运算等；根据运算结果，更新有关标志位的状态和输出映像寄存器的内容，再经输出部件实现输出控制、制表打印或数据通信等功能。

不同型号的 PLC 其 CPU 芯片是不同的，有采用通用 CPU 芯片的，有采用厂家自行设计的专用 CPU 芯片的。CPU 芯片的性能关系到 PLC 处理控制信号的能力与速度，CPU 位数越高，系统处理的信息量越大，运算速度也越快。PLC 的功能是随着 CPU 芯片技术的发展而提高和增强的。

（2）存储器。PLC 的存储器包括系统存储器和用户存储器两部分。

系统存储器用来存放由 PLC 生产厂家编写的系统程序，系统程序固化在 ROM 内，用户不能直接更改，它使 PLC 具有基本的功能，能够完成 PLC 设计者规定的各项工作。系统程序质量的好坏，很大程度上决定了 PLC 的性能，其内容主要包括三部分：第一部分为系统管理程序，它主要控制 PLC 的运行，使整个 PLC 按部就班地工作；第二部分为用户指令解释程序，通过用户指令解释程序，将 PLC 的编程语言变为机器语言指令，再由 CPU 执行这些指令；第三部分为标准程序模块与系统调用，它包括许多不同功能的子程序及其调用管理程序，如完成输入、输出及特殊运算等的子程序。PLC 的具体工作都是由这部分程序来完成的，这部分程序的多少也决定了 PLC 性能的高低。

用户存储器包括用户程序存储器（程序区）和功能存储器（数据区）两部分。用户程序存储器用来存放用户针对具体控制任务，用规定的 PLC 编程语言编写的各种用户程序，以及用户的系统配置。用户程序存储器根据所选用的存储器单元类型的不同，可以是 RAM（有掉电保护）、EPROM 或 EEPROM 存储器，其内容可以由用户任意修改或增删。用户功能存储器是用来存放（记忆）用户程序中使用器件的 ON/OFF 状态、数值数据等。用户存储器容量的大小，关系到用户程序容量的大小，是反映 PLC 性能的重要指标之一。

（3）输入单元。可编程序控制器的输入信号类型可以是开关量、模拟量和数字量。输入单元从广义上包含两部分：一部分是与被控设备相连接的接口电路，另一部分是输入映像寄存器。

输入单元接收来自用户设备的各种控制信号，如限位开关、操作按钮、操作手柄、选择开关、行程开关，以及其他一些传感器的信号。通过接口电路将这些信号转换成中央处理器能够识别和处理的信号，并存到输入映像寄存器。运行时，CPU 从输入映像寄存器读取输入信息并进行处理，将处理结果存放到输出映像寄存器。

为防止各种干扰信号和高电压信号进入 PLC，影响其可靠性或造成设备损坏，现场输入接口电路一般由光电耦合电路进行隔离。光电耦合电路的关键器件是光耦合器，一般由发光二极管和光电三极管组成。

PLC 的内部电路按电源性质分三种类型：直流输入电路、交流输入电路和交直流输入电路。为保证 PLC 能在恶劣的现场环境下可靠地工作，三种电路都采用了光电隔离、滤波等措施。图 6-5 所示为某直流输入接口的内部电路和外部接线图。图中的光电耦合器能有效地避免输入端引线可能引入的电磁场干扰和辐射干扰；光敏管输出端设置的 RC 滤波器能有效地消除开关类触点输入时抖动引起的误动作，但 RC 滤波器也会使 PLC 内部产生约 10 ms 的响应滞后（有些 PLC 某几个输入点的滤波常数可以通过软件来设定）。可编程控制器是以牺牲响应速度来换取可靠性，而这样所具有的响应速度在机械装备控制中是足够的。外部电路主要是指输入器件和 PLC 的连接电路。输入器件大部分是无源器件，如常开按钮、限位开关、主令控制器等。随着电子类电器的兴起，输入器件越来越多地使用有源器件，如接近开关、光电开关、霍尔开关等。有源器件本身所需的电源一般采用 PLC 输入端口内部所提供的直流 24 V 电源（容量允许的情况下，否则需外设电源）。当某一端口的输入器件接通有信号输入时，PLC 面板上往往有相应的指示灯显示。输入电路的电源可由内部提供，但有的 PLC 外部电路需外界提供电源。

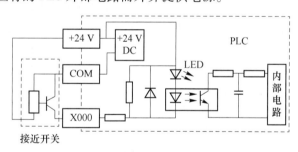

图 6-5 PLC 直流输入接口的内部电路和外部接线图

（4）输出单元。可编程序控制器的输出信号类型可以是开关量、模拟量、PWM 信号和数字量。输出单元从广义上包含两部分：一是与被控设备相连接的接口电路，二是输出映像寄存器。

PLC 运行时 CPU 从输入映像寄存器读取输入信息并进行处理，将处理结果存放到输出映像寄存器。输出映像寄存器由输出点相对应的触发器组成，输出接口电路将其由弱电控制信号转换成现场需要的强电信号输出，以驱动电磁阀、接触器、指示灯等被控设备的执行元件。

为使 PLC 避免受瞬间大电流的作用而损坏，输出端外部接线必须采用保护措施：一是输出公共端接熔断器；二是采用保护电路，对交流感性负载，一般用阻容吸收回路；三是可以对直流感性负载用续流二极管。

　　为了能够适应各种各样的负载需要，每种系列可编程控制器的输出接口电路按输出开关器件来分，有以下三种方式：

　　1）继电器输出方式。由于继电器的线圈与触点在电路上是完全隔离的，因此它们可以分别接在不同性质和不同电压等级的电路中。利用继电器的这一性质，可以使可编程控制器的继电器输出电路中内部电子电路与可编程控制器驱动的外部负载在电路上完全分割开。由此可知，继电器输出接口电路中不再需要隔离。实际上，继电器输出接口电路常采用固态电子继电器，其电路如图 6-6 所示，图中与触点并联的 RC 电路用来消除触点断开时产生的电弧；由于继电器是触点输出，因此它既可以带交流负载，也可以带直流负载。继电器输出方式最常用，其优点是带载能力强，缺点是动作频率与响应速度慢（响应时间 10 ms）。

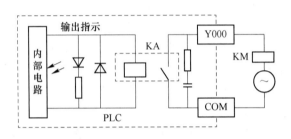

图 6-6　继电器输出接口电路

　　2）晶体管输出方式。其电路如图 6-7 所示，输出信号由内部电路中的输出锁存器传给光电耦合器，经光电耦合器送给晶体管。晶体管的饱和导通状态和截止状态相当于触点的接通和断开。图中稳压管能够抑制关断过电压和外部浪涌电压，起到保护晶体管的作用。由于晶体管输出电流只能朝一个方向，因此晶体管输出方式只适用于直流负载。其优点是动作频率高，响应速度快（响应时间 0.2 ms），缺点是带载能力小。

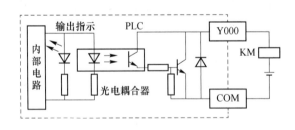

图 6-7　晶体管输出接口电路

　　3）晶闸管输出方式。其电路如图 6-8 所示，晶闸管通常采用双向晶闸管，双向晶闸管是一种交流大功率器件，受控于门极触发信号。可编程控制器的内部电路通过光电隔离后去控制双向晶闸管的门极。晶闸管在负载电流过小时不能导通，此时可以在负载两端并联一个电阻。图中 RC 电路用来抑制晶闸管的关断过电压和外部浪涌电压。由于双向晶闸管为关断不可控器件，电压过零时自行关断，因此晶闸管输出方式只适用于交流负载。其优点是响应速度快（关断变为导通时间小于 1 ms，导通变为判断的延迟时间小于 10 ms），缺点是带负载能力不大。

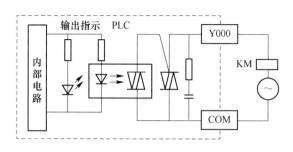

图 6-8　双向晶闸输出接口电路

（5）电源部分。PLC 中一般配有开关式稳压电源为内部电路供电。开关电源的输入电压范围宽、体积小、质量轻、效率高、抗干扰性能好。有的 PLC 能向外部提供 24 V 的直流电源，可给输入单元所连接的外部开关或传感器供电。

（6）I/O 扩展端口。当主机上的 I/O 点数或类型不能满足用户需要时，主机可以通过 I/O 扩展口连接 I/O 扩展单元来增加 I/O 点。没有 I/O 扩展口的 PLC 是不能进行 I/O 点扩展的。另外，通过 I/O 扩展口还可以连接各种特殊功能单元（智能 I/O 单元），以扩展 PLC 的功能。

（7）外设接口。每台 PLC 都有外设接口。通过外设接口，PLC 可与外部设备相连接。PLC 的外部设备有编程器、计算机、打印机、EPROM 写入器、外存储器以及监视器、变频器等，以在各种不同的场合实现多种不同的应用。

以上就是一个 PLC 的基本组成。但是，如果要利用 PLC 完成更高级、更复杂的控制（例如集散控制），往往还需要借助 PLC 的高功能模块（特殊功能单元）、变频器、计算机等其他设备的支持及通信功能的实现。

6.2.1.3　PLC 的工作原理

为了满足工业逻辑控制的要求，同时结合计算机控制的特点，PLC 的工作方式采用不断循环的顺序扫描工作方式。每一次扫描所用的时间称为扫描周期或工作周期。CPU 从第一条指令执行开始，按顺序逐条地执行用户程序直到用户程序结束，然后返回第一条指令开始新的一轮扫描。PLC 就是这样周而复始地重复上述循环扫描的。

当 PLC 处于正常运行时，它将不断重复扫描过程。分析上述扫描过程，如果对远程 I/O、特殊模块和其他通信服务暂不考虑，这样扫描过程就只剩下"输入采样""程序执行""输出处理"三个阶段了。这三个阶段是 PLC 工作过程的中心内容，理解透 PLC 工作过程的这三个阶段是学习好 PLC 的基础。下面就对这三个阶段进行详细的分析。图 6-9 所示为输入采样阶段、程序执行阶段和输出处理阶段三个阶段的工作过程。

（1）输入采样阶段。CPU 将全部现场输入信号如按钮、限位开关、速度继电器、操作手柄、传感器等的状态（通/断）经 PLC 的输入端子，读入映像寄存器，这一过程称为输入采样或扫描阶段。进入下一阶段即程序执行阶段时，输入信号若发生变化，输入映像寄存器也不予理睬，只有等到下一扫描周期输入采样阶段时才被更新。这种输入工作方式称为集中输入方式。

（2）程序执行阶段。CPU 从 0000 地址的第一条指令开始，依次逐条执行各指令，直

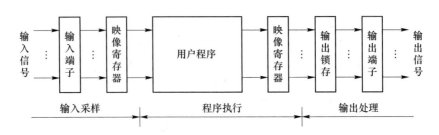

图 6-9　PLC 扫描工作过程

到执行到最后一条指令。PLC 执行指令程序时，要读入输入映像寄存器的状态（ON 或 OFF，即 1 或 0）和其他编程元件的状态，除输入继电器外，一些编程元件的状态随着指令的执行不断更新。CPU 按程序给定的要求进行逻辑运算和算术运算，运算结果存入相应的元件映像寄存器，把将要向外输出的信号存入输出映像寄存器，并由输出锁存器保存。程序执行阶段的特点是依次顺序执行指令。

（3）输出处理阶段。CPU 将输出映像寄存器的状态经输出锁存器和 PLC 的输出端子，传送到外部去驱动接触器、电磁阀和指示灯等负载。这时输出锁存器的内容要等到下一个扫描周期的输出阶段到来才会被刷新。这种输出工作方式称为集中输出方式。

由以上分析可知，可编程序控制器采用串行工作方式，由彼此串行的三个阶段可构成一个扫描周期，输入采样和输出处理阶段采用集中扫描工作方式。只要 CPU 置于"Run"，完成一个扫描周期工作后，将自动转入下一个扫描周期，反复循环地工作，这与继电器控制是大不相同的。

CPU 完成一次包括输入采样阶段、程序执行阶段和输出处理阶段的扫描循环所占用的时间称为 PLC 的一个扫描周期，用 T_0 表示。其中输入和输出时间很短约为 1 ms。程序执行时间与指令种类和 CPU 扫描速度相关。欧姆龙 C 系列 P 型机的指令执行的平均时间约为 10 μs/指令。一个扫描周期只有几毫秒。

从输入触点闭合到输出触点闭合有一段时间延迟，一般称这段时间为 I/O 响应时间。I/O 滞后现象是 PLC 工作时必须考虑的一个重要问题。

一般来说，影响 PLC 的 I/O 滞后现象的原因主要有以下几点。

（1）PLC 输入电路中设置的输入滤波器对信号的延迟作用；

（2）输出继电器一般都有机械滞后所引起的动作延迟；

（3）PLC 循环操作时，产生一个扫描周期的滞后；

（4）用户程序的语句编排不当也会影响输入/输出响应时间。

6.2.1.4　PLC 的技术性能

A　基本技术性能

描述 PLC 性能时，常常用到位、数字、字节、字及通道等术语。

位指二进制的一位，仅有 1、0 两种取值。一个位对应 PLC 一个继电器，某位的状态为 1 或 0，分别对应继电器线圈通电或断电。

4 位二进制数构成一个数字，这个数字可以是 0000～1001（十进制数字 0～9），也可以间 0000～1111（十六进制数 0～F）。

2 个数字或 8 位进进制数构成一个字节。

2 个字节构成一个字。在 PLC 术语中，字也称为通道。一个字包含 16 位，或者说一个通道包含 16 个继电器。

下面是一些通用的决定 PLC 性能的主要指标。

（1）输入/输出点数（即 I/O 点数）。这是 PLC 最重要的一项技术指标。所谓 I/O 点数是 PLC 外部 I/O 端子的总数。也是 PLC 可以接受的输入信号和输出信号的总和，是衡量 PLC 性能的重要指标。这些端子可通过螺钉或电缆端口与外部设备相连，它直接决定了 PLC 能控制的输入与输出设备数量，也就决定了 PLC 的控制规模大小。

（2）程序容量。一般以 PLC 所能存放用户程序的多少来衡量。用户程序存储器容量决定了 PLC 所能存放的用户程序的多少，一般以字（或步）为单位来计算。用户程序存储器的容量大，可以编制出复杂的程序。在有的 PLC 中，程序指令是按"步"存放的（一条指令往往不止一"步"），一"步"占用一个地址单元，一个地址单元占用一个字（2 个字节）。如一个内存容量为 1 K 步的 PLC 可推知其内存容量为 1 K 字或 2 KB。

（3）扫描速度。PLC 工作时是按照扫描周期进行循环扫描的，所以扫描周期的长短决定了 PLC 运行速度的快慢。由于扫描周期的长短取决于多种因素，因此一般用执行 1000 步指令所需时间作为衡量 PLC 速度快慢的一项指标，称为扫描速度，单位为"ms/（千步）"。扫描速度有时用执行一步指令所需的时间来表示，单位为"μs/步"。PLC 的 I/O 响应时序如图 6-10 所示，从中可以了解 PLC 扫描周期和扫描速度的内涵。

（4）指令功能与数量。指令功能的强弱、数量的多少也是衡量 PLC 性能好坏的重要指标。编程指令的功能越强、数量越多，PLC 的处理能力和控制能力也越强，用户编程也越简单和方便，越容易完成复杂的控制任务。

（5）内部继电器和寄存器。内部元件的配置情况是衡量 PLC 硬件功能的一个指标。在编制 PLC 程序时，需要用到大量的内部元件来存放变量状态、中间结果、保持数据、定时计数、模块设置和各种标志位等信息，这些元件的种类和数量越多，表示 PLC 的存储和处理各种信息的能力越强。

（6）编程语言与编程手段。编程语言一般分为梯形图、助记符语句表、状态转移图、控制流程图等几类，不同厂家的 PLC 编程语言类型有所不同，语句也各异。编程手段主要是指用何种编程装置，编程装置一般分为手持编程器和带有相应编程软件的计算机两种。

（7）高级（功能）模块。PLC 除了主控模块外还可以配接各种高级模块。主控模块实现基本控制功能，高级模块则可实现某种特殊功能。高级模块的种类及其功能的强弱常用来衡量该 PLC 产品的技术水平高低。目前各厂家开发的高级模块种类繁多，主要包括 A/D、D/A、高速计数、高脉冲输出、PID 控制、模糊控制、运动控制、位置控制、网络通信及各种物理量转换模块等。这些高级模块使 PLC 不但能进行开关量顺序控制，而且能进行模拟量控制，以及精确的速度和定位控制。特别是网络通信模块的迅速发展，使得 PLC 可以充分利用计算机和互联网的资源，实现远程监控。近年来出现的网络机床、虚拟制造等就是建立在网络通信技术的基础之上。

B PLC 的内存分配及 I/O 点数

机电一体化系统中 PLC 应用的重要一点是对 PLC 内部寄存器的配置与功能的深入了解，以及其 I/O 分配情况。表 6-2 介绍了一般 PLC 器件的内部寄存器划分情况。

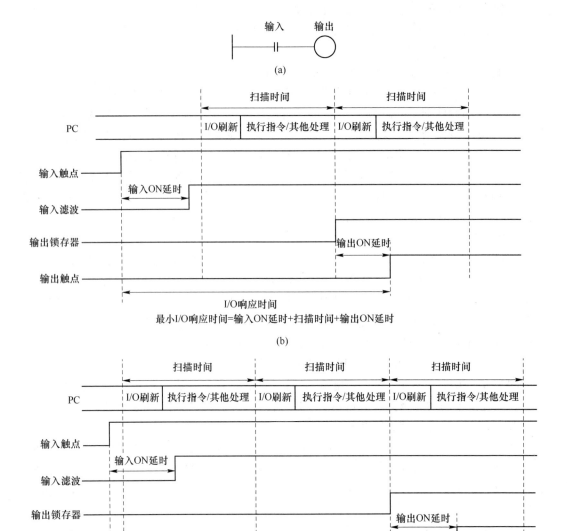

图 6-10   PLC 的 I/O 响应时序图

（a）梯形图程序；（b）最小响应时序图；（c）最大响应时序图

表 6-2   PLC 的内存分配

I/O 继电器区	内部通用继电器区	数据寄存器区
特殊继电器区	特殊寄存器区	系统寄存器区

每个区分配一定数量的内存单元，并按不同的区命名编号。下面分别介绍各个区。

（1）I/O 继电器区。I/O 区的寄存器可直接与 PLC 外部的输入、输出端子传递信息。

这些 I/O 寄存器在 PLC 中具有"继电器"的功能，即它们有自己的"线圈"和"触点"。因此在 PLC 中又常称这一寄存器区为"I/O 继电器区"。每个 I/O 寄存器由一个字（16 bit）组成，每个 bit 位对应 PLC 的一个外部端子，称作一个 I/O 点。I/O 寄存器的个数乘以 16 等于 PLC 总的 I/O 点数。如某 PLC 有 10 个 I/O 寄存器，则该 PLC 有 160 个 I/O 点。在程序中，每个 I/O 点也都可以看成是一个"软继电器"，有动合触点，也有动断触点，同一个命名的触点可以反复使用，其使用次数不限。这里的"软继电器"实际上就是 PLC 内部的逻辑电路或只是一些存储的逻辑量。在 PLC 中常常用这样的逻辑量代替实际的物理器件，用这种"软继电器"代替"硬继电器"，可以大大减少外部接线，增加系统设计的灵活性，便于实现柔性制造系统（FMS）。这可以说是"继电器-接触器控制"设计上的一个革命，也是 PLC 能逐渐取代传统"继电器-接触器"控制的一个重要原因。

不同厂家的 PLC 对 I/O 寄存器有不同的编号，有的以 X、Y（西门子 S7 以 I、Q）分别表示输入、输出端，以下标数字进行编号；还有的用序号为输入、输出分区编号。不同型号的 PLC 配置有不同数量的 I/O 点，一般小型的 PLC 主机有十几至几十个 I/O 点。

若一台 PLC 主机的 I/O 点数不够，可进行 I/O 扩展。一般 I/O 扩展模块中只有 I/O 接口电路、驱动电路，而没有 CPU。它只能通过接口与主机相连使用，不能单独使用。PLC 的最大扩展能力主要受 CPU 寻址能力和主机驱动能力的限制。

（2）内部通用继电器区。这个区的寄存器与 I/O 区结构相同，既能以字为单位（16 bit）使用，也能以位为单位（1 bit）使用，不同之处在于它们只能在内部使用，而不能直接进行输入/输出控制。其作用与中间继电器相似，在程序控制中可存放中间变量。

（3）数据寄存器区。这个区的寄存器只能按字使用，不能按位使用。一般只用来存放各种数据。

（4）特殊继电器、寄存器区。这两个区中的继电器和寄存器的结构并无特殊之处，也是以字或位为一个单元，但它们都被系统内部占用，专门用于某些特殊目的，如存放各种标志、标准时钟脉冲、计数器和定时器的设定值和经过值、自诊断的错误信息等。这些区的继电器和寄存器一般不能由用户任意占用。

（5）系统寄存器区。系统寄存器一般用来存放各种重要信息和参数，如各种故障检测信息、各种特殊功能的控制参数及 PLC 产品出厂设定值。这些信息和参数保证 PLC 的正常工作。在某些 PLC 产品中，这些寄存器是以十进制数进行编号的，它们各自存放着不同的信息。这些信息有的可以进行修改，有的是不能修改的。当需要修改系统寄存器时，必须使用特殊的命令，这些命令的使用方法见有关的使用手册。而通过用户程序，不能读取和修改系统寄存器的内容。

6.2.2 PLC 的编程语言

6.2.2.1 梯形图

梯形图（ladder diagram，LAD）是最常用的 PLC 编程语言。梯形图与"继电器-接触器"控制系统的电路图很相似，具有易懂的优点，很容易被专业领域熟悉"继电器-接触器"的电气人员掌握，它特别适用开关量逻辑控制。有时也把梯形图称电路或程序。梯形图示例如图 6-11 所示。

梯形图由触点、线圈和用方框表示的功能块组成。触点代表逻辑输入条件，如外部的

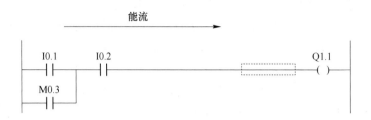

图6-11　梯形图示例

开关、按钮、手柄和内部条件等；线圈通常代表逻辑输出结果，用来控制外部的指示灯、交流接触器和内部的输出条件等；功能块用来表示定时器、计数器或者数学运算等附加指令。

在分析梯形的逻辑关系时，为了借用"继电器-接触器"控制系统电路图的分析方法，可以想象左右两侧垂直母线（右侧垂直母线）之间有一个"左正右负"的直流电源，当图6-11的梯形图中I0.1与I0.2的触点接通，或M0.3与I0.2的触点接通，有一个假想的"能流"流过Q1.1的线圈。利用能流这一概念，可以直观、形象、更好地理解和分析梯形图，能流只能从左向右流动。

在西门子PLC中，把触点和线圈等组成的独立电路称为网络，用编程软件生成的梯形图和语句表程序中有网络编号，允许以网络为单位，给梯形图加注释。在网络中，程序的逻辑运算按从左到右的方向执行，与能流的方向一致。各网络按从上到下的顺序执行，执行完成所有的网络后，返回到最上面的网络重新执行。使用编程软件可以直接生成和编辑梯形图，并将它下载到PLC中。

6.2.2.2　指令表

用梯形图等图形编程虽然直观、简便，但要求PLC配置LRT显示器才能输入图形符号。在许多小型、微型PLC的编程器并没有LRT屏幕显示，或没有较大的液晶屏幕显示，就只能用一系列PLC操作命令组成的指令程序将梯形图控制逻辑描述出来，并通过编程器输入到PLC中去。

西门子的S7系列PLC将指令表（instruction list，IL）称为语句表（statement list）。PLC的指令表（语句表、指令字程序、助记符语言）是由若干条PLC指令组成的程序。PLC的指令类似于计算机汇编语言的形式，它是用指令的助记符来编程的。但是PLC的指令系统远比计算机汇编语言的指令系统简单得多。PLC一般有20多条基本逻辑指令，可以编制出能替代继电器控制系统的梯形图。因此，指令表也是一种应用很广的编程语言。

PLC中最基本的运算是逻辑运算，最常用的指令是逻辑运算指令，如"与""或""非"等。这些指令再加上"输入""输出""结束"等指令，就构成了PLC的基本指令。不同厂家的PLC，指令的助记符不相同。如西门子S7系列PLC常见指令的助记符为：

（1）LD/LN表示逻辑操作开始，分别为动合触点/动断触点与左母线连接；

（2）A/AN表示逻辑"与"/"与反"，分别为动合触点/动断触点与左边的触点相串联；

（3）O/ON表示逻辑"或"/"或反"，分别为动合触点/动断触点与上边的触点相并联；

（4）ALD/OLD 表示逻辑块"与"/"或"；= 表示输出；END 表示程序结束。

指令表是梯形图的派生语言，它保持了梯形图简单、易懂的特点，并且键入方便、编程灵活。但是指令表不如梯形图形象、直观，较难阅读，其中的逻辑关系也很难一眼看出。所以在设计时一般多使用梯形图语言；而在使用指令表编程时，也是先根据控制要求编出梯形图，然后根据梯形图转换成指令表后再写入 PLC 中，这种转换的规则很简单。在用户程序存储器中，指令按步序号顺序排列。

指令表比较适合熟悉 PLC 和逻辑程序设计的经验丰富的程序员，指令表可以实现某些能用 LAD 或 FBD 实现的功能。

西门子 S7-200 CPU 在执行程序时要用到逻辑堆栈，利用 FBD 编辑器自动地插入处理栈操作所需要的指令。在语句表中，必须由编程人员加入这些堆栈处理指令。

6.2.2.3　顺序功能图

顺序功能图（sequential function chart，SFC）是一种位于其他编程语言之上的图形语言，用来编制顺序控制程序。

SFC 提供了一种组织程序的图形方法，在顺序功能图中可以用别的语言"嵌套编程"。步、转换和动作是顺序功能图中的几种主要元件，步是一种逻辑块，即对应于特定的控制任务的编程逻辑；动作是控制任务的独立部分；转换是从一个任务变换到另一个任务的原因或条件。如图 6-12 所示，可以用顺序功能图来描述系统的功能，根据它可以很容易地编写出梯形图程序。

6.2.2.4　功能块图

功能块图是一种类似于数字型逻辑电路的编程语言，有数字电路基础的人很容易掌握。该编程语言用类似"与门""或门""非门"的方框来表示逻辑运算关系，方框的左侧为逻辑运算的输入变量，右侧为输出变量，输入、输出端的小圆圈表示"非"运算，信号是自左向右流动的。功能块图如图 6-13 所示。

图 6-12　顺序功能图

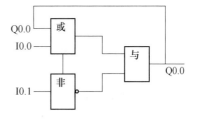

图 6-13　功能块图

6.2.2.5　结构文本及其他高级语言

结构文本（structured text，ST）是为 IEC 61131-3 标准创建的一种专用的高级编程语言，与 FBD 相比，它能实现复杂的数学运算，编写的程序非常简洁和紧凑。

目前也有一些 PLC 可用 BASIC 和 C 等高级语言进行编程，但使用尚不普遍，本书从略。

虽然 PLC 有 5 种编程语言，但在 S7-200 的编程软件中，用户只可以选用 LAD、FBD 和 STL 这三种编程语言，其中 FBD 不常用。STL 程序较难阅读，其中的逻辑关系很难一眼看出，因此在设计复杂的开关量控制程序时一般都使用 LAD 语言。但 STL 可以处理某些不能用 LAD 处理的问题，且 STL 输入方便快键，还可以为每一条语句加上注释，便于复杂程序的阅读。在设计通信、数学运算等高级应用程序时建议使用语句表语言。LAD 程序中输入信号与输出信号之间的逻辑关系一目了然，易于理解，与"继电器-接触器"控制系统电路图的表达方式极为相似，设计开关量控制程序时建议选用 LAD 语言。

6.2.3　PLC 程序设计方法

数字量控制系统梯形图程序设计方法常用的有翻译法、经验法和顺序功能图法三种。下面以西门子 S7-200 PLC 为例介绍这三种方法的应用。

6.2.3.1　翻译法设计程序

翻译法设计 PLC 梯形图就是根据继电器电路图直接翻译成梯形图的方法，所以有时又称改造法。

（1）设计思想。PLC 使用与继电器电路图极为相似的梯形图语言，如果用 PLC 改造继电器控制系统，根据继电器电路图来设计梯形图是一条捷径。在分析 PLC 控制系统的功能时，可以将 PLC 想象成一个继电器控制系统中的控制箱，其外部接线图描述了这个控制箱的外部接线，梯形图是这个控制箱的内部"线路图"，梯形图中的输入位（I）和输出位（Q）是这个控制箱与外部世界联系的"接口继电器"，这样就可以用分析继电器电路图的方法来分析 PLC 控制系统。在分析时可以将梯形图中输入位的触点想象成对应的外部输入器件的触点，将输出位的线圈想象成对应的外部负载的线圈。外部负载的线圈除了受梯形图的控制外，还可能受外部触点的控制。

这种设计方法一般不需要改动控制面板，保持了系统原有的外部特性，操作人员不用改变长期形成的操作习惯。

（2）"翻译"步骤。将继电器电路图"翻译"为功能相同的 PLC 的外部接线图和梯形图的步骤如下：

1）了解和熟悉被控设备的工艺过程和机械的动作情况，根据继电器电路图分析和掌握控制系统的工作原理。

2）确定 PLC 的输入信号和输出负载，以及与它们对应的梯形图中的输入和输出地址，画出 PLC 的外部接线图。

3）确定与继电器电路图的中间继电器、时间继电器对应的梯形图中的位存储器（M）和定时器（T）的地址。这两步建立了继电器电路图中的元件和梯形图中编程元件的地址之间的对应关系。

4）根据上述对应关系画出梯形图。

（3）"翻译"规则。梯形图和继电器电路虽然表面看起来差不多，实际上有本质的区别。继电器电路是全部由硬件组成的电路，而梯形图是一种软件，是 PLC 图形化的程序。根据继电器电路图设计 PLC 的外部接线图和梯形图时应意以下问题。

1）左进右出。在继电器电路图中，触点可以放在线圈的左边，也可以放在线圈的右边，但是在梯形图中，线圈必须放在电路的最右边，即所有输入信号（如开关、按钮、手柄、传感器等）从左边进，所有驱动输出（如报警器、继电器、接触器等）从右边出。

2）设置中间单元。在梯形图中，若多个线圈都受某一触点串并联电路的控制，为了简化电路，在梯形图中可以设置用该电路控制的位存储器，它类似于继电器电路中的中间继电器。

3）尽量减少 PLC 的输入信号和输出信号。PLC 的价格与 I/O 点数有关，每一输入信号和每一输出信号分别要占用一个输入点和一个输出点，因此减少输入信号和输出信号的点数是降低硬件费用的主要措施。

与继电器电路不同，一般只需要同一输入器件的一个常开触点给 PLC 提供输入信号，在梯形图中，可以多次使用同一输入位的常开触点和常闭触点。在继电器电路图中，如果几个输入器件的触点的串并联电路总是作为一个整体出现，可以将它们作为 PLC 的一个输入信号，只占 PLC 的一个输入点。

4）设立外部联锁电路。为了防止控制正反转的两个接触器同时动作造成三相电源短路，应在 PLC 外部设置硬件联锁电路。如果在继电器电路中有接触器之间的联锁电路，在 PLC 的输出电路也应采用相同的联锁电路。

5）梯形图的优化设计。为了减少语句表指令的指令条数，在串联电路中单个触点应放在右边，在并联电路中单个触点应放在下面。

6）外部负载的额定电压。PLC 的继电器输出模块和双向晶闸管输出模块只能驱动额定电压最高 AC 220 V 的负载，如果系统原来的交流接触器的线圈电压为 380 V，应将线圈换成 220 V 的，或设置外部中间继电器。

6.2.3.2 经验法设计程序

在一些典型电路的基础上，根据被控对象对控制系统的具体要求和逻辑关系设计梯形图并不断地修改和完善。用经验设计法设计梯形图时，没有一套固定的方法和步骤可以遵循，具有很大的试探性和随意性，对于不同的控制系统，没有一种通用的容易掌握的设计方法。最后的结果不是唯一的，设计所用的时间、设计的质量与设计者的经验有很大的关系，所以有人把这种设计方法叫作经验设计法，它可以用于较简单的梯形图如手动程序的设计。下面举例说明这种设计方法的应用。

例 6-1 有记忆功能的电路。图 6-14 所示为起动-保持-停止电路（简称为起保停电路）梯形图，图中的起动信号 I0.0 和停止信号 I0.1 持续为 ON 的时间一般都很短。"起保停电路"最主要的特点是具有"记忆"功能，按下起动按钮，I0.0 的常开触点接通，如果这时未按停止按钮，I0.1 的常闭触点接通，Q0.0 的线圈"通电"，它的常开触点同时接通。放开起动按钮，I0.0 的常开触点断开，"能流"经 Q0.0 的常开触点和 I0.1 的常闭触点流过 Q0.0 线圈，Q0.0 仍为 ON，此即为所谓的"自锁"或"保持"功能。按下停止按钮，I0.1 的常闭触点断开，使 Q0.0 的线圈"断电"，其常开触点断开，以后即使放开停止按钮，I0.1 的常闭触点恢复接通状态，Q0.0 线圈仍然"断电"。这种记忆功能也可以用图 6-14 中的 S 指令和 R 指令来实现。在实际电路中，起动信号和停止信号可能由多个触点组成串、并联电路提供。

例 6-2 图 6-15 所示为三相异步电动机正反转控制的主电路和继电器控制电路图。其中 KM1 和 KM2 分别是控制正转运行和反转运行的交流接触器。用 KM1 和 KM2 的主触点改变进入电动机的三相电源的相序，即可以改变电动机的旋转方向。图中的 FR 是热继电器，在电动机过载时，它的常闭触点断开，使 KM1 或 KM2 的线圈断电，电动机停转。按

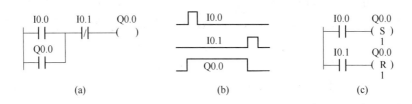

图 6-14 有记忆功能的电路

（a）起保停梯形图；（b）工作时序图；（c）自锁梯形图

下右行起动按钮 SB2 或左行起动按钮 SB3 后，要求小车在左限位开关 SQ1 和右限位开关 SQ2 之间不停地循环往返，直到按下停止按钮 SB1。

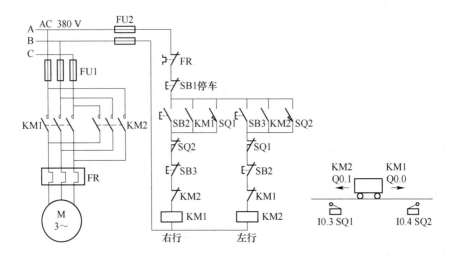

图 6-15 三相异步电动机主电路与继电器控制电路图

设计 PLC 控制系统时，用如图 6-16 所示的梯形图完全可以满足这一控制要求。图中用两个起保停电路来分别控制电动机的正转和反转。和继电器电路相比，多用了两个常闭触点，但是电路的逻辑关系比较清晰，并且不需要堆栈指令。按下正转起动按钮 SB2，I0.0 变为 ON，其常开触点接通，Q0.0 的线圈"得电"并自保，使 KM1 的线圈通电，电动机开始正转运行。按下停止按钮 SB1，I0.2 变为 ON，其常闭触点断开，使 Q0.0 线圈"失电"，电动机停止运行。

在梯形图中，将 Q0.0 和 Q0.1 的常闭触点分别与对方的线圈串联，可以保证它们不会同时为 ON，因此 KM1 和 KM2 的线圈不会同时通电，这种安全措施在继电器电路中称为"互锁"。除此之外，为了方便操作和保证 Q0.0 和 Q0.1 不会同时为 ON，在梯形图中还设置了"按钮联锁"，即将左行起动按钮控制的 I0.1 的常闭触点与控制右行的 Q0.0 的线圈串联，将右行起动按钮控制的 I0.0 的常闭

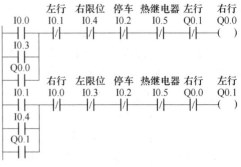

图 6-16 小车自动往复运动梯形图

触点与控制左行的 Q0.1 的线圈串联。设 Q0.0 为 ON, 小车右行, 这时如果想改为左行, 可以不按停止按钮 SB1, 直接按左行起动按钮 SB3, I0.1 变为 ON, 它的常闭触点断开使 Q0.0 的线圈 "失电", 同时 I0.1 的常开触点接通, 使 Q0.1 的线圈 "得电" 并且保持, 小车由右行变为左行。

为了使小车的运动在极限位置自动停止, 将右限位开关 I0.4 的常闭触点与控制右行的 Q0.0 的线圈串联, 将左限位开关 I0.3 的常闭触点与控制左行的 Q0.1 的线圈串联。为使小车自动改变运动方向, 将左限位开关 I0.3 的常开触点与手动起动右行的 I0.0 的常开触点并联, 将右限位开关 I0.4 的常开触点与手动起动左行的 I0.1 的常开触点并联。

假设按下左行起动按钮 I0.1, Q0.1 变为 ON, 小车开始左行, 碰到左限位开关时, I0.3 的常闭触点断开, 使 Q0.0 的线圈 "断电", 小车停止左行。I0.3 的常开触点接通, 使 Q0.0 的线圈 "通电", 开始右行。以后将这样不断地往返运动下一去, 直到按下停止按钮 I0.2。

6.2.3.3 顺序功能图法设计程序

顺序控制就是按照预先规定的顺序, 在各个输入信号的作用下, 根据内部状态和时间的顺序, 在整个过程中各个执行机构自动地有秩序地进行操作。使用顺序控制设计法时应首先根据系统的预定过程画出顺序功能图, 然后根据顺序功能图设计出梯形图。有的 PLC 为用户提供了顺序功能图语言, 在编程软件中生成顺序功能图后便完成了编程工作。这是一种先进的设计方法, 很容易被初学者接受。对于有经验的工程师, 这种方法会提高设计的效率, 也方便程序的调试、修改和阅读。

顺序功能图是描述控制系统的控制过程、功能和特性的一种图形, 也是设计 PLC 的顺序控制程序的有力工具。

系统进入初始状态后, 应将与顺序功能图的初始步对应的编程元件置为 1, 为转换的实现做好准备, 并将其余各步对应的编程元件置为 0 状态, 这是因为在没有并行序列或并行序列未处于活动状态时, 只能有一个活动步。

下列设计方法是在假设刚开始执行用户程序时, 系统已经处于要求的初始状态, 除初始步之外, 各步的编程元件均为 0 状态。程序中用初始化脉冲 SM0.1 将初始步对应的编程元件置为 1, 为转换的实现作好准备。

A 使用起保停电路的顺序控制梯形图设计方法

根据顺序功能图设计梯形图时, 可以用存储器位 M 来代表步。某一步为活动步时, 对应的存储器位为 1; 某一转换实现时, 该转换的后续步变为活动步, 前级步变为不活动步。

(1) 单序列的编程方法。起保停电路仅仅使用与触点和线圈有关的指令, 任何一种 PLC 的指令系统都有这一类指令。因此这是一种通用的编程方法, 可以用于任何型号的 PLC。

图 6-17 给出了控制某装备三防控制系统中的排气风扇和进气风扇的顺序功能图。设计起保停电路的关键是找出它的起动条件和停止条件。根据转换实现的基本规则, 转换实现的条件是它的前级步为活动步, 并且满足相应的转换条件。步 M0.1 变为活动步的条件是它的前级步 M0.0 为活动步, 且两者之间

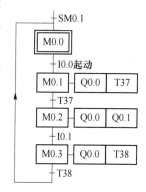

图 6-17 顺序功能图

的转换条件 I0.0 为 1。在起保停电路中，则应将代表前级步的 M0.0 的常开触点和代表转换条件的 I0.0 的常开触点串联，作为控制 M0.1 的起动电路。

当 M0.1 和 T37 的常开触点均闭合时，步 M0.2 变为活动步，这时步 M0.1 应变为不活动步。因此可以将 M0.2 为 1 作为使存储器位 M0.1 变为 OFF 的条件，即将 M0.2 的常闭触点与 M0.1 的线圈串联。在这个例子中，也可以用 T37 的常闭触点代替 M0.2 的常闭触点，即使用后续步对应的常闭触点作为起保停电路的停止电路。

根据上述的编程方法和顺序功能图画出梯形图，如图 6-18 所示。

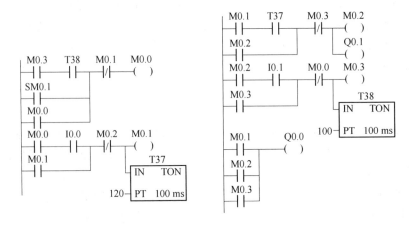

图 6-18　排气风扇和进气风扇的顺序控制梯形图

（2）选择序列的分支、合并的编程方法。图 6-19 中步 M0.0 之后有一个选择序列的分支，设 M0.0 为活动步，当它的后续步 M0.1 或 M0.2 变为活动步时，它都应变为不活动步，即 M0.0 变为 0 状态。所以应将 M0.1 和 M0.2 的常闭触点与 M0.0 的线圈串联。

如果某一步的后面有一个由 N 条分支组成的选择序列，该步可能转换到不同的 N 步去，则应将这 N 个后续步对应的存储器位的常闭触点与该步的线圈串联，作为结束该步的条件。

在图 6-19 中，步 M0.2 之前有一个选择序列的合并，当步 M0.1 为活动步（M0.1 为 1 状态），并且转换条件 I0.1 满足，或者步 M0.0 为全活动步，并且转换条件 I0.2 满足，步 M0.2 都应变为活动步，即控制代表该步的存储器位 M0.2 的"起保停电路"的起动条件应由 M0.1、I0.1 或 M0.0、I0.2 的常开触点串联而成的两条并联支路组成。

（3）并行序列的分支、合并的编程方法。图 6-20 中的步 M0.1 之后有一个并行序列的分支，当步 M0.1 是活动步并且转换条件 I0.1 满足时，步 M0.2 与 M0.4 应同时变为活动步，这是用 M0.1 和 I0.1 的常开触点组成的串联电路分别作为 M0.2 和 M0.4 的起动电路来实现的；与此同时，步 M0.1 应变为不活动步。步 M0.2 和 M0.4 是同时变为活动步的，只需将 M0.2 或 M0.4 的常闭触点与 M0.1 的线圈串联就行了。

步 M0.0 之前有一个并行序列的合并，该转换实现的条件是所有的前级步即步 M0.3 和 M0.5 都是活动步和转换条件 I0.4 满足。由此可知，应将 M0.3、I0.5 和 I0.4 的常开触点串联，作为控制 M0.0 的"起保停电路"的起动电路。

（4）仅有两步的闭环的处理。如果在顺序功能图中有仅由两步组成的小闭环（见

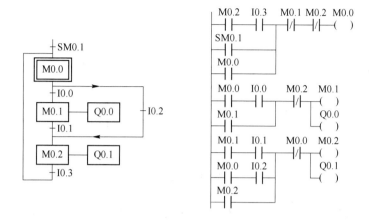

图 6-19 选择序列的顺序功能图与控制梯形图

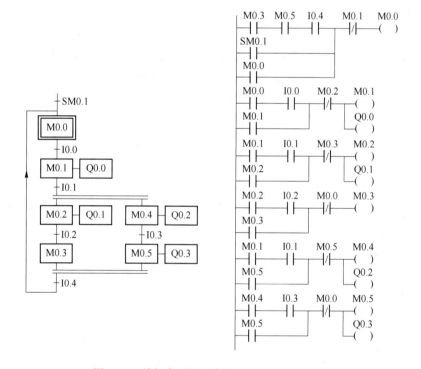

图 6-20 并行序列的顺序功能图与控制梯形图

图 6-21），用起保停电路设计的梯形图不能正常工作。例如，M0.2 和 I0.2 均为 1 时，M0.3 的起动电路接通，但是这时与 M0.3 的线圈串联的 M0.2 的常闭触点却是断开的，因此 M0.3 的线圈不能"通电"。出现上述问题的根本原因在于步 M0.2 既是步 M0.3 的前级步，又是它的后续步。

为了解决这一问题，增设了一个受 I0.2 控制的中间元件 M1.0（见图 6-21（c）），用 M1.0 的常闭触点取代图 6-21（b）中 I0.2 的常闭触点。如果 M0.2 为活动步时，I0.2 变为 1 状态，执行图 6-21（c）中的第 1 个起保停电路时，M1.0 尚为 0 状态，它的常闭触点闭

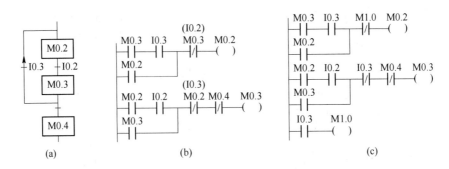

图 6-21　仅有两步的闭环的处理

合，M0.2 的线圈通电，保证了控制 M0.3 的起保停电路的起动电路接通，使 M0.3 的线圈通电。执行完图 6-21(c) 中最后一行的电路后，M1.0 变为 1 状态，在下一个扫描周期使 M0.2 的线圈断电。

　　B　以转换为中心的顺序控制梯形图设计方法

　　（1）单序列的编程方法在以转换为中心的编程方法中，将该转换所有前级步对应的存储器位的常开触点与转换对应的触点或电路串联，该串联电路即为起保停电路中的起动电路，用它作为使所有后续步对应的存储器位置位（使用 S 指令），以及使所有前级步对应的存储器位复位（使用 R 指令）的条件。

　　例如，某组合机床的动力头在初始状态时停在最左边，限位开关 I0.3 为 1 状态，按下起动按钮 I0.0，动力头的进给运动如图 6-22 所示。工作一个循环后，返回并停在初始位置，控制电磁阀的 Q0.0 ~ Q0.2 在各工步的状态，顺序功能图如图 6-22 所示。

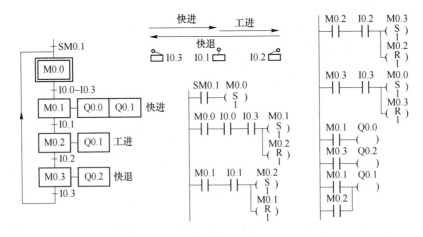

图 6-22　动力头控制系统的顺序功能图与梯形图

　　实现图 6-22 中 I0.1 对应的转换需要同时满足两个条件，即该转换的前级步是活动步（M0.1 为 1）和转换条件满足（I0.1 为 1）。在梯形图中，可以用 M0.1 和 I0.1 的常开触点组成的串联电路来表示上述条件。该电路接通时，两个条件同时满足。此时应将该转换的后续步变为活动步，即用置位指令"S M0.2，1"将 M0.2 置位；还应将该转换的前级步变为不活动步，即用复位指令"R M0.1，1"将 M0.1 复位。

使用这种编程方法时，不能将输出位的线圈与置位指令和复位指令并联。这是因为图 6-22 中控制置位复位的串联电路接通的时间只有一个扫描周期，转换条件满足后前级步马上被复位，该串联电路断开，而输出位（Q）的线圈至少应该在某一步对应的全部时间内被接通。所以应根据顺序功能图，用代表步的存储器位的常开触点或它们的并联电路来驱动输出位的线圈。

（2）选择序列的编程方法。如果某一转换与并行序列的分支、合并无关，它的前级步和后续步都只有一个，需要复位、置位的存储器位也只有一个。因此对选择序列的分支与合并的编程方法实际上与对单序列的编程方法完全相同。选择序列与并行序列的顺序功能图与梯形图如图 6-23 所示。图 6-23 中，除了 I0.3 与 I0.6 对应的转换以外，其余的转换均与并行序列的分支、合并无关，I0.0 ~ I0.2 对应的转换与选择序列的分支、合并有关，它们都只有一个前级步和一个后续步。与并行序列的分支、合并无关的转换对应的梯形图是非常标准的，每一个控制置位、复位的电路块都由前级步对应的一个存储器位的常开触点和转换条件对应的触点组成的串联电路、一条置位指令和一条复位指令组成。

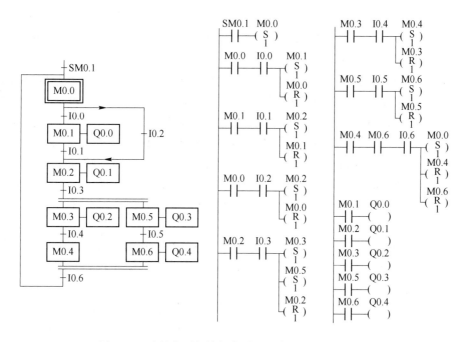

图 6-23　选择序列与并行序列的顺序功能图与梯形图

（3）并行序列的编程方法。图 6-23 中步 M0.2 之后有一个并行序列的分支，当步 M0.2 是活动步，并且转换条件 I0.3 满足时，步 M0.3 与步 M0.5 应同时变为活动步，这是用 M0.2 和 I0.3 的常开触点组成的串联电路使 M0.3 和 M0.5 同时置位来实现的；与此同时，步 M0.2 应变为不活动步，这是用复位指令来实现的。

I0.6 对应的转换之前有一个并行序列的合并，该转换实现的条件是所有的前级步（即步 M0.4 和 M0.6）都是活动步和转换条件 I0.6 满足。由此可知，应将 M0.4、M0.6 和 I0.6 的常开触点串联，作为使后续步 M0.0 置位和使 M0.4、M0.6 复位的条件。

图 6-24 中转换的上面是并行序列的合并；转换的下面是并行序列的分支。该转换实现的条件是所有的前级步（即步 M1.0 和 M1.1）都是活动步和转换条件（I0.1 和 I0.3）满足。因此应将 M1.0、M1.1、I0.3 的常开触点与 I0.1 的常闭触点组成的串并联电路，作为使 M1.2、M1.3 置位和使 M1.0、M1.1 复位的条件。

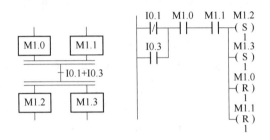

图 6-24　转移的同步实现

C　使用 SCR 指令的顺序控制梯形图设计方法

（1）顺序控制继电器指令。S7-200 PLC 中的顺序控制继电器（SCR）专门用于编制顺序控制程序。顺序控制程序被划分为 LSCR 与 SCRE 指令之间的若干个 SCR 段，一个 SCR 段对应顺序功能图中的一步。

装载顺序控制继电器指令 "SCR S_bit" 用来表示一个 SCR 段（即顺序功能图中的步）的开始。指令中的操作数 S_bit 为顺序控制继电器 S（BOOL 型）的地址，顺序控制继电器为 1 状态时，执行对应的 SCR 段中的程序；反之则不执行。

顺序控制继电器结束指令 SCRE 用来表示 SCR 段的结束。

顺序控制继电器转换指令 "SCRT S_bit" 来表示 SCR 段之间的转换，即步的活动状态的转换。当 SCRT 线圈 "得电" 时，SCRT 指令中指定的顺序功能图中的后续步对应的顺序控制继电器变为 1 状态。同时当前活动步对应的顺序控制继电器被系统程序复位为 0 状态，当前步变为不活动步。

LSCR 指令中指定的顺序控制继电器被放入 SCR 堆栈和逻辑堆栈的栈顶，SCR 堆栈中 S 位的状态决定对应的 SCR 段是否执行。由于逻辑堆栈的栈顶装入了 S 位的值，因此将 SCR 指令直接连接到左侧母线上。

使用 SCR 指令时有以下的限制：不能在不同的程序中使用相同的 S 位；不能在 SCR 段之间使用 JMP 及 LBL 指令，即不允许用跳转的方法跳入或跳出 SCR 段；不能在 SCR 段中使用 FOR、NEXT 和 END 指令。

（2）单序列的编程方法。图 6-25 所示为某小车运动的示意图和顺序功能图。设小车在初始位置时停在左边，限位开关 I0.2 为 1 状态。按下起动按钮 I0.0 后，小车向右运动（简称右行），碰到限位开关 I0.1 后，停在该处，3 s 后开始左行，碰到 I0.2 后返回初始步，停止运动。根据 Q0.0 和 Q0.1 状态的变化，显然一个工作周期可以分为左行、暂停和右行三步，另外还应设置等待起动的初始步，分别用 S0.0、S0.1、S0.2、S0.3 来代表这四步。起动按钮 I0.0 和限位开关的常开触点、T37 延时接通的常开触点是各步之间的转换条件。

在设计梯形图时，用 LSCR（梯形图中为 SCR）和 SCRE 指令表示 SCR 段的开始和结

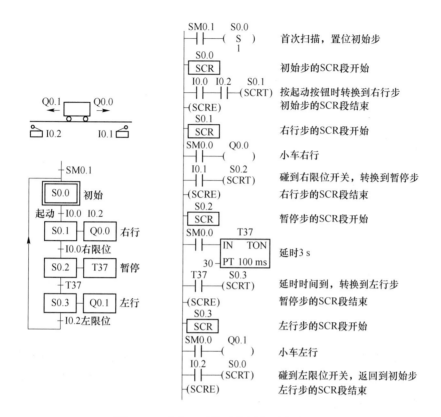

图 6-25　小车运动的示意图和顺序功能图

束。在 SCR 段中用 SM0.0 的常开触点来驱动在该步中应为 1 状态的输出点（Q）的线圈，并用转换条件对应的触点或电路来驱动转换到后续步的 XCRT 指令。

　　首次扫描时 SM0.1 的常开触点接通一个扫描周期，使顺序控制继电器 S0.0 置位，初始步变为活动步，只执行 S0.0 对应的 SCR 段。如果小车在最左边，I0.2 为 1 状态，此时按下起动按钮 I0.0，指令"SCRT S0.1"对应的线圈得电，使 S0.1 变为 1 状态，操作系统使 S0.0 变为 0 状态，系统从初始步转换到右行步，只执行 S0.1 对应的 SCR 段。在该段中 SM0.0 的常开触点闭合，Q0.0 的线圈得电，小车右行。在操作系统设有执行 S0.1 对应的 SCR 段时，Q0.0 的线圈不会通电。右行碰到右限位开关时，I0.1 的常开触点闭合，将实现右行步 S0.1 到暂停步 S0.2 的转换。定时器 T37 用来使暂停步持续 3 s。延时时间到时 T37 的常开触点接通，使系统由暂停步转换到左行步 S0.3，直到返回初始步。

　　（3）选择序列与并行序列的编程方法。在图 6-26 中，步 S0.0 之后有一个选择序列的分支，当它是活动步，并且转换条件 I0.0 得到满足，后续步 S0.1 将变为活动步，S0.0 变为不活动步。如果步 S0.0 为活动步，并且转换条件 I0.2 得到满足，后续步 S0.2 将变为活动步，S0.0 变为不活动步。

　　当 S0.0 为 1 时，它对应的 SCR 段被执行，此时若转换条件 I0.0 为 1，该程序段中的指令"SCRT S0.1"被执行，将转换到步 S0.1。若 I0.2 的常开触点闭合，将执行指令"SCRT S0.2"，转换到步 S0.2。

　　在图 6-26 中，步 S0.3 之前有一个选择序列的合并，当步 S0.1 为活动步（S0.1 为 1

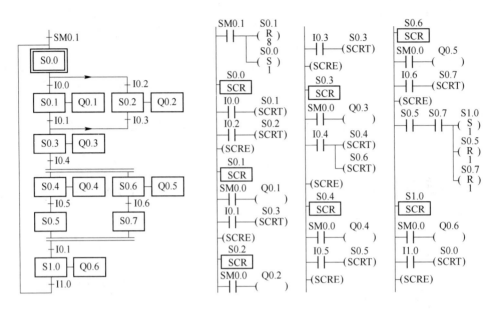

图 6-26　选择序列与并行序列的顺序功能图与梯形图

状态），并且转换条件 I0.1 满足，或步 S0.2 为活动步，并且转换条件 I0.3 满足，步 S0.3 都应变为活动步。在步 S0.1 和步 S0.2 对应的 SCR 段中，分别用 I0.1 和 I0.3 的常开触点驱动指令 "SCRT S0.3"，就能实现选择序列的合并。

在图 6-26 中，步 S0.3 之后有一个并行序列的分支，当步 S0.3 是活动步，并且转换条件 I0.4 满足，步 S0.4 与步 S0.6 应同时变为活动步，这是用 S0.3 对应的 SCR 段中 I0.4 的常开触点同时驱动指令 "SCRT S0.4" 和 "SCRT S0.6" 来实现的。与此同时，S0.3 被自动复位，步 S0.3 变为不活动步。

步 S1.0 之前有一个并行序列的合并，因为转换条件为 1（总是满足），转换实现的条件是所有的前级步（即步 S0.5 和 S0.7）都是活动步。图 6-26 中用以转换为中心的编程方法，将 S0.5 和 S0.7 的常开触点串联，来控制对 S1.0 的置位和对 S0.5、S0.7 的复位，从而使步 S1.0 变为活动步，步 S0.5 和步 S0.7 变为不活动步。

6.3　机电一体化接口技术

6.3.1　接口技术概述

6.3.1.1　接口的定义

机电一体化产品或系统由机械本体、检测传感系统、电子控制单元、执行器和动力源等部分组成，各子系统又分别由若干要素构成。若要将各要素、各子系统有机地结合起来，构成一个完整的机电一体化系统，各要素、各子系统之间需要进行物质、能量和信息的传递与交换，如图 6-27 所示。为此，各要素和子系统的相接处必须具备一定的联系条件，这个联系条件通常被称为接口，简单地说，接口就是各子系统之间及子系统内各模块之间相互连接的硬件及相关协议软件。

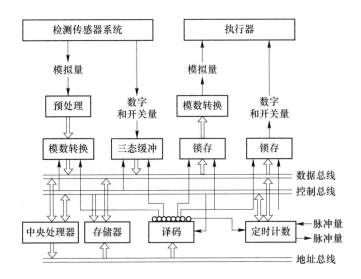

图 6-27　接口在机电一体化系统中的作用

因此，机电一体化产品可以看成是由许多接口将组成产品的各要素的输入/输出联系为一体的机电系统。从某种意义上讲，机电一体化产品的设计，就是在根据功能要求选择了各要素后所进行的接口设计。从这一观点出发，机电一体化产品的性能很大程度上取决于接口的性能，即各要素和各子系统之间的接口性能是机电一体化系统性能好坏的决定性因素。因此，接口技术是机电一体化产品的一个关键技术。

人机接口实现人与机电一体化系统的信息交流、信息反馈，保证对机电一体化系统的实时监测、有效控制。由于机械与电子系统工作形式、速率等存在极大的差异，机电接口还起着调整、匹配、缓冲的作用。人机接口又包括输入接口与输出接口两类。通过输入接口，操作者向系统输入各种命令及控制参数，对系统运行进行控制；通过输出接口，操作者对系统的运行状态、各种参数进行监测。

按照信息和能量的传递方向，机电接口又可分为信息采集接口（传感器接口）与控制输出接口。信息处理系统通过信息采集接口接收传感器输出的信号，检测机械系统运行参数，经过运算处理后，发出有关控制信号，经过控制输出接口的匹配、转换、功率放大，驱动执行元件，以调节机械系统的运行状态，使其按要求动作。

总体来讲，机电一体化系统对接口的要求是：能够输入有关的状态信息，并能够可靠地传送相应的控制信息；能够进行信息转换，以满足系统对输入与输出的要求；具有较强的阻断干扰信号的能力，以提高系统工作的可靠性。

6.3.1.2　接口的分类

从不同的角度及工作特点出发，机电一体化系统的接口有多种分类方法。根据接口的变换和调整功能，可将接口分为零接口、被动接口、主动接口和智能接口；根据接口的输入/输出对象，可将接口分为机械接口、物理接口、信息接口与环境接口等；根据接口的输入/输出类型，可将接口分为数字接口、开关接口、模拟接口和脉冲接口。

根据接口所联系的子系统不同，以信息处理系统（微电子系统）为出发点，本章将接口分为人机交互接口、机电接口和总线接口三大类，并进行系统的阐述。

6.3.2　人机交互接口技术

6.3.2.1　人机接口类型及特点

人机交互接口是指人与计算机之间建立联系、交换信息的输入/输出设备的接口。这些输入/输出设备主要有键盘、显示器和打印机等。它们是计算机应用系统中必不可少的输入/输出设备，是控制系统与操作人员之间交互信息的窗口。一个安全可靠的控制系统必须具有方便的交互功能。操作人员可以通过系统显示的内容，及时掌握生产情况，并可通过键盘输入数据，传递命令，对计算机应用系统进行人工干预，使其随时能按照操作人员的意图工作。

按照信息的传递方向，人机接口可以分为两大类：输入接口与输出接口。机电系统通过输出接口向操作者显示系统的各种状态、运行参数及结果等信息，另外，操作者通过输入接口向机电系统输入各种控制命令，干预系统的运行状态，以实现所要求完成的任务。

在机电一体化装备中，常用的输入设备有控制开关、BCD、二～十进制码拨盘、键盘等，常用的输出设备有状态指示灯、发光二极管显示器、液晶显示器、微型打印机、阴极射线管显示器等，扬声器作为一种声音信号输出设备，在机电一体化产品中也有广泛的应用。

人机接口作为人机之间进行信息传递的通道，具有以下一些特点。

（1）专用性。每种机电一体化产品都有其自身特定的功能，对人机接口有着不同的要求，所以在制定人机接口的设计方案时，要根据产品的要求而定。例如，对于简单的二值型控制参数，可以考虑采用控制开关，对于少量的数值型参数输入，可以考虑使用BCD码拨盘，而当系统要求输入的控制命令和参数比较多时，则应考虑使用行列式键盘。

（2）低速性。与控制机的工作速度相比，大多数人机接口设备的工作速度很低，在进行人机接口设计时，要考虑控制机与接口设备间的速度匹配，以提高系统的工作效率。

（3）高性价比。在满足功能要求的前提下，输入、输出设备配置以小型、微型、廉价型为原则。

6.3.2.2　输入接口

输入接口中最重要的是键盘输入接口，键盘是若干按键的集合，是向系统提供操作人员干预命令及数据的接口设备。键盘可分为编码键盘和非编码键盘两种类型。前者能自动识别按下的键并产生相应代码，以并行或串行方式发送给CPU。它使用方便，接口简单，响应速度快，但需要专用的硬件电路。后者则通过软件来确定按键并计算键值。这种方法虽然没有编码键盘速度快，但它不需要专用的软件支持，因此得到了广泛的应用。

键盘是计算机应用系统中一个重要的组成部分，设计时必须解决下述一些问题。

（1）按键的确认。键盘实际上是一组按键开关的集合，其中每一个按键就是一个开关量输入装置。键的闭合与否，取决于机械弹性开关的通、断状态。反应在电压上就呈现出高电平或低电平，例如高电平表示断开，低电平表示闭合。所以通过检测电平状态（高或低），便可确定按键是否已被按下。

在工业过程控制和智能化仪器系统中，为了缩小整个系统的规模，简化硬件线路，常常希望设置最少量的按键，获取更多的操作控制功能。

（2）重键与连击的处理。实际按键操作中，若无意中同时或先后按下两个以上的键，系统确认哪个键操作是有效。有时，完全由设计者的意志决定。如视按下时间最长者为有效键，或认为最先按下的键为当前按键，也可以将最后释放的键看成是输入键。不过微型计算机控制系统毕竟资源有限，交互能力不强，通常采用单键按下有效，多键同时按下无效的原则（若系统没有复合键，当然应该另当别论）。

由于操作人员按键动作不够熟练，会使一次按键产生多次击键的效果，即重键的情形。为排除重键的影响，编制程序时，可以将键的释放作为按键的结束。等键释放电平后再转去执行相应的功能程序，以防止一次击键多次执行的错误发生的。

（3）按键防抖动技术。多数键盘的按键均采用机械弹性开关。一个电信号通过机械触点的断开、闭合过程，完成高、低电平的切换。由于机械触点的弹性作用，一个按键开关在闭合及断开的瞬间必然伴随有一连串的抖动，如图 6-28 所示。电压抖动时间的长短，与机械特性有关，一般为 5～10 ms。按钮的稳定闭合期由操作员的按键动作决定，一般在几百微秒至几秒之间。所以在进行接口设计时需要采取软件或硬

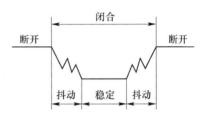

图 6-28　开关通断时的电压抖动

件措施进行消抖处理。软件消抖是在检测到开关状态后，延时一段时间再进行检测，若两次检测到的开关状态相同则认为有效。延时时间应大于抖动时间。硬件消抖常采用如图6-29 所示的电路，其中图 6-29（a）为双稳态滤波消抖，图 6-29（b）为单稳态多谐震荡消抖，图中 74121 是带有施密特触发器输入端的单稳态多谐振荡器。

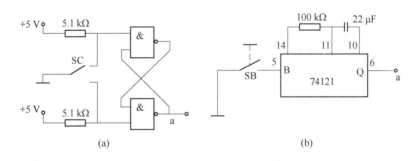

图 6-29 硬件开关通断去抖电路
（a）双稳态滤波消抖；（b）单稳态多谐振荡消抖

（4）矩阵式键盘工作原理键盘接口电路。矩阵式键盘由一组行线（X_i）与一组列线（Y_i）交叉构成，按键位于交叉点上，为对各个键进行区别，可以按一定规律分别为各个键命名键号，如图 6-30 所示。

将列线通过上拉电阻接至 +5 V 电源，当没有键按下时，行线与列线断开，列线呈高电平。当键盘上某键按下时，则该键对应的行线与列线被短路。例如，7 号键被按下闭合时，行线 X_3 与列线 Y_1 被短路，此时 Y_1 的电平由 X_3 电位决定。如果将列线接至控制微机的输入口，行线接至控制微机的输出口，则在微机控制下依次从 X_0～X_3 输出低电平，并使其他线保持高电平，则通过对 Y_0～Y_3 的读取即可判断有无键闭合、哪一个键闭合。这

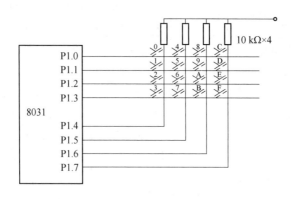

图 6-30   矩阵式键盘的结构及接口电路

种工作方式称为扫描工作方式，控制微机对键盘的扫描可以采取程控方式、定时方式，也可以采取中断方式。图 6-30 还示出了 8031 通过 P1 口与一个 4×4 键盘的接口电路，其中 P1.0 ~ P1.3 作行扫描输出线，P1.4 ~ P 1.7 作列检测输入线。

（5）键输入程序。键输入程序具有下面 4 项功能。

1）判断键盘上有无键闭合。其方法为在扫描线 P1.0 ~ P1.3 上全部发送"0"，然后读取 P1.4 ~ P1.7 状态，若全部为"1"，则无键闭合，若不全为"1"，则有键闭合。

2）判别闭合键的键号。其方法为对键盘行线进行扫描，依次从 P1.0、P1.1、P1.2、P1.3 送出低电平，并从其他行线送出高电平，相应地顺序读入 P1.4 ~ P1.7 的状态，若 P1.4 ~ P1.7 全为"1"，则行线输出为"0"的这一列上没有键闭合；若 P1.4 ~ P1.7 不全为"l"，则说明有键闭合。行列交叉点即为该键键号，例如 P1.0 ~ P1.3 输出为 1101，P1.4 ~ P1.7 为 1011，则说明位于第 3 行与第 2 列相交处的键处于闭合状态，键号为 6。

3）去除键的机械抖动。其方法是读得键号后延时 10 ms，再次读键盘，若此键仍闭合则认为有效，否则认为前述键的闭合是由于机械抖动或干扰所引起的。

4）使控制微机对键的一次闭合仅作一次处理，采用的方法是等待闭合键释放后再做处理。

6.3.2.3   输出接口

目前常用的数码显示器有发光管的 LED 和液晶的 LCD 两种，显示方式可以是静态显示或动态显示。在一些单片机系统中主要用 LED 和 LCD 进行显示，而且随着 LCD 价格的降低，LCD 越来越受到人们的青睐，大有取代 LED 之势。本小节主要介绍 LED 数码管显示和 LCD 显示技术。

A   LED 显示接口

a   LED 数码管的结构及显示原理

LED（light-emitting diode）发光数码管是微型计算机应用系统中的廉价输出设备，它由若干个发光二极管组成，能显示出各种字符或符号，常用的器件有 7 段或"米"字形数码管。

LED 数码管是由发光二极管组成的，由于制造材料的不同，可相应发出红、黄、蓝、紫等各种单色光。发光二极管可以有多种组成形式，其中 7 段数码管应用最多，其次为

"米"字形数码管。根据显示块内部发光二极管的连接方式不同，又有共阴极和共阳极两种形式，如图6-31所示。

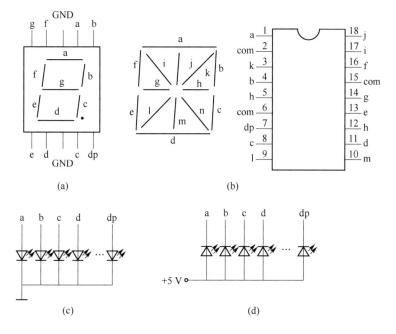

图6-31　LED数码管件的结构及外形

（a）D353PK外形及引脚；（b）"米"字外形引脚；（c）共阴极接法；（d）共阴极接法

由于发光二极管通常需要十几到几十毫安的驱动电流才能正常发光，因此由微型机发出的显示控制信号必须经过驱动电路才能使显示器正常工作。现在已经生产出集成电路驱动器，以及带有译码功能的多功能芯片。采用这类芯片，可同时完成 BCD 码至 7 段数码管显示模型的转换和电流驱动工作，使用起来很方便。在图 6-31 中，由不同"段"的二极管发光即可构成不同的字母或数字，例如使图 6-31（a）中的 a、b、g、e 和 d 段同时发光，则组成一个"2"字。

各种数字和字母与 7 段代码的关系见表 6-3。

表6-3　数字、字母与 7 段代码关系表

字母或数字	代码（十六进制）		字母或数字	代码（十六进制）	
	共阴极	共阳极		共阴极	共阳极
（A）	77	88	（r）	50	AF
（B）	7C	83	（U）	3E	C1
（C）	39	C6	（u）	1C	E3
（c）	58	A7	（y）	66	99
（D）	5E	A1	（0）	3F	C0
（E）	79	86	（1）	06	F9
（F）	71	8E	（2）	5B	A4

续表6-3

字母或数字	代码（十六进制）		字母或数字	代码（十六进制）	
	共阴极	共阳极		共阴极	共阳极
（H）	76	89	（3）	4F	B0
（h）	74	8B	（4）	66	99
（I）	06	F9	（5）	6D	92
（J）	1E	E1	（6）	7D	82
（L）	38	C7	（7）	07	F8
（n）	54	AB	（8）	7F	80
（O）	3F	E0	（9）	6F	90
（o）	5C	A3	（—）	40	BF
（p）	73	8C	（?）	53	AC
（n）			空格	00	FF

另外，为了使用方便，现在已经生产出把4位或5位LED数码管集成在一起的多位小型LED数码管，有些还带有放大镜，采用双列直插式封装，因而体积小，功耗低，可靠性高，寿命长，使用方便。此类产品如美国HP公司生产的HP5082-7414和HP5082-7415等；我国也已研制出这种显示器件，如4BS251和5BS251等。

b　LED数码管的显示方法

在微型计算机控制系统中，常用的显示方法有两种：一种为动态显示；另一种为静态显示。

（1）动态显示，就是微型计算机定时地对显示器件扫描。在这种方法中，显示器件分时工作，每次只能有一个器件显示。但由于人的视觉有暂留现象，因此，只要扫描频率足够快，仍会感觉所有的器件都在显示，许多单片机的开发系统及仿真器上的6位显示器即采用这类显示方法。此种显示的优点是使用硬件少，因而价格低，线路简单。但它占用机时长，只要微型计算机不执行显示程序，就立刻停止显示。由此可见，这种显示将使计算机的资源开销增大，所以在以工业控制为主的控制系统中应用较少。

（2）静态显示，是由微型计算机一次输出显示模型后，就能保持该显示结果，直到下次发送新的显示模型为止。这种显示占用机时少，显示可靠，因而在工业过程控制中得到了广泛的应用。这种显示方法的缺点是使用元件多，且线路比较复杂。但是随着大规模集成电路的发展，目前已经研制出具有多种功能的显示器件，例如锁存器、译码器、驱动器、显示器四位一体的显示器件，用起来比较方便，价格也越来越便宜。

目前国内生产的许多单片机，包括一些开发系统及仿真器均采用动态显示。这种显示方法的最大优点就是线路简单，价格便宜，适合大批量生产。动态显示方法按单片机输出数据的方式有并行和串行两种接口方式。

下面详细介绍并行接口动态显示电路及程序设计的方法。

图6-32所示为单片机或仿真器中常用的一种并行6位动态显示电路。

如图6-32所示，用8155的PA口输出显示码，PB口用来输出位选码。设显示缓冲区的地址为30H～35H，在完成对8155A初始化后，取出一位要显示的数（十六进制数），

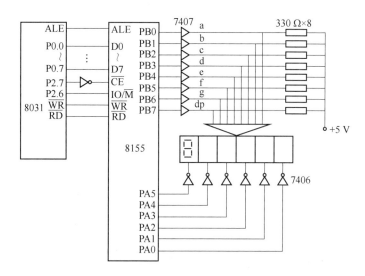

图 6-32 6 位动态显示电路

利用软件译码的方法求出待显示的数所对应的 7 段显示码，然后由 PA 口输出，并经过 74LS07 驱动器放大后送到各显示器的数据总线上。到底哪一位数码管显示，主要取决于位选信号。当位选信号 $PB_i = 1$（经驱动器变为低电平）时，对应位上的 LED 才发光。若将各位从左至右依次进行显示，每个数码管连续显示 1 ms，显示完最后一位数后，再重复上述过程，这样，人们看到的是 6 位数"同时"显示。图 6-32 中的 74LS07 为 6 位驱动器，它为 LED 提供一定的驱动电流。由于一片 74LS07 只有 6 个驱动器，因此 7 段数码管需要两片进行驱动。8155 的 PB 口经 75452 缓冲器/驱动器反相后，作为位控信号。75452 内部包括两个缓冲器/驱动器，它们各有两个输入端。因此实际上是两个双输入与非门电路，这就需要 3 片 75452 为 6 位数码管提供位选信号。

B LCD 显示接口

液晶显示器 LCD（liquid crystal display）广泛应用于微型计算机系统中。与 LED 相比，它具有功耗低、抗干扰能力强、体积小、廉价等特点，目前已广泛应用在各种显示领域。另外，LCD 在大小和形状上更加灵活，接口简单，不但可以显示数字、字符，而且可以显示汉字和图形，因此在袖珍仪表、医疗仪器、分析仪器及低功耗便携式仪器中，LCD 已成为一种占主导地位的显示器件。

近年来，随着液晶技术的发展，出现了彩色液晶。彩色液晶显示器作为当代高新技术的结晶产品，它不但有超薄的显示屏，色彩逼真，而且还具有体积小、耗电省、寿命长、无射线、抗震、防爆等 CRT 所无法比拟的优点。它是工控仪表、机电设备、武器装备等行业更新换代的理想显示器。以彩色液晶为显示器的笔记本电脑和工业控制机也将越来越受到人们的青睐。

LCD 是一种借助外界光线照射液晶材料而实现显示的被动显示器件。图 6-33 所示为 LCD 器件的原理结构。如图 6-33 所示，液晶材料被封装在上下两片导电玻璃电极板之间。由于晶体的四壁效应，其分子彼此正交，并呈水平方向排列于正（L）、背（下）玻璃电极之上，而其内部的液晶分子呈连续扭转过渡，从而使光的偏振方向产生 90°旋转。当线性偏振光透过上偏振片及液晶材料后，便会旋转 90°（水平方向），正好与下偏振片的方向取得一致。因此，它能全面穿过下偏振片到达反射板，从而按原路返回，使显示器件呈透明状态。若在其上、下电极上加上一定的电压，在电场的作用下，将迫使电极部分的液晶的扭曲结构消失，其旋光作用也随之消失，致使上偏振片接收的偏振光可以直接通过，而被下偏振片吸收（无法到达反射面），呈黑色。当去掉电压后，液晶分子又恢复其扭转结构。据此，可将电极做成各种形状，用以显示各种文字、符号和图形。

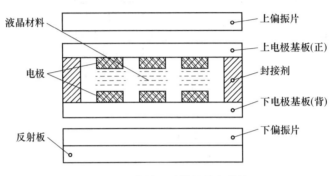

图 6-33　液晶显示器的基本结构

LCD 因其两极间不允许施加恒定直流电压，而使其驱动电路变得比较复杂。为了得到 LCD 亮、熄所需的两倍幅值及零电压，常给 LCD 的背极通以固定的交变电压，通过控制前极电压值的改变实现对 LCD 显示的控制。液晶显示器的驱动方式一般有两种，即直接驱动（或称静态驱动）和时分隔（多极）驱动方式。采用直接驱动的 LCD 电路中，显示器件只有一个背极，但每个字符段都有独立的引脚，采用异或门进行驱动，通过对异或门输入端电平的控制，使字符段显示或消隐。图 6-34 所示为一位 LCD 数码显示电路图。

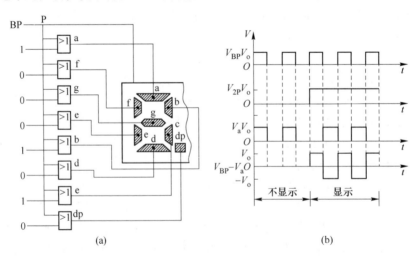

图 6-34　一位 LCD 数码显示电路
（a）一位 LCD 驱动回路；（b）字符段驱动波形图

由图 6-34（a）可知，当某字段上两个电极（BP 与相应的段电极）的电压相位相同时，两极间的相对电压为 0，该字段不显示。当字段上两电极的电压相位相反时，两电极的相对电压为两倍幅值电压，字段呈黑色显示。其驱动波形如图 6-34（b）所示。

可见，液晶显示的驱动与发光二极管的驱动存在着很大的差异。如前所述，只要在 LED 两端加上恒定的电压，便可控制其亮、暗。但 LCD 必须采用交流驱动方式，以避免液晶材料在直流电压长时间的作用下产生电解，从而缩短使用寿命。常用的做法是在其公共端（一般为背极）上加上频率固定的方波信号，通过控制前极的电压来获得两极间所需的亮、灭电压差。

6.3.3　机电接口技术

机电是指机电一体化装备中的机械装置与控制微机间的接口。按照信息的传递方向，机电接口分为信息采集接口和控制量输出接口。

（1）信息采集接口。在机电一体化装备中，控制微机要对比装备执行机构进行有效控制，就必须随时对机械系统的运行状态进行监视，随时检测运行参数，如温度、速度、压力、位置等。因此，必须选用相应传感器将这些物理量转换为电量，再经过信息采集接口进行整形、放大、匹配、转换，变成微机可以接收的信号。如第 4 章所述，传感器的输出信号既有开关信号（如限位开关，时间继电器等），又有频率信号；既有数字量，又有模拟量（如热电阻、应变片等）。针对不同性质的信号，信息采集接口要对其进行不同的处理，例如，对模拟信号必须进行 A/D（模/数）转换。

（2）控制输出接口。控制微机通过信息采集接口检测机械系统的状态，经过运算处理，发出有关控制信号，经过控制输出接口的匹配、转换、功率放大，驱动执行元件去调节系统的运行状态，使其按设计要求运行。根据执行元件的不同，控制接口的任务也不同。例如，对于交流电动机变频调速器，控制信号为 0 ~ 5 V 电压或 4 ~ 20 mA 电流信号，则控制输出接口必须进行 D/A（数/模）转换；对于交流接触器等大功率器件，必须进行功率驱动。由于装备机电一体化系统中执行元件多为大功率设备，如电动机、电热器、电磁铁等，这些设备产生的电磁场、电源干扰往往会影响微机的正常工作，因此抗干扰能力也是控制输出接口设计时应考虑的内容。

下面详细介绍 A/D 转换接口、D/A 转换接口和输出控制接口的结构、工作原理及应用。

6.3.3.1　A/D 转换接口

A/D 转换是从模拟量到数字量的转换，它是信息采集系统中模拟放大电路和 CPU 的接口，如图 6-35 所示。A/D 转换器件种类繁多，主要有逐次比较式、双积分式、量化反馈式和并行式。

A　A/D 转换的主要环节和常用术语

（1）多路选择模拟开关。多路选择模拟开关的作用是使 A/D 转换能分时对多路模拟信号进行数据采集，常用的模拟开关有 4051、AD7501 等，它们都是 8 选 1 模拟开关。

（2）信号调节器。作用是调节模拟信号的幅度，使模拟信号的大小符合 A/D 转换的要求。

（3）采样保持和孔径误差。采样保持的作用是减小孔径误差。模拟量转换成数字量需要一个时间过程，对于一个动态模拟信号，在 A/D 转换器接通的孔径时间里，输入模拟信号的值是不确定的，从而引起输出的不确定性误差。

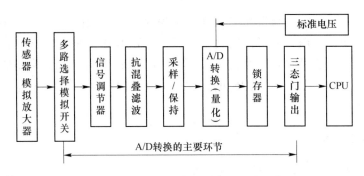

图 6-35　A/D 转换在信息采集系统中的应用

（4）A/D 转换、分辨率、量化误差。采样保持使模拟信号在时域离散化，但在幅值域仍然是连续的。量化（A/D 转换）环节使信号在幅值域离散化。关于量化的具体细节请参阅有关专业书籍，此处仅涉及与应用有关且十分重要的分辨率和量化误差问题。

与一般测量仪表的分辨率表达方式不同，习惯上以输出二进制位数或者 BCD 码位数表示 A/D 转换器的分辨率，不采用可分辨的输入模拟电压相对值表示，例如 AD574A 的分辨率为 12 位，即该转换器的输出可以用 2^{12} 个二进制数进行量化，其分辨率为 1 LSB。量化误差和分辨率是统一的，量化误差是由于用有限数字对模拟数值进行离散取值（量化）而引起的误差。理论上量化误差为一个单位分辨率，即 + 1/2 LSB，提高分辨率可以减少量化误差。

采样定理和抗混叠滤波。两次采样的间隔时间决定于 A/D 转换、采样、通道个数及程序。采样间隔时间的倒数是采样频率。奈奎斯特采样定理的内容是：为了使采样输出信号能无失真地复现原输入信号，必须使采样频率至少为输入信号最高有效频率的 2 倍，否则会出现频率混叠误差。抗混叠滤波的作用是依据采样定理，滤除输入信号过高的频率成分，减小混叠误差。

A/D 转换时间与转换速率。A/D 转换器完成一次转换所需要的时间为 A/D 转换时间，其倒数为转换速率。目前，转换时间最短的是全并行式 A/D 转换器，例如美国 RCA 公司生产的 TDCl029J 型 A/D 转换器，其分辨率为 6 位，转换速率为 100 MSPS，转换时间为 10 ns。逐次比较式 A/D 转换器的转换时间可达 0. 4 μs。双积分 A/D 转换器的转换时间一般为 40 ~ 50 ms。采样定理和减小孔径误差都要求转换时间越小越好，转换速率越高越好。但目前速度最快的全并行式 A/D 转换器价格比较贵，且分辨率低。双积分式 A/D 转换器速度慢，但价格便宜，抗干扰能力强。逐次比较式 A/D 转换器的速度和价格居中，分辨率远高于并行式 A/D 转换器，是目前种类最多、数量最大、应用最广的 A/D 转换器。

转换精度。A/D 转换器的转换精度反映了实际 A/D 转换器的键化值与理想值的差值，可表示成绝对误差或相对误差。例如，手册上给出 ADC0801 八位逐次比较式 A/D 转换器的不可调整的总误差小于 + 1/4 LSB，如以相对误差表示则为 + 0. 1% 。

B　ADC0809 简介

ADC0809 是 8 位逐次逼近型 A/D 转换器，它有 8 个模拟量输入通道，芯片内带通道地址译码锁存器，输出经三态输出数据锁存器，启动信号为脉冲启动方式，每一通道的转换时间大约为 100 μs。

图 6-36 所示为 ADC0809 的结构图，主要由两大部分组成：一部分为输入通道，包括 8 位模拟开关，二条地址线的锁存器和译码器，可以实现 8 路模拟输入通道的选择；另一部分为一个逐次逼近型 A/D 转换器。

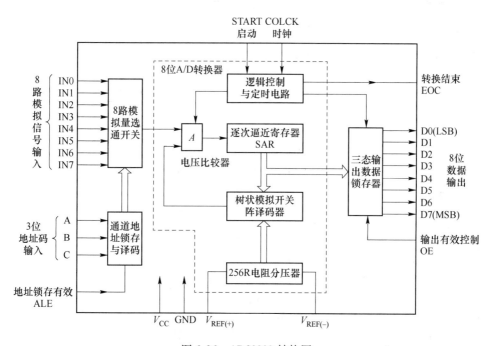

图 6-36　ADC0809 结构图

图 6-37 所示为 ADC0809 的引脚和通道地址编码。其中：IN0 ~ IN7，8 个模拟通道输入端；START，启动转换信号；EOC，转换结束信号；OE，输出允许信号，信号由 CPU 读信号和片选信号组合产生；CLOCK，外部时钟脉冲输入端，典型值 640K；ALE，地址锁存允许信号；A、B、C，通道地址线，CBA 的 8 种组合状态 000 ~ 111 对应了 8 个通道选择；$V_{REF(+)}$、$V_{REF(-)}$，参考电压输入端；V_{CC}，+5 V 电源；GND，地。

C、B、A 输入的通道地址在 ALE 有效时被锁存，启动信号 START 启动后开始转换，但是 EOC 信号是在 START 的下降沿 10 μs 后才变为无；查询程序待 EOC 无效后再开始查询，转换结束后由 OE 产生信号输出数据。

C　ADC0809 与单片机接口

图 6-38 所示为 ADC0809 与 8031 的接口电路，ADC0809 的启动信号 START 由片选线 P2.7 与写信号 WR 的或非产生，这要求操作指令来启动转换。ALE 与 START 相连，即按输入的通道地址接通模拟量并启动转换。输出允许信号 OE 由读信号 RD 与片选线 P2.7 的或非产生，即一条 ADC0809 的读操作使数据输出。

按照图中的片选线接法，ADC0809 的模拟通道 0 ~ 7 地址为 7FFE8H ~ 7FFFH，输入电压 $V_{IN} = \dfrac{D \times V_{REF}}{255} = \dfrac{5D}{255}$，其中 D 为采集的数据字节。

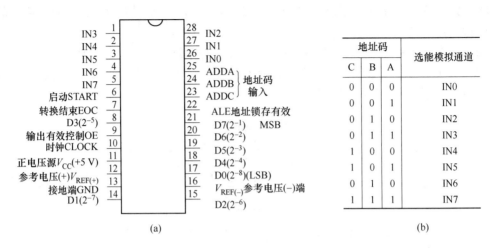

图 6-37   ADC0809 的引脚和通道地址编码

（a）引脚图；（b）地址通道编码

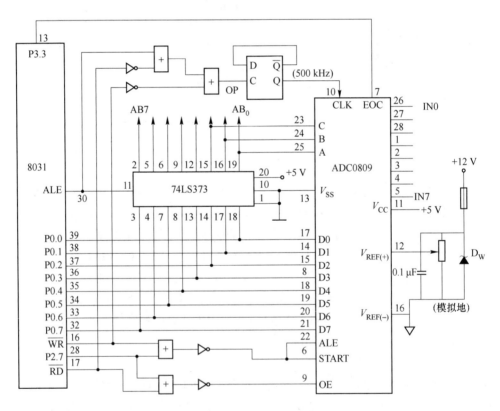

图 6-38   ADC0809 与 8031 的接口电路

6.3.3.2   D/A 转换接口

在机电一体化产品的控制系统中，当计算机完成控制运算处理后，通过输出通道向被控对象输出控制信号。计算机输出的控制信号主要有三种形态：数字量、开关量和频率量，而被控对象接收的控制信号除上述三种直接由计算机产生的信号外，还有模拟量控制信号，该信号需通过 D/A 变换产生。

A　DAC0832 的结构和引脚

图 6-39 所示为 DAC0832 的逻辑结构图，DAC0832 由 8 位输入寄存器、8 位 DAC 寄存器、8 位 D/A 转换器构成。

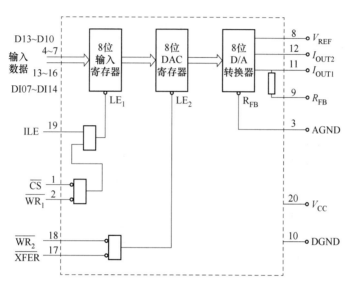

图 6-39　DAC0832 的逻辑结构图

DAC0832 有两级锁存器，第一级为输入寄存器，第二级为 DAC 寄存器。因为有两级锁仔器，DAC0832 可以工作在双缓冲方式下，这样在输出模拟信号的同时可以采集下一个数字量，有效地提高了转换速度。另外，有了两级锁存器，可以在多个 D/A 转换器同时工作时，利用第二级锁存信号实现多路 D/A 信号的同时输出。

DAC0832 既可以工作在双缓冲方式，也可以工作在单缓冲方式，无论哪种方式，只要数据进入 DAC 寄存器，便可启动 D/A 转换。

DAC0832 的引脚如下：DI0 ~ DI7，8 位数据输入端；ILE，输入寄存器的数据允许锁存信号；CS，输入寄存器选择信号；WR_1，输入寄存器的数据写信号；XFER，数据向 DAC 寄存器传送信号，传送后即启动转换；WR_2，DAC 寄存器写信号，并启动转换；I_{OUT1}、I_{OUT2}，电流输出端；V_{REF}，参考电压输入端；R_{FB}，反馈信号输入端；V_{CC}，芯片供电电压；AGND，模拟电路地；DGND，数字地。

DAC0832 的输出是电流型的。在单片机应用系统中，通常需要电压信号，电流信号和电压信号之间的转换可由运算放大器实现。输出电压值为 $\dfrac{-DV_{REF}}{255}$，其中 D 为输出的数据字节。

B　8031 与 DAC0832 的接口电路

DAC0832 带有数据输入寄存器，是总线兼容型的，使用时可以将 D/A 芯片直接和数据总线相连，作为一个扩展的 I/O 口。

设 DAC0832 工作于双缓冲方式，输入寄存器的锁存信号和 DAC 寄存器的锁存信号分开控制，这种方式适用于几个模拟量需同时输出的系统，每一路模拟量输出需一个 DAC0832，构成多个 0832 同步输出系统。图 6-40 所示为二路模拟量同步输出的 DAC0832 系统。DAC0832 的输出分别接图形显示器的 XY 偏转放大器输入端。图中两片 DAC0832 的输入寄存器各占一个单元地址，而两个 DAC 寄存器占用同一单元地址。实现两片 DAC0832 的 DAC 寄存器占用同一单元地址的方法是：把两个传送允许信号 XFER 相连后接同一线选端。转换操作时，先把两路待转换数据分别写入两个 DAC0832 的输入寄存器，之后再将数据同时传送到两个 DAC 寄存器，传送的同时启动两路 D/A 转换。这样，两个 DAC0832 同时输出模拟电压转换值。两片 DAC0832 的输入寄存器地址分别为 8FFFH 和 A7FFH，两个芯片的 DAC 寄存器地址都为 2FFFH。

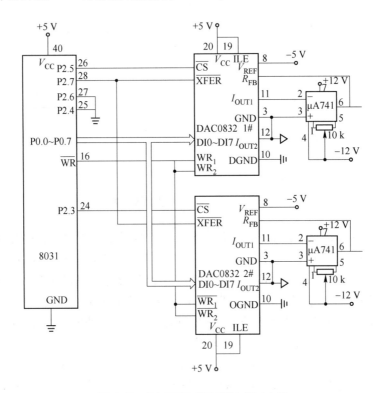

图 6-40   DAC0832 的双缓冲接口电路

6.3.3.3   控制量输出接口

在机电一体化产品中，被控对象所需要的驱动功率一般都比较大，而计算机发出的数字控制信号或经 D/A 转换后得到的模拟控制信号的功率都很小，因而必须经过功率放大后才能用来驱动被控对象。实现功率放大的接口电路又称为功率接口电路。功率接口电路的常用元件为光电耦合器、功率晶体管（GTR）、功率场效应晶体管（MOSFET）和固态继电器等。

A   光电耦合器

在控制微机和功率放大电路之间，常常使用光电耦合器。光电耦合器由发光二极管和光敏晶体管组成，当在发光二极管两端加正向电压时，发光二极管点亮，照射光敏晶体管使之导通，产生输出信号。

光电耦合器的信号传递采取电-光-电形式，发光部分和受光部分不接触，因此其绝缘电阻可高达 $10^{10}\ \Omega$ 以上并能承受 2000 V 以上的高压，如图 6-41(a) 所示。被耦合的两个部分可以自成系统，能够实现强电部分和弱电部分隔离，避免干扰由输出通道窜入控制微机。光电耦合器的发光二极管是电流驱动器件，能够吸收尖峰干扰信号，因此具有很强的抑制干扰能力。

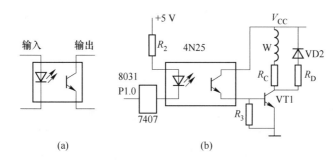

图 6-41　光电耦合器及接口电路
（a）光电耦合器；（b）接口电路

光电耦合器作为开关应用时，具有耐用、可靠性高和高速等优点，响应时间一般为数微秒以内，高速型光电耦合器的响应时间有的甚至小于 10 ns。

图 6-41(b) 所示为光电耦合器的接口电路，图中 VT_1 是大功率晶体管，W 是步进电动机、接触器等的线圈，VD_2 是续流二极管。若无二极管 VD_2，当 VT_1 由导通到截止时，由换路定则可知，电感 W 的电流不能突然变为 0，它将强迫通过晶体管 VT_1。由于 VT_1 处于截止状态，在 VT_1 两端产生非常大的电压，有可能击穿晶体管。若有续流管 VD_2，则为 W 的电流提供了通路，电流不会强迫流过晶体管，从而保护了晶体管。

在接口电路设计中，应考虑光电耦合器的两个参数：电流传输比和时间延迟。电流传输比是指光电晶体管的集电极电流 I_C 与发光二极管的电流 I_i 之比。不同结构的光电耦合器的电流传输比相差很大，如输出端是单个晶体管的光电耦合器 4N25 的电流传输比不小于 20%，而输出端使用达林顿管的光电耦合器 4N33 的电流传输比不小于 500%，电流传输比受发光二极管的工作电流 I_i 影响，当 I_i 为 10～20 mA 时，电流传输比最大。时间延迟是指光电耦合器在传输脉冲信号时，输出信号与输入信号的延迟时间。

B　晶闸管

晶闸管又称可控硅，是目前应用最广泛的半导体功率开关元件，其控制电流可从数安到数千安。晶闸管的主要类型有单向晶闸管 SCR，双向晶闸管和可关断晶闸管 GTO 等三种基本类型，此外还有光控晶闸管、温控晶闸管等特殊类型。

（1）单向晶闸管（SCR）。符号和原理如图 6-42 所示。SCR 有三个极，分别为阳极 A、阴极 K 和控制极 G（又称门极）。从物理结构看，它是一个 PNPN 器件，其工作原理可以用一个 PNP 晶体管和一个 NPN 晶体管的组合来加以说明。SCR 有截止和导通两个稳定状态，两种状态的转换可以由导通条件和关断条件来说明。

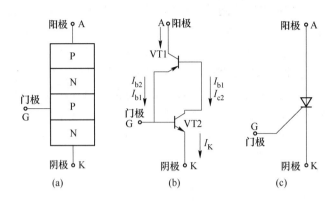

图 6-42　单向晶闸管符号和原理图

（a）PN 结示意图；（b）等效晶体管示意图；（c）晶闸管符号

　　导通条件是指晶闸管从阻断到导通所需的条件，这个条件是在晶闸管的阳极加上正向电压，同时在控制极加上正向电压。关断条件是指晶闸管从导通到阻断所需要的条件。晶闸管一旦导通，控制极对晶闸管就不起控制作用了。只有当流过晶闸管的电流小于保持晶闸管导通所需要的电流即维持电流时，晶闸管才关断。

　　（2）双向晶闸管（TRIAC）。具有公共门极的一对反并联普通晶闸管，其结构和符号如图 6-43 所示。图中 N2 区和 P2 区的表面被整片金属膜连通，构成双向晶闸管的一个主电极，此电极的引出端子称为主端子，用 A2 表示；N3 区和 P2 区的一小部分被另一金属膜连通，构成一对反并联主晶闸管的公共门极端，用 G 表示；P1 区和 N4 区被金属膜连通，构成双向晶闸管的另一个主电极，叫作主端子 A1。这样，P1-N1-P2-N2 和 P2-N1-P1-N4 就分别构成了双向晶闸管中一对反并联的晶闸管的主体。

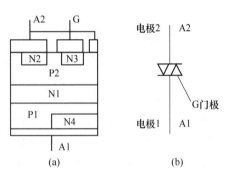

图 6-43　晶闸管结构和符号

（a）结构图；（b）符号图

　　双向晶闸管是双向导通的，它从一个方向过零进入反向阻断状态只是一个十分短暂的过程，当负载是感性负载时（如电枢），由于电流滞后于电压，有可能使电压过零时电流仍存在，从而导致双向晶闸管失控（不关断）。为使双向晶闸管正常工作，应在其两主电极 A1 与 A2 间加 RC 电路。

　　（3）门极可关断晶闸管（GTO）。内部结构及表示符号如图 6-44 所示。与 SCR 相比，GTO 有更灵活方便的控制性能，即当门极加上正控制信号时 GTO 导通，门极加上负控制信号时 GTO 截止。

　　GTO 是一种介于普通晶闸管和大功率晶体管之间的电力电子器件，它既像 SCR 那样耐高压、通过电流大、价格便宜，又像 GTR 那样具有自关断能力、工作频率高、控制功率小、线路简单、使用方便。GTO 是一种比较理想的开关器件，有广泛的应用前景。

　　（4）光控晶闸管。光控晶闸管是把光电耦合器件与双向晶闸管结合到一起形成的集成电路，其典型产品有 MOC3041、MOC3021 等。光控晶闸管的输入电流一般为 10 ～

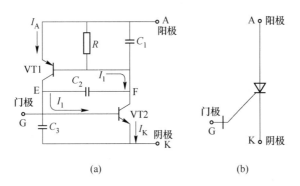

图 6-44 门极可关断晶闸管结构和符号图

(a) 原理图；(b) 符号图

100 mA，输入端反向电压一般为 6 V；输出电流一般为 1 A，输出端耐压一般为 400 ~ 600 V。光控晶闸管是特种晶闸管，大多用于驱动大功率的双向晶闸管。

（5）温控晶闸管。温控晶闸管是一种小功率晶闸管，其输出电流一般为 100 mA 左右。温控晶闸管的开关特性与普通晶闸管相同，性能优于热敏电阻、PN 结温度传感器。温控晶闸管的温度特性是负特性，也就是说当温度升高时，正向温控晶闸管的门槛电压会降低。用温控晶闸管可实现温度的开关控制，在温控晶闸管的门极和阳极或阴极之间加上适当器件，如电位器、光敏管、热敏电阻等，可以改变晶闸管导通温度值。温控晶闸管也是特种晶闸管，一般用于 50 V 以下的低压场合。

C 功率晶体管

功率晶体管（GTR）是指在大功率范围应用的晶体管，有时也称为电力晶体管。GTR 是 20 世纪 70 年代后期的新产品，它把传统双极晶体管的应用范围由弱电扩展到强电领域，在中小功率领域有取代功率晶闸管的趋势。与晶闸管相比，GTR 不仅可以工作在开关状态，也可以工作在模拟状态；GTR 的开关速度远远大于晶闸管，并且控制比晶闸管容易；其缺点是价格高于晶闸管。

GTR 的结构如图 6-45(a) 所示。功率晶体管不是一般意义上的晶体管，从本质上讲，它是一个多管复合结构，有较大的电流放大倍数，其功率可高达几千瓦。其中的 VT1 和 VT2 组成达林顿管，二极管 VD1 是加速二极管，在输入端 b 的控制信号从高电平变成低电平的瞬间，二极管 VD1 导通，可以使 VT1 的一部分射极电流经过 VD1 流到输入端 b，从而加速了功率晶体管的关断。VD2 是续流二极管，对晶体管 VT2 起保护作用，特别对

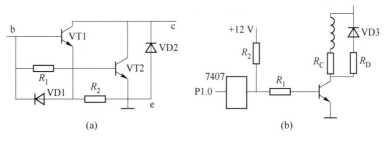

图 6-45 功率晶体管的结构及应用

于感性负载，当 GTR 关断时，感性负载所存储的能量可以通过 VD2 的续流作用而泄放，从而避免对 GTR 的反向击穿。

在机电一体化装备中，GTR 基本上被用来做高速开关器件，图 6-45(b) 所示为用功率晶体管做功放元件的步进电动机一相绕组的驱动电路。在实际应用中应注意，当功率晶体管工作在开关状态时，其基极输入电流应选得大一些，否则，晶体管会增加自身压降来限制其负载电流，从而有可能使功率晶体管超过允许功率而损坏。这是因为晶体管在截止或高导通状态时，功率都很小，但在开关过程中，晶体管可能出现高电压、大电流，瞬态功耗会超过静态功耗几十倍。如果驱动电流太小，晶体管会陷入危险区。

D　功率场效应晶体管

功率场效应晶体管又称功率 MOSFET，它的结构和传统 MOSFET 不同，主要是把传统 MOSFET 的电流横向流动变为垂直导电的结构模式，目的是解决 MOSFET 器件的大电流、高电压问题，如图 6-46 所示。

在漏极 D 和源极 S 之间的反向二极管是在管子制造过程中形成的，它具有比双极性功率晶体管更好的特性，主要表现在以下几个方面：

（1）由于功率 MOSFET 是多数载流子导电，不存在少数载流子的储存效应，因此有较高的开关速度。

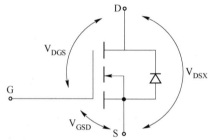

图 6-46　功率场效应管符号
G—栅极，即控制极；S—源极；D—漏极

（2）具有较宽的安全工作区而不会产生热点，同时由于它具有正的电阻温度系数，因此容易进行并联使用。

（3）有较高的阈值电压（2~6 V），因此有较高的噪声容限和抗干扰能力。

（4）具有较高的可靠性和较强的过载能力，短时过载能力通常为额定值的 4 倍。

（5）由于它是电压控制器件，具有很高的输入阻抗，因此驱动电流小，接口简单。

图 6-47 表示功率场效应管的两种驱动电路，图中 R_L 为负载电阻。由于功率场效应管绝大多数是电压控制而非电流控制，吸收电流很小，因此 TTL 集成电路就可驱动大功率的场效应晶体管。又由于 TTL 集成电路的高电平输出为 3.5~5 V，直接驱动功率场效应管偏低一些，因此在驱动电路中常采用集电极开路的 TTL 集成电路。在图 6-47(a) 所示的电路中，74LS07 输出高电平取决于上拉电阻 R_g 的上拉电平，为保证有足够高的电平驱动功率场效应管导通，也为了保证它能迅速截止，在实际应用中常把上拉电阻接到 +10~

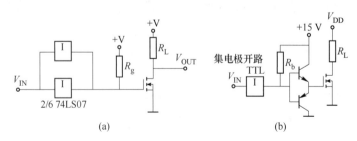

(a)　　　　　　　　　　　　(b)

图 6-47　功率场效应管的驱动电路
(a) TTL 集成电路驱动；(b) 晶体管电流放大驱动

+15 V 电源。

　　功率场效应管的栅极 G 相对于源极 S 而言存在一个电容，即功率场效应管的输入电容，这个电容对控制信号的变化起充放电作用，即平滑作用。控制电流越大，充放电越快，功率场效应管的速度越快。故有时为了保证功率场效应管有更快的开关速度，常采用晶体管对控制电流进行放大，如图 6-47(b) 所示。另外，在实际使用中，为了避免干扰从执行元件处进入控制微机，常采用脉冲变压器、光电耦合器等对控制信号进行隔离。

　　E　固态继电器

　　固态继电器是一种无触点功率型通断电子开关，又名固态开关。控制端有触发信号时，主回路呈导通状态，无控制信号时主回路呈阻断状态。控制回路与主回路间采取了电隔离及信号隔离技术。固态继电器与电磁继电器相比，具有工作可靠、使用寿命长、能与逻辑电路兼容、抗干扰能力强、开关速度快和使用方便等优点。

　　图 6-48 所示为 8031 单片机通过固态继电器控制交流接触器的控制线路。当 P1.0 输出高电平时，固态继电器导通，交流接触器 K 闭合，主电路导通，P1.0 为低电平，则主电路关断。

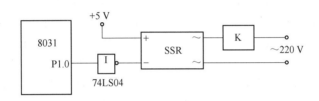

图 6-48　固态继电器的接口电路

6.4　机电一体化总线技术

　　随着计算机技术、信息技术和总线技术的发展，武器装备电控系统越来越多地采用模块式结构，呈现出通用性强、系统组态灵活、维修保障便捷等特点。电控系统的各个模块单元之间，以及单元内部，大量采用了总线结构。在工程装备和机械车辆上应用了 CAN（Controller Area Network）总线技术，极大地提高了装备的各项性能。本节主要介绍工程装备上应用的 CAN 总线技术。

6.4.1　CAN 总线通信原理

　　机电一体化装备上使用的高速网络系统采用的都是基于 CAN 总线的标准，特别是广泛使用的 ISO 11898 标准。CAN 总线通常采用屏蔽或非屏蔽的双绞线，总线接口能在极其恶劣的环境下工作。根据 ISO 11898 的标准建议，即使双绞线中有一根断路，或有一根接地甚至两根线短接，总线都必须能工作。

　　CAN 总线是一种串行数据通信总线，其通信速率最高可达 1 Mb/s。CAN 系统内两个任意节点之间的最大传输距离与其位速率有关，如图 6-49 所示。

　　从图 6-49 中可以看出，CAN 的传输速率达 1 Mb/s 时，最大传输距离为 40 m，对一般的实时控制现场来说足够使用。

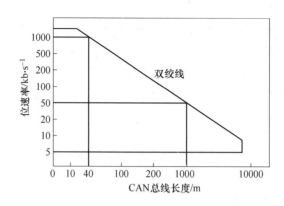

图 6-49　CAN 总线最大传输距离与其位速率的关系

6.4.1.1　CAN 总线的基本特点

CAN 总线的基本特点如下：

（1）总线访问基于优先权的多主方式。CAN 总线的最大特点是任一节点所发送的数据信息不包括发送节点或接收节点的物理地址。信息的内容通过一个标识符（ID）作标记，在整个网络中，该标识符是唯一的。网络上的其他节点收到信息后，每一节点都对这个标识符进行检测，以判断此信息是否与自己有关。若是相关信息，则信息得到处理；否则被忽略。这一方式称为多主方式。采用多主的优点是可使网络中的节点数在理论上不受限制（实际上受限于电气负载），也可以使不同的节点同时接收到相同的数据。数据字段最多为 8 字节，既能满足一般要求，又可保证通信的实时性。

标识符还决定了信息的优先权。ID 值越小，其优先权越高。CAN 总线确保发送具有最高优先权信息的节点获得总线使用权，而其他的节点自动停止发送。总线空闲后，这些节点将自动重新发送信息。

（2）非破坏性的基于线路竞争的仲裁机制。CAN 采用带有冲突检测的载波侦听多路访问方法，它能通过无破坏性仲裁解决冲突。CAN 总线上的数据采用非归零编码（NRZ），数据位可以具有两种互补的逻辑值，即显性和隐性。显性电平用逻辑"0"表示，隐性电平用逻辑"1"表示。总线按照线与机制对总线上任一潜在的冲突进行仲裁，显示电平覆盖隐性电平。

CAN 总线上的信息是用固定格式的帧来进行传送的，这些帧长度有限且不尽相同。总线空闲时，接在其上的任何节点都可以开始发送新的帧。

总线空闲时，任何节点都可以开始发送帧。如果两个和两个以上的节点同时开始发送帧，由此引起的总线访问冲突是利用基于线路竞争的仲裁对标识符进行判别来解决的。仲裁机制可以保证既不会丢失信息，也不会浪费时间。优先权最高的帧发送器将获得访问总线的权利。

（3）利用接收滤波对帧实现了多点传送。在 CAN 系统中，节点可以不用任何有关系统配置（如节点地址）的信息。接收器对信息的接收或拒收是建立在一种称为帧接收滤波的处理方法上的。该处理方法能判断出接收到的信息是否和接收器有关联，所以接收器没有必要辨别出哪一器件是信息的发送器，反过来也如此。

（4）支持远程数据请求。通过送出一个远程帧，需要数据的节点可以请求另外一个节点向自己发送相应的数据帧，该数据帧的标识符被指定为和相应远程帧的标识符相同。

（5）配置灵活。向 CAN 网络中添加节点时，如果要增添的节点不是任何数据帧的发送器或该节点根本不需要接收额外追加发送的数据，则网络中所有节点均不用做任何软件或硬件方面的调整。

（6）数据在整个系统范围内具有一致性。使一个帧既可以同时被所有节点接收，也可以同时不被任何节点所接收，这在 CAN 网络内完全能够做到。因此，系统具有数据一致性的特征，而这一特征是利用多点传送原理和故障处理方法来获得的。

（7）有检错和出错通报功能。在 CAN 总线中有位检测、15 位循环冗余码校验、填充宽度为 5 的位填充、帧校验等检测错误的措施。

6.4.1.2 CAN 的分层结构及功能

CAN 遵循 ISO/OSI 标准模型，包含了 OSI 模型的数据链路层（包括逻辑链路控制子层（LLC）和媒体访问子层（MAC））和物理层。

遵循 OSI 参考模型，CAN 的体系结构体现了相应于 OSI 参考模型的如下两层：数据链路层与物理层。

依照 ISO8802-2 和 ISO8802-3（LAN 标准），数据链路层被进一步细分为逻辑链路控制（LLC）和介质访问控制（MAC）；物理层被进一步分为物理信令（PLS）、物理介质附件（PMA）和介质附属接口（MDI）。

MAC 子层的运行由一个叫作"故障界定实体（FCE）"的管理实体监控，故障界定是一种能区分短期干扰与永久性故障的自检验机制（故障界定）。

物理层可由一种检测并管理物理介质故障（比如总线短路或中断，总线故障管理）的实体来监控，如图 6-50 所示。

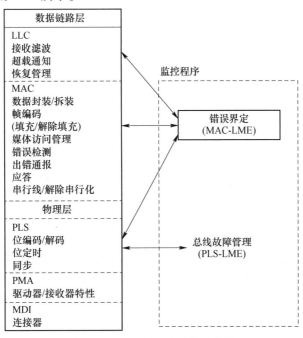

图 6-50 CAN 层级式的体系结构

MAC（媒体访问控制子层）是其核心层。MAC 子层可分为完全独立工作的两个部分，即发送部分和接收部分，其功能如图 6-51 所示。

6.4.1.3　CAN 的消息帧

CAN 有两类消息帧，其本质的不同在于 ID 的长度。图 6-52 所示为 CAN2.0A 的消息帧格式，也就是 CAN 消息帧的标准格式，它有 11 位标识符。基于 CAN2.0A 的网络只能接收这种格式的消息。

图 6-53 所示为 CAN2.0B 的消息帧结构，又称为扩展消息帧格式。它有 29 位标识符，前 11 位与 CAN2.0A 消息帧的标识符完全一样，后 18 位专用于标记 CAN2.0B 的消息帧。

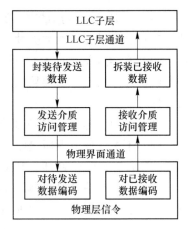

图 6-51　媒体访问控制子层（MAC）的功能

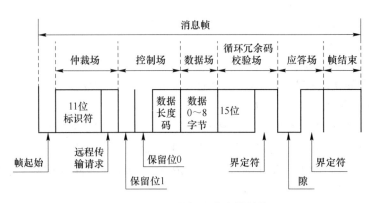

图 6-52　CAN 的标准信息帧结构

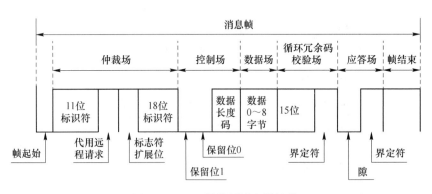

图 6-53　CAN 的扩展消息帧结构

CAN 的消息帧根据用途分为四种不同类型：数据帧用于传送数据、远程帧用于请求发送数据、错误帧用于标识探测到的错误、超载帧用于延迟下一个消息帧的发送。

A　数据帧

数据帧由 7 个不同的位场组成，即帧起始、仲裁场、控制场、数据场、CRC 场、应答场和帧结束，其中数据场长度可以为 0。下面对这些场的功能做简要分析。

（1）帧起始（Start of Frame，SOF）：标志数据帧和远程帧的开始，它仅由一个显性位构成，只有在总线处于空闲状态时，才允许发送。所有站必须同步于首先开始发送的那个站的帧起始前沿。

（2）仲裁场：在标准格式中，仲裁场由 11 位标识符和 RTR 位组成；在扩展格式中，仲裁场由 29 位标识符和 SRR 位、标识位及 RTR 位组成。

1）RTR 位（远程传输请求位）：在数据帧中，RTR 位必须是显性电平，而在远程帧中，RTR 位必须是隐性电平。

2）SRR 位（替代传输请求位）：在扩展格式中始终为隐性位。

3）IDE 位（标识符扩展位）：IDE 位对于扩展格式属于仲裁场，对于标准格式属于控制场。IDE 在标准格式中为显性电平，而在扩展格式中为隐性电平。

（3）控制场：由 6 位组成。在标准格式中，一个信息帧中包括 DLC、发送显性电平的 IDE 位和保留位 r0。在扩展格式中，一个信息帧包括 DLC 和两个保留位 r1 和 r0，这两个位必须发送显示电平。

（4）数据场：由数据帧中被发送的数据组成，可包括 0~8 个字节。

（5）CRC 场：包括 CRC 序列和 CRC 界定符。

（6）应答场：包括 2 位，即应答间隙和应答界定符。在应答场中发送站送出两个隐性位。一个正确接收到有效报文的接收器，在应答间隙期间，将此信息通过传送一个显性位报告给发送器。所有接收到匹配 CRC 序列的站，通过在应答间隙内把显性位写入发送器的隐性位来报告。应答界定符是应答场的第二位，并且必须是隐性位。

（7）帧结束：每个数据帧和远程帧均由 7 个隐性位组成的标志序列界定。

B　远程帧

接收数据的节点可以通过发送远程帧要求源节点发送数据，它由 6 个域组成：帧起始、仲裁场、控制场、CRC 场、应答场和帧结束。它没有数据场，其 RTR 为隐性电平。

C　出错帧

出错帧由错误标志和错误界定符两个域组成。接收节点发现总线上的报文有错误时，将自动发出活动错误标志，它是 6 个连续的显性位。其他节点检测到活动错误标志后发送错误认可标志，它由 6 个连续的隐性位组成。由于各个接收节点发现错误的时间可能不同，因此总线上实际的错误标志可能由 6~12 个显性位组成。错误界定符由 8 个隐性位组成。当错误标志发生后，每一个 CAN 节点监视总线，直至检测到一个显性电平的跳变。此时表示所有的节点已经完成了错误标志的发送，并开始发送 8 个隐性电平的界定符。

D　超载帧

超载帧包括两个位场：超载标志和超载界定符。存在两种导致发送超载标志的超载条件类型：一个是要求延迟下一个数据帧或远程帧的接收器的内部条件；另一个是在间歇场的第一和第二位上检测到显性位。超载标志由 6 位显性位组成，超载界定符由 8 个连续的隐性位组成。

6.4.1.4　非破坏性按位仲裁

CAN 总线上的数据采用非归零（NRZ）编码，数据位可以具有两种互补的逻辑值，即显性和隐性。显性电平用逻辑"0"表示，隐性电平用逻辑"1"表示。总线按照"线与"机制对其上任一潜在的冲突进行仲裁，显性电平覆盖隐性电平。发送隐性电平的竞争节点和发送显性电平的监听节点将失去总线访问权而变为接收节点。

在 CAN 总线上发送的每一条报文都具有唯一的一个 11 位或 29 位数字的 ID。CAN 总线状态取决于二进制数 "0" 而不是 "1"，所以 ID 号越小，则该报文拥有越高的优先权，因此一个全 "0" 标识符的报文具有总线上的最高级优先权。可用另外的方法来解释：在消息冲突的位置，第一个节点发送 "0" 而另外的节点发送 "1"，那么发送 "0" 的节点将取得总线控制权，并且能够成功发送出它的信息。图 6-54 所示为三个节点竞争总线的情况。当发现总线空闲后，如果存在两个以上的总线节点同时开始发送数据，可利用 CSMA/CD 及 "非破坏性的逐位仲裁" 方法来避免消息冲突。每个节点发送它的消息标识符位，同时监测总线电平。

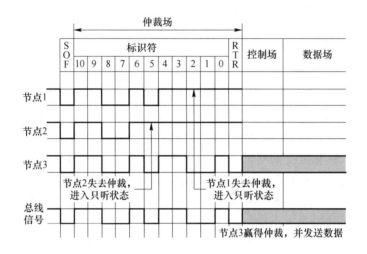

图 6-54　非破坏性逐位仲裁过程示意图

从图 6-54 可以看出，在标识符的第 5 位处，节点 1 和节点 3 为显示电平，而节点 2 为隐性电平；根据 "线与" 机制，此时总线为显性电平，节点 2 发送隐性电平却检测到显示电平，于是节点 2 丢失总线仲裁，立刻变为只听模式，并且开始发送隐性位；同理，在数据第 2 位处，节点 1 将丢失仲裁，变为只听模式。通过这种方式，优先权高的节点 3 最终赢得总线仲裁并且开始发送数据。

6.4.2　SAE J1939 协议

SAE J1939 标准是美国等国家商用车辆动力系统与电控单元之间的通信标准，它是一种基于 CAN 总线的协议，波特率可达 250 kb/s，是一种传输速率较高的 C 类通信网络协议。SAE J1939 不仅能够实现车辆装备电子控制单元之间的信息交换和故障诊断数据传送，还可支持分布在整个车辆装备中的电子控制系统间的实时性闭环控制及其通信。

SAE J1939 的物理层和数据链路层是以 CAN2.0B 协议为基础的，因此它和 CAN 网络一样，任何节点在总线空闲时可向总线上传输报文，每个报文都包含标识符，采用 CSMA/CD 非破坏仲裁机制解决冲突。图 6-55 所示为 SAE J1939 的分层结构。

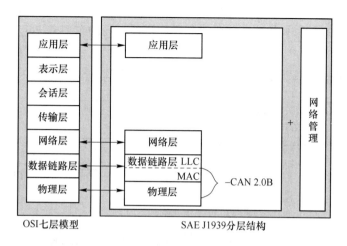

图 6-55　与 OSI 模型相对应的 SAE J1939 分层结构模型

由前文可知，CAN 协议在 OSI 模型中只定义了物理层和数据链路层的 MAC 层，从图 6-55 可以看出，SAE J1939 以 CAN2.0B 为基础，除此之外，它还定义了网络层和应用层的协议。但 SAE J1939 为传输层、会话层和表示层预留了位置，以便将来进行扩展。

SAE J1939 标准根据分层结构模型分别定义了不同层面上的相应标准，目前其文件结构见表6-4，随着 SAE J1939 应用范围的扩展，在未来其标准的内容也会有进一步的扩充。

表 6-4　SAE J1939 标准的文档构成

	SAE J1939	SAE J1939 概述
SAE J1939 协议	SAE J1939/0x	针对特定应用的说明文档，这里 X 指 J1939 特定的网络/应用版本
	SAE J1939/01	卡车、大客车控制和通信网络应用文档
	SAE J1939/11	物理层文档，250 kb/s，屏蔽双绞线
	SAE J1939/13	物理层文档，定义诊断接口
	SAE J1939/15	物理层文档，250 kb/s，非屏蔽双绞线
	SAE J1939/21	数据链路层文档，定义信息帧的数据结构、编码规则
	SAE J1939/4x	未定义的传输层文档
	SAE J1939/5x	未定义的会话层文档
	SAE J1939/6x	未定义的表示层文档
	SAE J1939/71	应用层文档，定义常用物理参数的格式
	SAE J1939/73	应用层文档，用于故障诊断
	SAE J1939/74	应用层文档，可配置信息
	SAE J1939/75	应用层文档，发电机组和工业设备
	SAE J1939/81	网络管理协议

SAE J1939-11 中描述的物理层可以用作主网或子网物理层。桥接器用来将子网与主网或子网与子网连接在一起。一种可行的放置方式是在需要提供地址分配和将拖车子网与主网进行电气分离的每个拖车或台车上放置一个桥接器。虽然没有明确地说明，但台车使

用与拖车相同的桥接器和子网是可行的，其网络拓扑结构如图 6-56 所示，图中的这些设备只是用来说明用途的，具体应用何种设备需要依照不同的车型来决定。

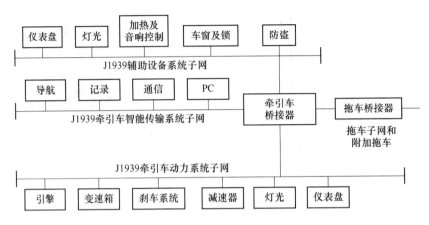

图 6-56　使用多重子网的装备通信网络

子网的数量及每个连接设备的选择由装备或车辆制造商决定。在被牵引车辆（装备）上使用 SAE J1939，将导致至少使用两个子网，一个用于牵引车而另一个用于被牵引车辆。

牵引车所支持设备的数量和类型可能对是否使用多重子网产生影响。在子网间的桥接器可以用来过滤它们之间的消息，这样除了被允许通过的桥接器的消息外，子网将被有效地隔离开。牵引车和拖车桥接器还拥有过滤来自任何一边消息的能力，该功能允许桥接器将不适用于桥接器另一边网络的信息过滤掉。例如，大多数的发动机和变速器消息就没有必要被传回给牵引车辆。

6.4.3　CANopen 协议

CANopen 属于 CAN 现场总线协议，它是在 20 世纪 90 年代末由 CiA（CAN-In-Automation）组织在 CAL（CAN application layer）的基础上发展而来，一经推出便在欧洲得到了广泛的认可与应用。经过对 CANopen 协议规范文本的多次修改，使得 CANopen 协议的稳定性、实时性、抗干扰性得到了进一步的提高，并且 CiA 组织在各个行业不断推出设备子协议，使 CANopen 协议在各个行业得到更快的发展与推广。目前 CANopen 协议已经在运动控制、车辆工业、电动机驱动、工程机械、船舶海运和武器装备等行业得到广泛的应用。

6.4.3.1　运行原理

图 6-57 所示为 CANopen 典型的总线型网络结构，该网络中有 1 个主节点和 3 个从节点，此外还有一个 CANopen 网关挂接的其他设备。每个设备都有一个独立的节点地址（Node ID）。从站与从站之间也能建立实时通信，通常需要事先对各个从站进行配置，使各个从站之间能够建立独立的 PDO 通信。

由于 CANopen 是一种基于 CAN 总线的应用层协议，因此其网络组建与 CAN 总线完全一致，为典型的总线型结构，从站和主站都保持在该总线上。通常一个 CANopen 网络中只有一个主站和若干个从站设备。

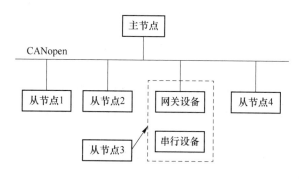

图 6-57 CANopen 网络结构

6.4.3.2 通信模型

CANopen 协议是 CAN-in-Automation（CiA）定义的标准之一，并且在发布后不久就获得了广泛的承认。CANopen 协议被认为是在基于 CAN 的工业系统中占据领导地位的标准。大多数重要的设备类型，例如数字和模拟输入/输出模块、驱动设备、操作设备、控制器、可编程控制器或编码器，都在称为"设备描述"的协议中进行描述。在 OSI 模型中，CAN 标准、CANopen 协议之间的关系如图 6-58 所示。

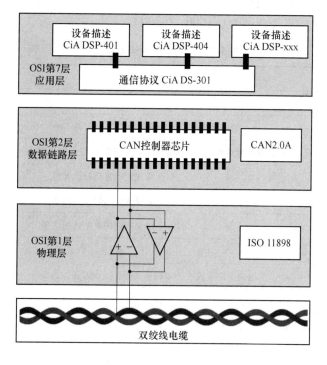

图 6-58 CANopen 标准在 OSI 网络模型中的位置

从图 6-58 可以看出，其 OSI 网络模型只实现了网络层、数据链路层及应用层。因为现场总线通常只包括一个网段，因此不需要传输层和网络层，也不需要会话层和描述层的作用。

由于 CAN 现场总线仅仅定义了第 1 层和第 2 层。实际设计中，这两层完全由硬件实现，设计人员无需再为此开发相关软件或固件。因为 CAN 标准没有规定应用层，所以其本身并不完整，需要一个高层协议来定义 CAN 报文中的 11/29 位标识符、8 字节数据的使用。而且，基于 CAN 总线的装备应用系统中，越来越需要一个统一的、标准化的高层协议：这个协议支持各种 CAN 厂商设备的互用性、互换性，能够实现在 CAN 网络中提供标准的、统一的系统通信模式，提供设备功能描述方式，执行网络管理功能。

应用层（application layer）为网络中每一个有效设备都能够提供一组有用的服务与协议。

通信描述（communication profile）提供配置设备、通信数据的含义，定义数据通信方式。

设备描述（device profile）为设备（类）增加符合规范的行为。

6.4.3.3　对象字典

CANopen 的核心概念是设备对象字典（object dictionary，OD），在其他现场总线如 Profibus 及 Interbus 系统中也使用这种设备描述形式。

对象字典是一个有序的对象组。每个对象采用一个 16 位的索引来寻址，为了允许访问数据结构中的单个元素，同时定义了一个 8 位的子索引，对象字典的结构参照表 6-5。一个节点的对象字典的有关范围为 0x1000 ~ 0x9FFF。

表 6-5　对象字典的通用结构

索　引	对　　　象
0x0000	保留
0x0001 ~ 0x001F	静态数据类型（标准数据类型，如 Boolean、Interger 16）
0x0020 ~ 0x003F	复杂数据类型（预定义由简单类型组成的结构，如 PDOCommPar、SDOParameter）
0x0040 ~ 0x005F	制造商规定的复杂数据类型
0x0060 ~ 0x007F	设备子协议规定的静态数据类型
0x0080 ~ 0x009F	设备子协议规定的复杂数据类型
0x00A0 ~ 0x0FFF	保留
0x1000 ~ 0x1FFF	通信子协议区域（如设备类型、错误寄存器、支持的 PDO 数量）
0x2000 ~ 0x5FFF	制造商特定子协议区域
0x6000 ~ 0x9FFF	标准的设备子协议区域（例如 "DSP-401 I/O 模块设备子协议"：Read State 8 Input Lines 等）
0xA000 ~ 0xFFFF	保留

每个 CANopen 设备都有一个对象字典，对象字典包含了描述这个设备和它的网络行为的所有参数，对象字典通常用电子数据文档（electronic data sheet，EDS）来记录这些参数，而不需要把这些参数记录在纸上。对于 CANopen 网络中的主节点来说，不需要对 CANopen 从节点的每个对象字典项都访问。

CANopen 协议包含了许多的子协议，主要划分为以下 3 类。

（1）通信子协议（communication profile）。CANopen 由一系列称为子协议的文档组成。通信子协议描述对象字典的主要形式和对象字典中的通信子协议区域中的对象（通信参数）。同时描述 CANopen 通信对象。这个子协议适用于所有的 CANopen 设备，其索引值范围为 0x1000 ~ 0x1FFF。

（2）制造商自定义子协议（manufacturer-specific profile）。对于在设备子协议中未定义的特殊功能，制造商可以在此区域根据需求定义对象字典中的对象。因此这个区域对于不同的厂商来说，相同的对象字典项其定义不一定相同，其索引值范围为 0x2000 ~ 0x5FFF。

（3）设备子协议（device profile）。设备子协议为各种不同类型的设备定义对象字典中的对象。目前已有十几种为不同类型的设备定义的子协议，例如 DS401、DS402、DS406 等，其索引值范围为 0x6000 ~ 0x9FFF。表 6-6 列举了完整的 CiA 的设备描述名。

表 6-6 设备描述名

设备描述（CiA）	设 备 类 型
DS401	数字量及模拟量 I/O
DS402	驱动设备
DS403	传感器/执行器
DS404	PLC 控制设备
DS…	其他设备（医药、门控或电梯控制器等）

6.4.3.4 CANopen 预定义连接集

CANopen 预定义连接集是为了减少网络的组态工作量，定义了强制性的默认标识符（CAN-ID）分配表。该分配表是基于 11 位 CAN-ID 的标准帧格式（CAN2.0A 规范）。将其划分为 4 位的功能码和 7 位的节点号，见表 6-7。在 CANopen 里也通常把 CAN-ID 称为 COB-ID（通信对象编号）。

表 6-7 CANopen 预定义主/从连接的广播对象

对　象	功能码（ID-bits 10-7）	COB-ID	通信参数在 OD 中的索引
NMT	0000	000H	
SYNC	0001	080H	1005H、1006H、1007H
TIME STAMP	0010	100H	1012H、1013H

其中节点号由系统集成商给定，每个 CANopen 设备都需要分配一个节点号，节点号的范围为 1 ~ 127（0 不允许使用）。预定义连接集定义了 4 个接收 PDO（receive-PDO）、4 个发送 PDO（transmit-PDO）、1 个 SDO（占用两个 CAN ID）、1 个紧急对象和 1 个节点错误控制（node-error-control ID）。也支持不需确认的 NMT 模块控制服务、同步（SYNC）和时间标志（time stamp）对象报文。表 6-7 列举了 CANopen 预定义主/从连接的广播对象。表 6-8 所列为 CANopen 主/从站连接集的对等对象。

表 6-8   CANopen 预定义主/从连接的广播对象

对　象	功能码（ID-bits 10-7）	COB-ID	通信参数在 OD 中的索引
紧急	0001	081H ~ 0FFH	1024H，1015H
PDO1（发送）	0011	181H ~ 1FFH	1800H
PDO1（接收）	0100	201H ~ 27FH	1400H
PDO2（发送）	0101	281H ~ 2FFH	1801H
PDO2（接收）	0110	301H ~ 37FH	1401H
PDO3（发送）	0111	381H ~ 3FFH	1802H
PDO3（接收）	1000	401H ~ 47FH	1402H
PDO4（发送）	1001	481H ~ 4FFH	1803H
PDO4（接收）	1010	501H ~ 57FH	1403H
SDO（发送/服务器）	1011	581H ~ 5FFH	1200H
SDO（接收/客户端）	1100	601H ~ 67FH	1200H
NMT 错误控制	1110	701H ~ 77FH	1016H ~ 1017H

6.4.3.5　过程数据对象

过程数据对象（PDO）在 CANopen 中用于广播优先级的控制和状态信息。它是用来传输实时数据的，数据从一个生产者传到一个或多个消费者。数据传送限制在 1 ~ 8 个字节（例如，一个 PDO 可以传输最多 64 个数字 I/O 值，或者 4 个 16 位的 AD 值）。PDO 通信没有协议规定。PDO 数据内容只由它的 CAN ID 定义，假定生产者和消费者知道这个 PDO 的数据内容，其模型如图 6-59 所示。

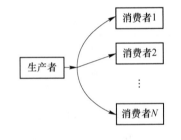

图 6-59　生产者和消费者模型

每个 PDO 在对象字典中用两个对象描述。

（1）PDO 通信参数：包含哪个 COB-ID 将被 PDO 使用，传输类型、禁止时间和周期。

（2）PDO 映射参数：包含一个对象字典中对象的列表，这些对象映射到 PDO 里，包括它们的数据长度。生产者和消费者必须知道这个映射，以解释 PDO 数据中的具体内容。

A　PDO 参数设置

若要支持 POD 的传送/接收，则必须在该设备的对象字典中提供此 PDO 的相应参数设置。单个 PDO 需要一组通信参数（POD 通信参数记录）和一组映射参数（PDO 映射记录）。

在其他情况下，通信参数指出此 PDO 使用的 CAN 标识符及触发相关 PDO 传送的触发事件。映射参数指出希望发送的本地对象字典信息，以及保存所接收的信息的位置。

接收 PDO 的通信参数被安排在索引范围 1400H ~ 15FFH 内，发送 PDO 的通信参数被安排在索引范围 1800H ~ 19FFH 内。相关的映射条目在索引范围 1600H ~ 17FFH 和 1A00H ~ 18FFH 内进行管理。

B　PDO 触发方式

PDO 分为事件或定时器驱动，远程请求、同步传送（周期/非周期）多种触发方式，如图 6-60 所示。

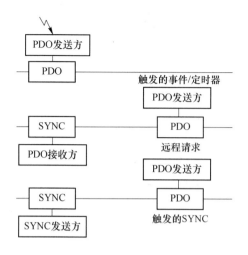

图 6-60　PDO 触发方式

6.4.4　机电一体化装备典型 CAN 总线网络

某机电一体化装备的电气控制系统由三大部分组成，即犁扫定深控制系统、爆扫与通标投放控制系统、点火发射系统。其中犁扫定深控制系统用于该装备作业过程中自动控制扫雷犁的设定深度；爆扫与通标投放控制系统主要用于对爆破扫雷、通路标识装置的作业控制；点火发射系统则用于火箭弹的点火发射控制。三个系统分别组成三个 CAN 总线网络，三个网络通过网关器件互相连接，共同完成装备的作业控制。

各总线网络由相应的电控单元节点组成，电控单元节点包括操纵显示单元、控制单元及控制节点，这些部件均挂到 CAN 总线上，通过总线进行指令传送和状态数据的交互，完成其功能。CAN 总线通信采用 CANopen 协议，总线通信的波特率为 250 kb/s。

6.4.4.1　点火发射系统 CAN 总线通信网络

该网络主要总线节点包括发控盒 PLC、发控盒互锁板、自控中心单元柜、主机盒等，总线节点 ID 地址分配与功能见表 6-9。CAN 网络中，发控盒的 ID 地址最小，根据 CANopen 协议规范可知发控盒为该 CAN 通信网络的主节点，负责整个该总线网络的管理与控制。主控盒节点和自控中心单元柜节点是两个网关器件，除在点火发射网中节点地址及所起作用外，两者分别在定深控制系统 CAN 网络和爆扫与通标投放 CAN 网络中也作为一个节点，并且均为主节点，分别负责承担连接这两个网络交互的作用。犁扫定深系统主网通信协议见表 6-10，网络拓扑图如图 6-61 所示。

表 6-9　点火发射系统 CAN 网络 ID 地址分配表

ID	节 点 名 称	功　　　能
0x182	发控盒	负责点火线路检测及点火控制
0x183	发控互锁板	负责点火继电器的故障检测及通道间的互锁控制
0x185	主机盒	采集开关信号、互锁控制及输出调理
0x188	自控中心单元柜	分析采集到的所有信息，发出控制指令

表 6-10　上装电控系统主网通信协议

ID	字节	位	功能定义	备注
0x188 （自控中心 单元柜）	0	0	行军状态	
		1	微爆扫允许状态	
		2	正在转入微爆扫允许状态	
		3	犁扫作业中	
		4~7	保留	
	1	0	左行军固定器伸到位信号	1 = 限位
		1	左行军固定器缩到位信号	1 = 限位
		2	右行军固定器伸到位信号	1 = 限位
		3	右行军固定器缩到位信号	1 = 限位
		4	犁体提升到位信号	1 = 限位
	2	0~7	保留	
	3	0	84-2 组故障	1 = 故障
		1~6	保留	
		7	心跳信号	10 ms 跳变
0x185 （主机盒）	0	0	小翻盖到位	1 = 限位
		1	小翻盖原位	1 = 限位
		2	发射架发射位	1 = 限位
		3	发射架原位	1 = 限位
		4	车体倾角允许	1 = 允许
		5~6	保留	
		7	通标自动投弹	1 = 自动投弹中
	1	0	火箭弹夹紧	1 = 限位
		1	火箭弹解脱	1 = 限位
		2	一绳解脱位	1 = 限位
		3	一绳闭合位	1 = 限位
		4	二绳解脱位	1 = 限位
		5	二绳闭合位	1 = 限位
		6	三绳解脱位	1 = 限位
		7	三绳闭合位	1 = 限位
	2	0~6	保留	
		7	心跳信号	0/1 跳变
	3	0~7	车速信息	
0x182 （发控盒）	0	0	一弹点火	1 = 已经点火
		1	二弹点火	1 = 已经点火
		2	三弹点火	1 = 已经点火
		3~7	保留	

续表 6-10

ID	字节	位	功 能 定 义	备　注
0x182 （发控盒）	1	0	一弹检测信号允许	1 = 命令互锁板将一弹线路检测允许设置为有效
		1	二弹检测信号允许	1 = 命令互锁板将二弹线路检测允许设置为有效
		2	三弹检测信号允许	1 = 命令互锁板将三弹线路检测允许设置为有效
		3 ~ 6	保留	
		7	心跳信号	0/1 跳变
0x183 （发控互锁板）	0	0 ~ 2	保留	
		3	一弹检测信号已输出	
		4	二弹检测信号已输出	
		5	三弹检测信号已输出	
		6	ID182 被接收到	
		7	ID185 被接收到	
	1	0	互锁板判断点火条件已满足	
		1 ~ 7	保留	
	2	0 ~ 7	点火线路模拟电压值，8 位	0 ~ 255
	3	0 ~ 6	保留	
		7	心跳信号	0/1 跳变

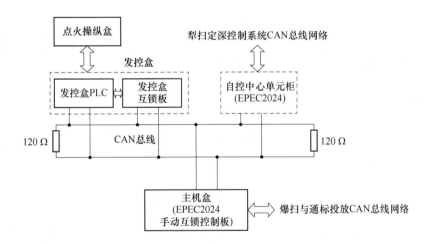

图 6-61　点火发射系统 CAN 总线网络

6.4.4.2　犁扫定深控制系统 CAN 总线网络

犁扫定深控制系统完成扫雷犁的自动定深控制，系统可以使扫雷犁在自动、手动两种方式下进行工作，闭锁机构是在手动控制下完成。通常情况下，扫雷作业采用自动定深控制进行，如果自动控制出现故障，才可采用手动控制进行应急扫雷作业。

犁扫自动定深控制系统主要由驾驶员操纵盒、自控中心单元柜、闭锁智能节点、犁体智能节点一、犁体智能节点二、磁感保护智能节点等部件组成。其组成及原理如图 6-62 所示。该网络采用 CANopen 通信协议，自控中心单元柜的核心模块为 EPEC2024 控制器，承担了两方面的作用。第一个作用是作为网关器件，负责连接犁扫定深控制系统 CAN 总线网络和点火发射系统 CAN 总线网络，使两个网络之间实现数据交互与指令转换。点火发射系统通过自控中心单元柜这一网关器件读取消息帧（ID = 188h）信息，从中抽取犁扫行军、犁扫工作信息位，然后直接赋值，以控制犁扫行军指示和犁扫工作指示状态。第二个作用为承担该网络中的控制器，管理和控制犁扫定深控制系统 CAN 总线网络的运行，实现扫雷犁的深度控制、节点间的数据交互和总线网络节点故障的报警显示与隔离等任务。表 6-11 所列为犁扫定深控制系统 CAN 网络各节点功能及 ID 分配情况。

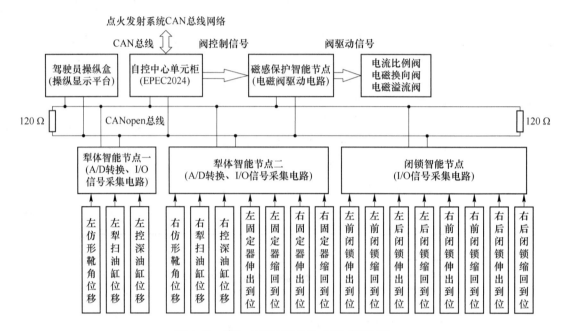

图 6-62　犁扫定深控制系统 CAN 总线网络

表 6-11　犁扫定深控制系统 CAN 网络 ID 地址分配表

ID	节点名称	报　文　内　容
0x181	自控中心单元柜	车速信号及左右仿形靴角度传感器数据
0x281		左右犁扫油缸电磁阀伸出缩回位移数据
0x381		犁体智能节点、磁感保护智能节点、浮动阀及各个工作阀故障数据等
0x184	犁体智能节点一	左仿形靴角度传感器、左犁扫油缸位移传感器、左定深油缸位移传感器数据
0x185	犁体智能节点二	右仿形靴角度传感器、右犁扫油缸位移传感器、右定深油缸位移传感器、左右行军固定器到位数据
0x186	磁感保护智能节点	浮动阀、副犁伸缩阀、电磁溢流阀、犁扫工作阀故障等数据
0x188	驾驶员操纵盒	心跳信号，监控其是否正常工作

A　驾驶员操纵盒（操纵显示平台）

驾驶员操纵盒是犁扫定深控制系统与操作人员的交互平台。其操作面板上安装有各类操纵开关、操作手柄，用于下达各种操纵指令；安装有各种颜色的指示灯，用于给操作人员显示必要的现场信息；安装有一块液晶显示屏，用于显示左、右侧仿形靴的角度、车速、故障信息。

B 自控中心单元柜

自控中心单元柜是犁扫定深系统的控制核心。盒内安装有主控制器 EPEC2024，用于采集驾驶员操纵盒上的工作方式、作业选择、犁扫自动、扫雷犁升降、扫雷犁浮动、左犁升降操作手柄、右犁升降操作手柄等开关的输入信号，经处理后驱动相应的指示灯显示对应状态并向磁感智能节点发出控制信号，驱动电液比例阀动作，达到控制液压缸、电动机等运行的目的。自控中心单元柜中的主控制器 EPEC2024 的 I/O 引脚信号类型、名称和功能见表 6-12。

表 6-12 自控中心单元柜主控制器

序号	引脚	信号名称	信号类型	备 注
1	XM1.1	左犁扫油缸伸	PWM	至操纵显示平台左犁体落指示灯/磁感保护智能节点
2	XM1.2	左犁扫油缸缩	PWM	至操纵显示平台左犁体落指示灯/磁感保护智能节点
3	XM1.3	浮动阀三	DO	至磁感保护智能节点
4	XM1.4	浮动阀四	DO	至磁感保护智能节点
5	XM1.7	右犁扫油缸伸	PWM	至操纵显示平台右犁体落指示灯/磁感保护智能节点
6	XM1.8	右犁扫油缸缩	PWM	至操纵显示平台右犁体落指示灯/磁感保护智能节点
7	XM1.14	浮动阀一	DO	至磁感保护智能节点
8	XM1.15	浮动阀二	DO	至磁感保护智能节点
9	XM1.16	微扫允许	DO	至操纵显示平台微扫允许灯
10	XM1.17	行军状态	DO	至操纵显示平台行军状态灯
11	XM1.22	犁扫作业中	DO	至操纵显示平台犁扫作业中指示灯
12	XM1.23	提升到位	DO	至操纵显示平台提升到位指示灯
13	XM2.1	犁扫工作阀	DO	至磁感保护智能节点
14	XM2.2	电磁溢流阀	DO	至磁感保护智能节点
15	XM2.6	固定器伸出	DO	至磁感保护智能节点
16	XM2.7	固定器收回	DO	至磁感保护智能节点
17	XM2.16	自动运行	DO	至操纵显示平台自动运行指示灯
18	XM2.8	信息提示	DO	至操纵显示平台信息提示灯
19	XM2.9	犁扫允许	DO	至操纵显示平台犁扫允许灯/继电器 K41
20	XM2.17	定深深度 0	DO	去操纵显示平台定深深度 0 指示灯
21	XM2.22	定深深度 I	DO	去操纵显示平台定深深度 150 指示灯
22	XM2.23	定深深度 II	DO	去操纵显示平台定深深度 180 指示灯
23	XM1.19	自动	DI	自操纵显示平台工作方式开关
24	XM1.20	手动	DI	
25	XM2.19	犁扫自动工作	DI	自操纵显示平台犁扫自动开关
26	XM2.20	犁扫自动断开	DI	

序号	引脚	信号名称	信号类型	备　　注
27	XM3.16	作业选择工作	DI	自操纵显示平台作业选择开关
28	XM3.18	准备	DI	自操纵显示平台作业状态选择旋钮
29	XM3.19	定深深度 0	DI	
30	XM3.20	定深深度 150	DI	
31	XM3.21	定深深度 180	DI	
32	XM3.22	扫雷犁提升	DI	自操纵显示平台扫雷犁提升/降落钮子开关
33	XM3.23	扫雷犁降落	DI	
35	XM3.10	+5 V		基准电压
36	XM3.13	左犁扫手柄	AI	自操纵显示平台左犁操纵手柄
37	XM3.14	右犁扫手柄	AI	自操纵显示平台右犁操纵手柄
38	XM4.1	接地		
39	XM4.3	接地		
40	XM4.4	电源正		
41	XM4.5	电源正		
42	XM4.2	CAN-H		CAN1 接口
43	XM4.6	CAN-L		
44	XM4.7	CAN-H		CAN2 接口
45	XM4.8	CAN-L		

C　犁体智能节点

犁体智能节点有两个，分别负责左扫雷犁、右扫雷犁工作状态参数的采集、处理与传输任务。如犁体智能节点一的主要功能为：采集左犁扫油缸直线位移信号、左定深油缸直线位移信号、左仿形靴角度信号，经 A/D 转换后，通过总线上传至主控制器 EPEC2024；实时监控 3 个传感器的电源线，是否处于断、短路故障状态，通过总线上传至主控制器。犁体智能节点一的外部接线原理图如图 6-63 所示，其中 XS1 为左仿形靴角度传感器，XS2 为左犁油缸磁致伸缩式位移传感器，XS3 为左定深控制油缸磁致伸缩式位移传感器。犁体智能节点二的作用与节点一相似，不再进行介绍。

6.4.4.3　爆扫与通标投放 CAN 总线网络

爆扫与通标投放控制系统由挂在 CAN 总线上的各节点组成。各节点向 CAN 总线发送数据时有一位作为心跳位（heartbeat），每次发送时做 0/1 跳变。当主机盒 2 s 之内发现其他点的心跳位有跳变则认为此节点正常，若 2 s 之内发现某节点无心跳位变化则认为此节点 CAN 总线数据发送有故障（丢失节点）。若主机盒接收到所有节点均心跳正常，则驱动通信指示灯大致以频率 1 s 为周期进行闪烁。若主机盒发现有节点丢失，则驱动指示灯通常常亮。爆扫与通标投放控制系统原理图如图 6-64 所示，各节点功能与 ID 地址分配见表 6-13。

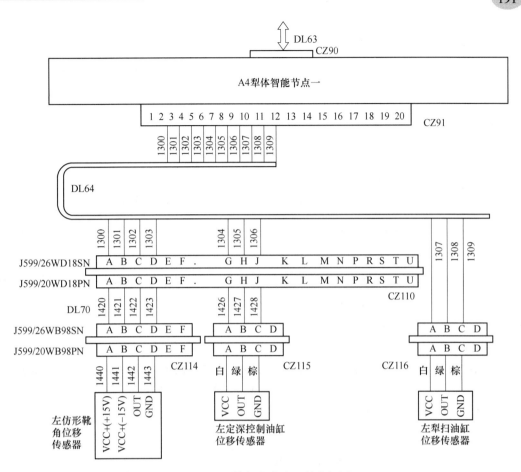

图 6-63　犁体智能节点一结构框图

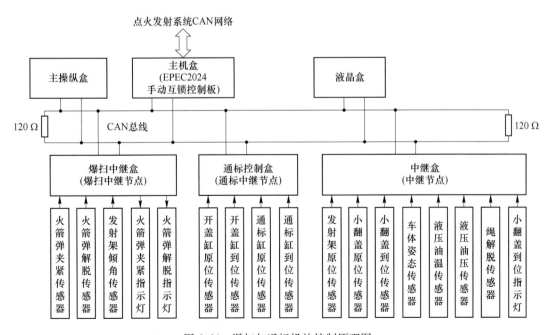

图 6-64　爆扫与通标投放控制原理图

表 6-13　爆扫与通标投放控制系统 CAN 网络 ID 地址分配表

ID	节点名称	报　文　内　容
0x182	主机盒	动作、报警、限位开关、车体倾角传感器等数据
0x282		发射架角度、液压油温、油压和报警数量等数据
0x382		
0x184	通标中继盒	通标开盖缸、通标油缸位置测量传感器数据等
0x185	爆扫中继盒	火箭弹夹紧、解脱限位开关、发射架角度等数据
0x186	中继盒	小翻盖原位、到位开关，液压油温、油压，车体倾角传感器等数据
0x187		绳解脱油缸位移传感器、车速里程等数据
0x188	主操纵盒	温度选择旋钮、绳解脱、闭合、投放距离等开关数据

A　主机盒

主机盒内设 PLC 和手动互锁控制板。其中 PLC 负责采集操纵盒上的开关信号、互锁控制、对各开关阀及比例阀进行输出；手动互锁控制板的作用是对从主操纵盒上开关到阀的输出进行硬件冗余，并予以必要的硬件互锁。

B　爆扫中继盒

爆扫中继盒负责为火箭弹夹紧、解脱传感器、发射装置倾角传感器供电，同时接收传感器的信号，经调理放大、AD 转换后，再调制为 CAN 数据格式发送到 CAN 总线上。爆扫中继盒节点原理图，如图 6-65 所示。

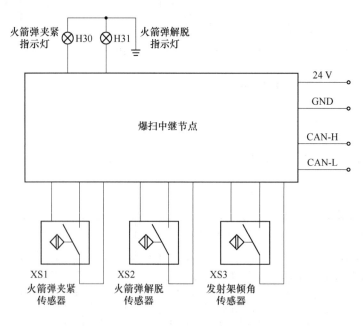

图 6-65　爆扫中继盒原理图

C　中继盒

中继盒负责给发射架原位传感器、小翻盖原位和到传感器、车体姿态传感器、液压油温传感器、绳解脱传感器、小翻盖到位指示灯供电，同时接收相应传感器采集的信号，经数字化处理后发送到 CAN 总线上。

D　通标中继盒（控制盒）

通标控制盒给通标油缸原位传感器、通标油缸到位传感器、开盖油缸原位传感器、开盖油缸到位传感器供电，同时接收传感器的信号，数字化处理后发送到 CAN 总线上。

E　液晶盒

液晶盒接收 CAN 总线上的数据，显示发射装置的绝对角度、车体俯仰倾角、液压系统的油压、油温值。当电控系统发生以下故障后，液晶盒上将循环显示所有发生的故障。

思考与习题

6-1　试述控制系统有哪些分类方法及类型？各类控制系统的特点是什么？

6-2　简述计算机控制系统的组成及特点。

6-3　为什么说大多数自动控制系统都是机电一体化系统？举例说明。

6-4　PLC 的硬件系统主要由哪几部分组成？各有什么作用？

6-5　PLC 控制系统的设计步骤一般分为哪几步？

6-6　人机接口中，常用的输入设备有哪几种？常用的输出设备有哪几种？

6-7　设计键盘输入程序时应考虑哪几项功能？

6-8　七段发光二极管显示器的动态和静态工作方式各有什么特点？

6-9　简述 CAN 总线技术特点及其在机电一体化装备中的应用分析。

7 典型装备机电一体化系统

某装备上装主要由机械系统、液压系统、架设系统和通信指挥系统及附属系统等组成，是典型的机电液一体化系统。本章以其架设系统为对象，介绍其机电一体化系统的工作原理与组成特点。上装机械系统主要包括其架设机构；（架设）控制系统为该机电一体化系统的指挥中枢，主要负责完成上装的架设和撤收作业控制；驱动器包括其液压系统和电液比例阀等；传感器主要包括上装作业过程中的位置、位移、状态监测器件（行程开关、接近开关、压力传感器、液位传感器、位移传感器等）。

7.1 机械系统（架设机构）

图 7-1 所示为某机电一体化装备的机械装置与液压执行机构示意图。通常情况下，将液压系统在装备机电一体化系统中，多用于驱动机械装置完成作业任务，液压执行元件主要包括液压缸、电动机等。机械装置主要部件包括翻转架和舌形臂。

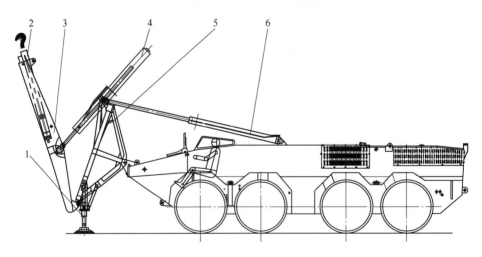

图 7-1 机械装置与液压执行元件
1—支腿；2—展桥油缸；3—舌形臂；4—转臂油缸；5—翻转架；6—转架油缸

7.1.1 翻转架

翻转架（见图 7-2）通过两个插销固定在车体顶甲板前端，用于实现桥跨的翻转。为减轻结构自重，翻转架采用了空间桁架结构，主要由支腿、础板、支座及结构杆件等组成。支腿布置在翻转架前端，用于架设时起稳定作用。支腿行程 0.5 m，能适应 +180 ~ −320 mm 的地形变化，支腿末端设置有直径 500 mm 的础板。

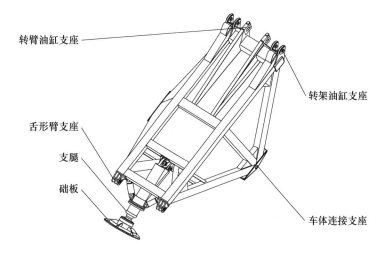

图7-2　翻转架结构

车体连接支座用于与车体进行连接，并能绕连接中心轴进行翻转，从初始位置开始至支腿油缸竖直于地面，翻转架能实现约80°旋转。舌形臂支座为三耳结构，用于连接舌形臂。转架油缸支座用于连接转架油缸活塞杆，使得翻转架在转架油缸活塞杆的作用下能绕车体连接支座的中心轴旋转。转臂油缸支座用于安装转臂油缸。

舌形臂用于桥跨的收起与放下，通过两个双耳支座与翻转架的舌形臂支座相连，并可在转臂油缸的驱动下绕连接销自由转动。舌形臂由两根平行槽形板梁结构通过横向构件连接形成（见图7-3）。舌形臂上布置有用于与桥跨连接的前后插销、辅助连接的前后限位销及与翻转架连接的翻转架支座、展桥油缸支座、转臂油缸座等结构。转臂油缸座与转臂油缸活塞杆端部相连，在其作用下能够绕翻转架支座上下摆动，使桥跨和舌形臂一起收起或放下。展桥油缸座用于安装和固定展桥油缸。

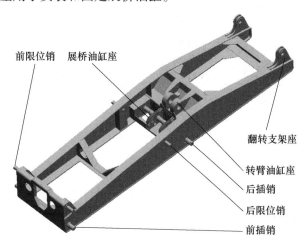

图7-3　舌形臂结构

7.1.2　液压系统

该装备上装液压系统用于驱动翻转架、舌形臂及展桥机构动作，完成桥跨架设与撤收作业。其采用底盘液压系统的动力源，液压油路从底盘油泵与工作油路的控制阀之间引出。架设液压系统主要包括油泵、控制阀组、液压油缸、液压油箱、管件、应急手摇泵等，完成以下主要功能：用于驱动翻转架、舌形臂及展桥机构动作，完成桥跨架设与撤收作业。其中液压油缸包括转架油缸（2 个）、转臂油缸（1 个）、展桥油缸（1 个）、支腿油缸（1 个）及舌形臂插销油缸（2 组）。

7.2　传感器与检测系统

机电一体化控制系统通过设计的传感器，将架设机构和电液系统的一些状态变成电信号送给控制器，进行逻辑互锁等判断。架设控制系统设计的传感器主要有机构位置传感器（包括行程开关、接近开关、油缸位移检测）和液压系统状态传感器。传感器配置见表7-1。

表 7-1　传感器配置表

序　号	名　　称	信号形式	信号特性	备　注
1	倾角	CAN 总线输出	−3000 ~ 3000	±30°
2	油箱液位	AI	0 ~ 8 V（DC）	0 ~ 160 L
3	系统压力	AI	1 ~ 5 V（DC）	0 ~ 40 MPa
4	翻转架原位	DI	24 V（DC）	
5	翻转架高位	DI	24 V（DC）	
6	舌形臂原位	DI	24 V（DC）	
7	支腿原位	DI	24 V（DC）	
8	桥面限位	DI	24 V（DC）	2 路
9	后插销脱销	DI	24 V（DC）	2 路
10	后插销插销	DI	24 V（DC）	2 路
11	小腔压力	AI	1 ~ 5 V（DC）	0 ~ 40 MPa
12	大腔压力	AI	1 ~ 5 V（DC）	0 ~ 40 MPa
13	支腿压力	AI	1 ~ 5 V（DC）	0 ~ 40 MPa
14	舌形臂位移	CAN 总线输出	0 ~ 46600	2330 mm
15	展桥位移	CAN 总线输出	0 ~ 38600	1930 mm
16	左前插销位移	CAN 总线输出	0 ~ 4096	0 ~ 360
17	右前插销位移	CAN 总线输出	0 ~ 4096	0 ~ 360

注：AI 为模拟量输入，DI 为数字量输入。

7.2.1　传感器

7.2.1.1　位置测量行程开关

翻转架原位/高位的限位通过两个行程开关来实现，安装在翻转架车体连接支座上，两侧各安装一个。当桥梁架设过程中翻转架已经顶起到位时则发出电信号给控制器，程序控制切断转架油缸顶起工作电路，使液压缸停止顶起，同时作业显示终端上的"高位"指示灯变亮，此时再将主控盒翻转架手柄扳至"顶起"位时，系统无动作；当桥梁撤收过程中翻转架收回到位时发出电信号给控制器，程序控制切断转架油缸收回工作电路，使液压缸停止收回，同时作业显示终端上的"原位"指示灯变亮，此时再将主控盒翻转架手柄扳至"放下"位时，系统无动作。

7.2.1.2 脱销/插销位置测量接近开关

舌形臂前插销脱销、插销两个位置的监测通过两个位移传感器来实现，传感器安装于前插销上方舌形臂上，左右两侧各安装一个。桥梁架设过程中，发出电信号给控制器，作业显示终端分别显示两个前插销位移，当前插销完成脱销动作时，作业显示终端上的前插销"脱销"指示灯变亮，表示前插销完成脱销；桥梁撤收过程中，发出电信号给控制器，作业显示终端分别显示两个前插销位移，当前插销完成插销动作时，作业显示终端上的前插销"插销"指示灯变亮，表示前插销动作到位。

7.2.1.3 油缸位移测量传感器

为了检测油缸的位移与动作控制，在该机电一体化装备的舌形臂、展桥等动作油缸内部嵌入了直线位移传感器，如图 7-4 所示。该传感器由波导管和一个决定位置的磁铁构成，采用磁致伸缩原理，基于威德曼效应和维拉瑞（磁致弹性）效应。威德曼效应的产生过程：一个电流脉冲通过波导管被发射，这一电流脉冲将围绕波导管产生一个以光速传播的圆形磁场，当这个磁场与纵向运动的位置磁铁的磁场迭交时所产生的扭力将使波导管触发一个应变脉冲，这个应变脉

图 7-4　磁致伸缩式位移传感器

冲将在传感器内的波导管内以音速运动。通过传感器尾部电子仓内的检测元件检测到这个应变脉冲的返回，通过计算被发射出的电流脉冲与应变脉冲返回时之间时间差，就可确定位置磁铁和电子仓之间的距离是多少。该传感器技术规格：工作电压，DC 5 ~ 28 V；输出信号，CAN 总线；使用温度，－40 ~ ＋80 ℃；保护，极性，短路。

7.2.1.4 倾角传感器

采用了双轴倾角传感器，角度测量范围为双轴 ±30°，非线性度：不大于 ±0.5%，响应频率小于 10 Hz，分辨率为 ±0.02°。其外形如图 7-5 所示。

7.2.1.5 编码器

该机电一体化装备的前插销位置测量采用了增量型 CAN 总线输出编码器。该传感器是一种增量型编码器，基于新型磁敏感元件设计，工作时测量轴转动，带动内部的计数齿轮转动，造成内部磁路的变动，通过后续电路将磁通量的变化调整后输出，每转可输出 30 个 2 路位相差 90°左右的方波脉冲信号和每转一个脉冲的零脉信号。最后通过调理电路将输出信号转换为 CAN 总线信号送至控制器中。图 7-6 所示为该编码器外形图。

图 7-5　倾角传感器

图 7-6　编码器外形图

7.2.1.6　开关、手柄等其他输入信号检测元件

机电一体化装备控制系统的人接交互器件经常使用电比例手柄这种手动作业操纵器件，如某型装备操纵手柄即为电比例手柄，用来进行展桥、舌形臂、翻转架等执行元件的速度控制，摆动幅度小即速度小，摆动幅度大即速度大。手动作业时按提示操作可以控制执行机构动作。

图7-7所示为该装备的主控盒面板，主控制盒面板上部装有主副控电源开关，保险及信号指示灯，选择主控时，即为本控制盒操作有效，副控操作时即副控盒操作控制有效，右侧的信号灯进行相应指示。面板中部左侧为作业选择开关，可以选择控制方式（互锁/解锁）和作业模式（架设或撤收），同时上部的指示灯进行相应的显示；面板下部为作业操纵按钮（手柄），其中操纵按钮为自复位钮子开关，用来控制前插销、翻转架、支腿、后插销；操纵手柄为电比例手柄，用来进行展桥缸的展收和舌形臂的提放控制。

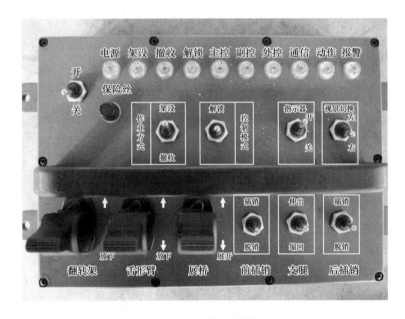

图7-7　主控盒面板

控制系统有动作输出时则面板上部的动作指示灯亮，当系统判断有动作限位报警或互锁报警时面板上部的报警指示灯亮起提示，当接收到1号控制箱的总线信息时，则通信指示灯亮起。

7.2.2　传感器的数据采集

该机电一体化装备所选控制器型号为EPEC2024和EPEC2023嵌入式控制器，这类控制器具有丰富的输入输出接口，包括开关量输入、0～5 V电压输入、0～22.7 mA电流输入、脉冲输入、相位差90°脉冲计数输入、开关量输出、PWM驱动信号输出，有两个CAN接口，输入输出口可以自由配置以满足系统控制的要求。图7-8所示为1号控制箱的工作原理示意图，图7-9所示为2号控制箱工作原理示意图。

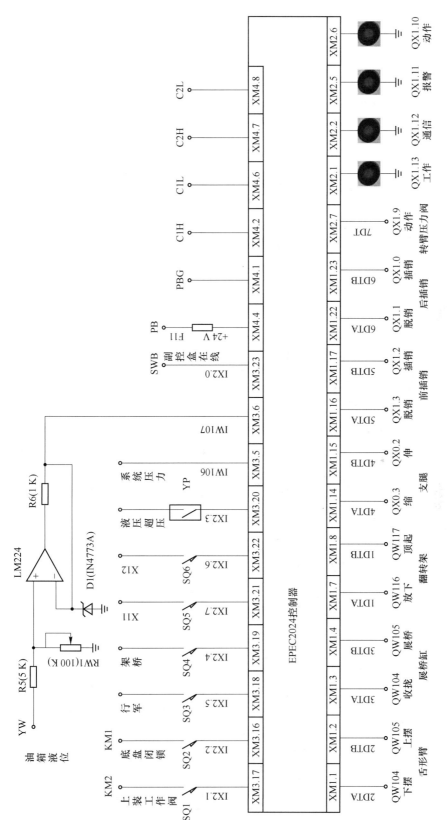

图 7-8　1 号控制箱工作原理

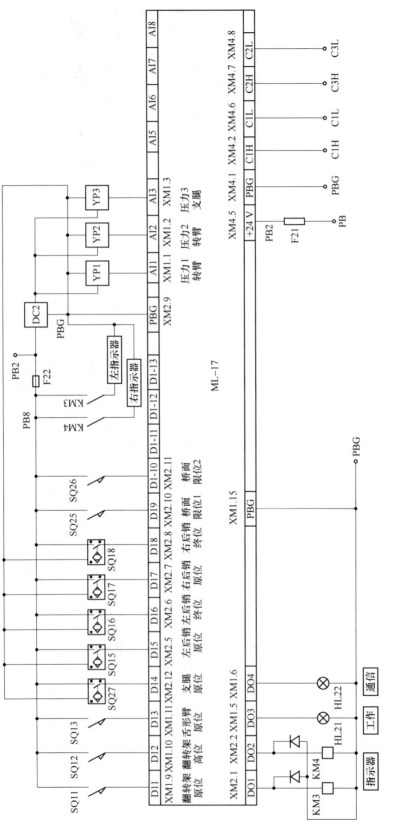

图 7-9 2 号控制箱工作原理

7.2.2.1 模拟量采集

传感器与检测系统中的系统压力、油箱液位、舌形臂油缸大小腔压力、支腿压力等信号为模拟信号，除油箱液位信号外，其余信号均为 1～5 V 电压（见表 7-1），因此可直接与 EPEC2024 和 EPEC2023 的多功能输入口连接，由其进行信号的调理与转换，如图 7-8 所示。

油箱液位传感器的输入信号是 0～8 V 电压，因此采用运放 LM224 构成的放大与跟随电路进行信号的调理。

7.2.2.2 开关量采集

该机电一体化装备中，控制系统输入的开关量数量较多，如作业方式、控制模式、前后插销位置、支腿位置、翻转架位置等参数，一般直接输入到控制器的输入口，由控制器内部电路进行采集，如图 7-8 和图 7-9 所示。

7.2.2.3 视频信号采集

控制系统中接入了两个摄像头，显示车外的图像信息，通过主控盒上的视景切换按钮可以切换左右摄像画面。视频信号的采集电路如图 7-10 所示。

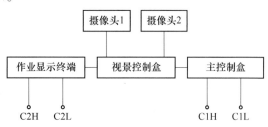

图 7-10　视频信号的采集电路

7.2.2.4 总线传感器信号采集

控制系统中，左右前插销编码器、展桥油缸位移传感器、转臂油缸位移传感器和桥车倾角传感器均为总线传感器，EPEC 控制器通过 CAN 总线发出控制信号并获取这些总线传感器的输入信号，其原理电路如图 7-11 所示。

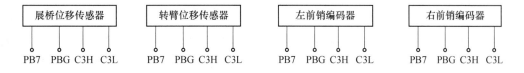

图 7-11　总线传感器数据采集

7.3　控　制　系　统

该装备机电一体化控制系统主要为执行机构提供操纵控制及驱动信号，与液压、机械系统配合完成桥梁的安全架设，同时还负责监视架设机构的运动和定位情况，保障架设过程的安全和可靠性。其主要功能为：控制系统将采集到的控制信号和现场状态信号进行分析运算，再将控制指令输出到液压系统的电磁阀换向阀、电控比例多路阀和指示单元，驱动液压系统执行机构工作和指示相应的工作状态。另外，控制系统将采集的液压系统的现场状态信号（堵塞报警开关量信号和压力、温度、电控比例阀驱动电流等模拟量信号），在进行分析运算后得到的结果数据通过 CAN 总线传送到显示终端实现系统状态的显示。

7.3.1 控制系统的组成与原理

控制系统主要由主控盒、副控盒、车外控制盒、作业显示终端、1 号控制箱、2 号控制箱、阀组控制箱、净化电源、上装配电盒、闭锁控制盒、传感检测系统，以及连接电缆等组成。控制系统根据控制盒发出的命令和传感器采集数据进行判断、计算，输出至执行元件，并对执行元件进行实时监控。控制系统状态通过总线传输到显示终端进行显示。装备控制系统原理框图如图 7-12 所示。

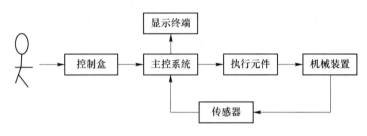

图 7-12　控制系统原理框图

7.3.2 作业控制盒

作业控制盒分为主控盒、移动控制盒和副控盒。主控盒与移动控制盒软件除了 ID 号不同外，其他都相同，主要功能为采集控制面板上的按键和手柄值，编码后通过 CAN 总线发送给作业控制系统，用于装备作业中的架设和撤收工作，并通过 CAN 总线接收来自控制系统的反馈信号，通过面板指示灯实时显示工作状态。副控盒为应急控制盒，纯硬件处理，无软件控制。

主控盒与移动控制盒均采用了单片机 LPC1768 单片机为主控制器。LPC1768 是 NXP 公司推出的基于 ARM Cortex-M3 内核的微控制器 LPC17XX 系列中的一员。LPC17XX 系列 Cortex-M3 微处理器用于处理要求高度集成和低功耗的嵌入式应用。LPC1700 系列微控制器的操作频率可达 100MHz（新推出的 LPC1769 和 LPC1759 可达 120MHz）。ARM Cortex-M3 CPU 具有 3 级流水线和哈佛结构。LPC17XX 系列微控制器的外设组件包含高达 512KB 的 flash 存储器、64KB 的数据存储器、以太网 MAC、USB 主机/从机/OTG 接口、8 通道 DMA 控制器、4 个 UART、2 条 CAN 通道，2 个 SSP 控制器、SPI 接口、3 个 IIC 接口、2 个输入和 2 个输出的 IIS 接口、8 通道的 12 位 ADC、10 位 DAC、电动机控制 PWM、正交编码器接口、4 个通用定时器、6 个输出的通用 PWM、带有独立电池供电的超低功耗 RTC 和多达 70 个的通用 IO 管脚。

图 7-13 所示为作业控制盒软件外部接口示意图，图 7-14 所示为其内部接口示意图。

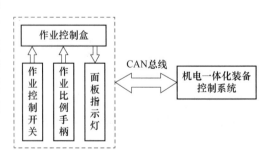

图 7-13　作业控制盒软件外部接口示意图

7.3.3 作业显示终端

作业显示终端主要用来显示控制系统的工作状态信息，以便操作人员更清楚地完成机电一体化装备的作业。该显示终端通过 CAN2 总线接收控制系统发出的数据，并对其进行分界面显示，根据按键值实现界面切换。其接口示意图，如图 7-15 所示。

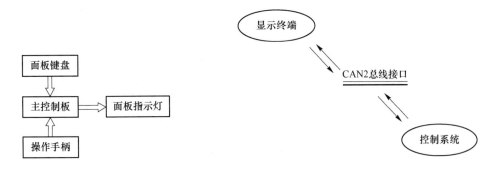

图 7-14　作业控制盒软件内部接口示意图　　　　　　图 7-15　作业显示终端接口示意图

7.3.4 主控系统

主控系统主要包括 1 号控制箱、2 号控制箱等控制单元。主控系统根据控制盒发出的命令和传感器采集数据进行判断、计算，输出至执行元件，并对执行元件进行实时监控。控制系统状态通过总线传输到显示终端进行显示。根据主控系统的控制策略，应包括以下单元：

（1）系统初始化。对 IO、CAN 总线进行初始化以及系统自检。

（2）信号处理。对输入信号进行处理，如前插销插销位判断、计算舌形臂大小腔压力差等。

（3）系统信息。对各传感器的错误信息、系统产生的逻辑错误、总线上节点是否在线进行处理。

（4）控制逻辑。对控制方式的选择，以及采集到的信息进行互锁和逻辑保护判断。

（5）控制输出。输出电流控制及模式选择。

（6）总线通信。对总线信息进行解析和封装。

7.3.4.1 主控系统结构与控制逻辑

主控系统主要通过系统初始化、信号处理、信息处理、控制逻辑、输出控制、总线解析等模块的设计来实现，其构成关系如图 7-16 所示。

主控系统的控制逻辑主要包括副控、主控和移动盒三种控制方式，系统根据优先级不同对控制方式进行选择。副控盒为电气控制，无软件；主控盒与移动盒的逻辑控制相同，在互锁模式下调用逻辑互锁模块，解锁时不需要逻辑互锁，但都需要输出保护。

（1）副控盒作业。副控作业是系统应急的作业控制方式，可以直接控制架设机构动作从而完成桥梁的架设和撤收作业，不受任何逻辑限制。

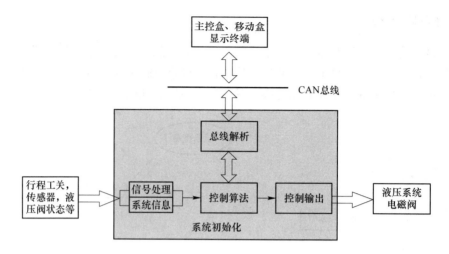

图 7-16   机电一体化装备主控系统结构设计

（2）主控盒作业。主控作业是系统主要的作业控制方式，是指通过主控盒控制架设机构动作从而完成桥梁的架设和撤收作业。主控作业分为互锁作业、解锁作业两个功能模块。

1）互锁作业。轮式冲击桥电控系统通过程序进行逻辑判断，具有防误操作与限位报警功能，确保器材与人员安全。系统接收主控盒通过总线发来的操纵控制信息，解算成相应的动作控制信息，经过逻辑互锁动作判断后进行液压阀的控制动作输出。

2）解锁作业。解锁控制作业指解除逻辑互锁关系由主控盒进行控制，无其他逻辑保护功能。

（3）移动操纵盒作业。移动操纵盒同样通过总线接口接入控制系统，其优先级超过主控盒，当其接入后会自动屏蔽主控盒的操控信息。车体作业的控制方式与主控作业相同。

主控系统的控制流程如图 7-17 所示。

7.3.4.2   接口设计

主控系统通过 CAN1 总线接口、CAN2 总线接口、DI 开关量输入接口、DO 开关量输出接口、AI 模拟量输入接口和 PWM 模拟量输出接口与机电一体化系统进行数据传输和指令交互，其外部接口示意图如图 7-18 所示。

7.3.4.3   主控模块

主控模块为系统主程序，主要用来调用其他软件模块。其功能为：系统启动后，循环调用后续各个模块。实现过程如图 7-19 所示。

7.3.4.4   系统初始化

初始化过程主要完成：

（1）对控制器的 PWM I/O（输入/输出）端口进行复位，设置 PWM 端口的输出频率；

（2）对 C1（CAN1，采用 CANopen 总线协议）口通信参数进行配置，并发送总线启动命令；

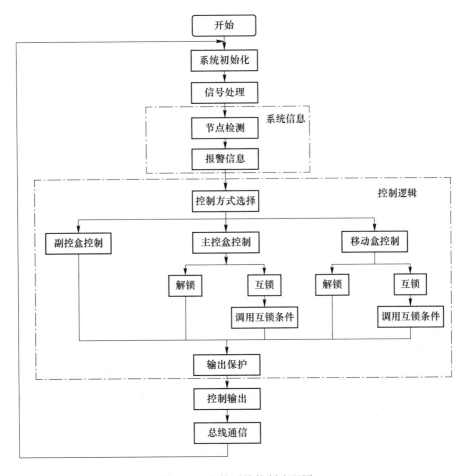

图 7-17　主控系统控制流程图

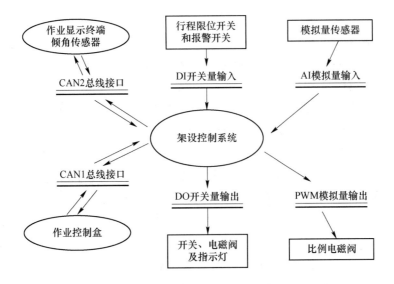

图 7-18　主控系统外部接口示意图

（3）对 C2（CAN2）口通信参数进行配置，并发送总线启动命令；

（4）控制系统延时 2 s 后方可进行输出控制。

初始化模块的运行流程如图 7-20 所示。

7.3.4.5　信号处理

信号处理主要进行底盘车倾角计算、展桥原位和高位的判断、前后插销原位和高位的判断、桥面限位的判断和计算大小腔压力差，根据支腿压力值判断支腿是否着地。对激光指示器的打开动作和最大工作时间进行计算。输入：传感器的数值。输出：传感器的状态。其流程图如图 7-21 所示。

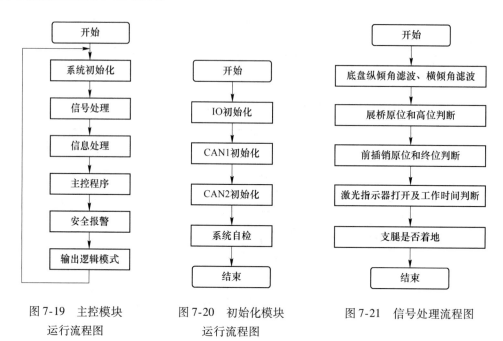

图 7-19　主控模块
运行流程图　　　　　图 7-20　初始化模块
运行流程图　　　　　图 7-21　信号处理流程图

7.3.4.6　系统信息处理

系统信息用于处理主控系统的 CAN 节点在线情况、报警信息与输出信息。

（1）总线节点在线检测。主控制器完成主控制盒、阀组控制箱、移动操纵盒、2 号控制箱及倾角传感器节点的在线检测。

（2）报警信息处理。报警信息分为网络报警、传感器超限报警、逻辑限位和机构行程限位报警，当任一条件发生时，则产生报警。系统信息处理流程如图 7-22 所示。

7.3.4.7　控制逻辑

控制逻辑主要对控制方式（如主控制盒、移动控制盒或副控盒控制）、控制模式（互锁、解锁）进行选择，需要完成以下功能：

图 7-22　系统信息处理流程图

（1）根据控制的优先级选择控制方式；

（2）在互锁模式时，按照逻辑互锁表对输出进行控制；

（3）具有输出保护功能，如果出现控制盒掉线，应禁止对所有电磁阀的输出。如果出现 3 片电磁阀同时工作，也应禁止电磁阀输出。

控制逻辑流程如图 7-23 所示。

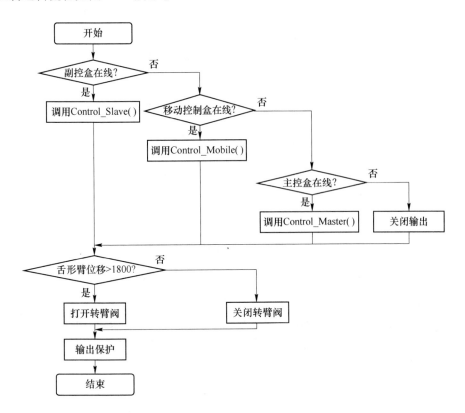

图 7-23　控制逻辑程序流程

7.3.4.8　控制输出

根据控制逻辑得到的结果对电磁阀输出。根据电磁阀的最大电流和最小电流对输出值进行线性化调节计算，并将结果输出到电磁阀。该模块最终完成了支腿伸出、支腿收回、前插销插销、前插销拔销、后插销插销、后插销拔销、转臂压力阀、舌形臂上摆、舌形臂下摆、展桥缸展桥、展桥缸收拢、翻转架顶起、翻转架放下等 13 个电控比例阀线圈的激励信号的输出。但实际上只有舌形臂、展桥和翻转架比例控制阀的线圈是 PWM 输出驱动，其余的都是开关驱动信号。上述驱动信号由主控盒/移动控制盒通过 CAN 总线发送到 1 号控制箱中的 EPEC2024 控制器中，经处理后调用 Output_Mode 模块转换为 PWM 信号发送到阀组控制箱中。

根据比例阀的参数进行设置。对比例阀输出信号的线性化处理流程如图 7-24 所示。

7.3.4.9　数据通信模块

对总线信息进行解析和封装。

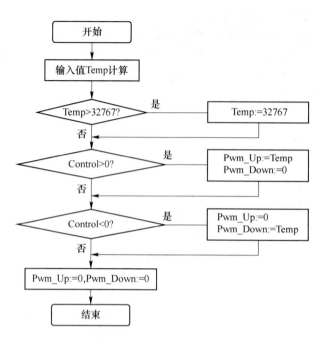

图 7-24   比例阀输出信号的线性化处理流程

功能：完成两个 CAN1 和 CAN2 数据的封装、发送和接收信息的处理。

约束：按照制定的 CAN1 和 CAN2 通信协议。

实现：顺序执行相关 CSU 模块，程序流程如图 7-25 所示。图 7-26 和图 7-27 所示分别为 CAN2 信息发送和接收流程，CAN1 发送与接收流程与其类似。

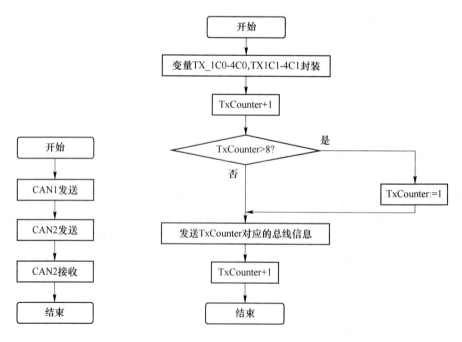

图 7-25   数据通信流程图   图 7-26   CAN2 信息发送流程

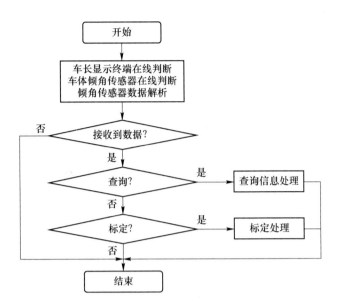

图 7-27　CAN2 信息接收流程

思考与习题

7-1　试举例分析常见机电一体化装备执行机构的分类，以及液压执行机构和电气执行机构的特点与应用范围。

7-2　试分析基于 PLC 的控制系统在机电一体化装备中的应用，举例说明其设计过程。

7-3　试举例说明单片机在机电一体化装备中的应用特点与范围。

7-4　分析 CAN 总线技术在机电一体化装备控制系统中的应用特点。

参 考 文 献

［1］董爱梅，赵国勇，申世英，等．机电一体化技术［M］．北京：北京理工大学出版社，2020.

［2］南金瑞，金秋，刘波澜．汽车单片机及车载总线技术［M］．北京：北京理工大学出版社，2013.

［3］马立新，陆国金．开放式控制系统编程技术：基于 IEC61131-3 国际标准［M］．北京：人民邮电出版社，2019.

［4］徐航，徐九南，熊威．机电一体化技术基础［M］．北京：北京理工大学出版社，2010.

［5］刘龙江．机电一体化技术［M］．北京：北京理工大学出版社，2012.

［6］朱照红．机电控制技术［M］．北京：机械工业出版社，2010.